新工科建设之路·数据科学与大数据系列

样本数据处理

许桂秋　朱婷婷　李春平　主　编

吴煜祺　向　波　李超科　朱名军　副主编

U0282891

电子工业出版社

Publishing House of Electronics Industry

北京·BEIJING

内 容 简 介

本书从实用的角度出发，采用理论与实践相结合的方式，介绍样本数据处理的基础知识，力求培养读者使用 Python 语言及 Kettle 软件进行数据处理的能力。全书内容分别为数据预处理概述、Kettle 工具的初步使用、数据的导入与导出、数据清洗、数据标注、Kettle 作业设计、基于 Kettle 构建数据仓库、基于 Python 的数据导入与导出、基于 Python 的数据整理。

本书作为人工智能学科相关的样本数据处理技术的入门教材，目的不是覆盖样本数据处理技术的所有知识点，而是介绍样本数据处理的主要应用，使读者了解样本数据处理的基本构成，以及如何应对不同数据类型的数据预处理工作。为了增强实践效果，书中引入了多个基础技术案例及综合实践案例，以帮助读者了解样本数据处理涉及的基本技术的知识和技能。

本书可作为高等院校数据科学与大数据技术、计算机、信息管理等相关专业课程的教材，也可供对样本数据处理技术感兴趣的读者阅读。

图书在版编目（CIP）数据

样本数据处理 / 许桂秋，朱婷婷，李春平主编. —北京：电子工业出版社，2022.6

ISBN 978-7-121-43573-7

Ⅰ. ①样… Ⅱ. ①许… ②朱… ③李… Ⅲ. ①数据处理－高等学校－教材 Ⅳ. ①TP274

中国版本图书馆 CIP 数据核字（2022）第 090014 号

责任编辑：孟　宇　　　　　　特约编辑：田学清
印　　刷：三河市鑫金马印装有限公司
装　　订：三河市鑫金马印装有限公司
出版发行：电子工业出版社
　　　　　北京市海淀区万寿路 173 信箱　　　　邮编：100036
开　　本：787×1092　　1/16　　印张：20.75　　字数：531 千字
版　　次：2022 年 6 月第 1 版
印　　次：2023 年 4 月第 2 次印刷
定　　价：69.80 元

凡所购买电子工业出版社图书有缺损问题，请向购买书店调换。若书店售缺，请与本社发行部联系，联系及邮购电话：（010）88254888，88258888。

质量投诉请发邮件至 zlts@phei.com.cn，盗版侵权举报请发邮件至 dbqq@phei.com.cn。

本书咨询联系方式：mengyu@phei.com.cn。

数据预处理是数据挖掘前的准备工作，也是数据挖掘中关键的一步。数据预处理一方面保证数据挖掘的正确性和有效性；另一方面通过对数据格式和内容的调整，使数据更符合挖掘的需要。

本书是由广东白云学院曙光大数据产业学院牵头，联合数据中国"百校工程"项目中的高校，以及广东白云学院白云宏产业学院老师共同编写的校企双元教材。

本书采用理论与实践相结合的方式，主要讲解如何通过 Kettle 和 Python 进行数据预处理，以及数据标注的一些知识。Kettle 是一款国外开源的 ETL 工具，完全用 Java 编写，可以直接在已安装 Java 的 Windows、Linux、UNIX 上运行，数据抽取及处理高效、稳定。本书选择 Python 作为数据预处理的另一个手段，最主要的原因是一些工具不能处理的数据，需要通过编程来实现预处理。同时，随着人工智能技术的快速发展，新生代工具 Python 被人们广泛应用。Python 是极其适合初学者入门的编程语言，同时是万能的"胶水"语言，可以胜任很多领域的工作，是人工智能和大数据时代的"明星"。

全书共 9 章。第 1 章为数据预处理概述；第 2 章～第 7 章介绍如何使用 Kettle 工具进行数据预处理；第 8 章、第 9 章介绍如何使用 Python 语言进行数据预处理。各章具体内容如下。

第 1 章介绍数据预处理的背景、目的及工具，并详细阐述数据预处理的流程。

第 2 章介绍如何下载和安装 Kettle，并通过一个数据转换案例讲解如何使用 Kettle。

第 3 章详细介绍 Kettle 中输入与输出组件的使用，并结合案例讲解如何使用这些组件进行数据的导入与导出。

第 4 章侧重于导出数据的清理，除介绍选择过滤、分组、连接、排序这些常用的功能外，还介绍在 Kettle 中使用 Java 表达式、正则表达式、Java 脚本等进行数据处理的功能。

第 5 章讲解数据标注、分类和质量检验，并对图像数据标注实战和文本标注实战进行介绍。

第 6 章讲解如何进行 Kettle 作业的设计，包括作业的概念及组成、作业的执行方式、作业的创建及常用作业项、常量、监控、命令行启动、作业实验。

第 7 章为 Kettle 综合应用，介绍如何利用 Kettle 通过数据抽取、转换、加载等流程构建一个面向分析主题的数据仓库。

第 8 章主要介绍如何在 Python 中导入与导出各种类型的数据。

第 9 章介绍如何调用 NumPy、Pandas 这些库，并通过编程完成数据的清理工作。

　　本书高度重视实践能力的培养，章节中的每个知识点都有相应的实操案例，并配有截图，为读者展示了真实的、详尽的数据预处理场景，方便读者自学。

　　本书可作为高等院校数据科学与大数据技术、计算机、信息管理等相关专业课程的教材，参考课时为 64 学时。

　　本书在编写过程中得到了许多同行的指导，在此表示衷心感谢。由于编写水平有限，书中难免存在一些疏漏和不足之处，敬请广大读者批评指正。

编　者

C O N T E N T S

第 1 章

数据预处理概述

近年来，大数据技术掀起了计算机领域的一个新浪潮，无论是数据分析、数据挖掘，还是机器学习、人工智能，都离不开数据这个主题，于是越来越多的人对数据科学产生了兴趣。便宜的硬件、可靠的处理工具和可视化工具，以及海量的数据等资源使我们可以发现趋势、预测未来。

不过，数据科学的这些希望与梦想是建立在一些杂乱的数据之上的。这主要是因为现实世界中数据的来源是广泛的，数据的类型是多而繁杂的。因此，数据库存在噪声值、缺失值和不一致数据是常见的情况。但数据是数据分析的基本资源，低质量的数据必然导致低质量的挖掘结果。如何对数据进行预处理，提高数据质量，从而提高挖掘结果的质量？如何对数据进行预处理，使挖掘过程更加有效、更加容易？这些就是数据预处理过程需要解决的问题。

本章主要内容如下。

（1）数据预处理的背景与目的。

（2）数据预处理的流程。

（3）数据预处理的工具。

1.1 数据预处理的背景与目的

1.1.1 数据预处理的背景：数据质量

数据如果能满足其应用要求，它就是高质量的。数据质量涉及许多因素，包括准确性、完整性、一致性、时效性、相关性、可信性和可解释性。

（1）当今现实世界大型数据库和数据仓库的共同缺点是不正确、不完整和不一致。

出现不正确的数据（具有不正确的属性值）可能有多种原因：收集数据的设备可能发生故障；人或计算机的错误可能在数据输入时出现；当用户不希望提交个人信息时，可能故意向强制输入字段输入不正确的值（如为生日选择默认值"1月1日"），这称为被掩盖的缺失数据；错误也可能在数据传输中出现，原因可能是技术的限制；不正确的数据也可能由命名约定、所用的数据代码不一致或输入字段（如日期）的格式不一致而产生。

不完整数据的出现可能有多种原因。有些属性，如销售事务数据中顾客的收入和年龄等信息，由于涉及个人隐私等原因可能无法获得；有些记录在输入时由于人为（认为不重要或理解错误等）的疏漏或机器的故障产生了不完整的数据。这些缺失的数据，特别是某些属性上缺失值的元组（元组是关系数据库中的基本概念。关系是一张表，表中的每行就是一个元组，每列就是一个属性），可能需要重新推导出来。

不一致的值的产生也是常见的。例如，在我们所采集的客户通讯录数据中，地址字段列出了邮政编码和城市名，但是有的邮政编码区域并不包含在对应的城市中，这有可能是在人工输入该信息时颠倒了两个数字，或许是在手写体扫描时错读了一个数字。无论导致不一致的原因是什么，重要的是能事先检测出来并纠正。

有些不一致类型容易检测，如对人的身高进行采集，身高不应当是负的。在有些情况下，可能需要查阅外部信息源。例如，当保险公司处理赔偿要求时，相关人员将对照顾客数据库核对赔偿单上的姓名与地址。

检测到采集的数据不一致之后，我们可以对数据进行更正。产品代码可能有"校验"数字，或者可以通过一个备案的已知产品代码列表复核产品代码，如果发现它不正确但接近一个一致代码时，就纠正它。纠正不一致需要额外的或冗余的信息。

（2）数据质量问题也可以从应用角度考虑，表达为"采集的数据如果满足预期的应用，就是高质量的"，这就涉及数据的相关性和时效性。

相关性：特别是对工商业界，数据质量的相关性要求是非常有价值的。类似的观点也出现在统计学和实验科学，强调精心设计实验来收集与特定假设相关的数据。与测量和数据收集一样，许多数据质量问题与特定的应用和领域有关。

例如，考虑构造一个模型，预测交通事故发生率。如果忽略了驾驶员的年龄和性别信息，那么除非这些信息可以间接地通过其他属性得到，否则模型的精度可能是有限的。在这种情况下，就需要尽量采集全面的、相关的数据信息。

又如，某个公司的大型客户数据库，由于时间和统计的原因，顾客地址列表的正确性为80%，其他地址可能过时或不正确。当市场分析人员访问公司的数据库，获取顾客地址列表时，基于对目标市场营销的考虑，市场分析人员对该数据库的满意度较高。而当销售经理访问该数据库时，由于地址的缺失和过时，对该数据库的满意度较低。我们可以发现，对于给定的数据库，两个不同的用户可能有完全不同的评估，这主要归于这两个用户所面向的应用领域的不同。

时效性：有些数据收集后就开始老化，使用老化后的数据进行数据分析、数据挖掘，将会产生不同的分析结果。

例如，如果数据提供的是正在发生的现象或过程的快照，如顾客的购买行为或 Web浏览模式，那么快照只代表有限时间内的真实情况。如果数据已经过时，那么基于它的模型和模式也已经过时。在这种情况下，我们需要考虑重新采集数据信息，及时对数据进行更新。

又如，城市的智能交通管理。以前没有智能手机和智能汽车，很多大城市虽然有交管中心，但它们收集的路况信息最快也要滞后 20min。用户看到的，可能已经是半小时前的路况了，那这样的信息可能就没价值。但是，能定位的智能手机普及以后可就不一样了。大部分用户开放了实时位置信息，做地图服务的公司就能实时得到人员流动信息，并且根据流动速度和所在位置，区分步行的人群和汽车，然后提供实时的交通路况信息，给用户带来便利。这就是大数据的时效性带来的好处。

（3）影响数据质量的另外两个因素是可信性和可解释性。可信性反映有多少数据是用户信赖的，而可解释性反映数据是否容易理解。例如，某一数据库在某一时刻存在错误，恰好销售部门使用了这个时刻的数据。虽然之后数据库的错误被及时修正，但过去的错误已经给销售部门造成困扰，因此它们不再信任该数据。同时数据还存在许多会计编码，销售部门很难读懂。即便该数据库经过修正后，现在是正确的、完整的、一致的、及时的，但由于很差的可信性和可解释性，销售部门依然可能把它当作低质量的数据。

1.1.2　数据预处理的目的

数据预处理是数据挖掘前的准备工作，也是进行数据挖掘中的关键一步。它一方面保证数据挖掘的正确性和有效性，另一方面通过对数据格式和内容的调整，使数据更符合挖掘的需要。因此，在数据挖掘执行之前，必须对收集的原始数据进行预处理，达到改进数据的质量、提高数据挖掘过程的准确率和效率的目的。

1.2　数据预处理的流程

本节将介绍数据预处理的主要流程，即数据清洗、数据集成、数据变换与数据归约。数据预处理的流程如图 1-1 所示。

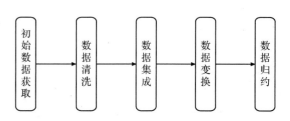

图 1-1　数据预处理的流程

1.2.1　数据清洗

现实世界的数据一般是不完整的、有噪声的和不一致的。数据清洗试图填充缺失值、光滑噪声和识别离群点，并纠正数据中的不一致。

1. 缺失值

假设要分析所有电子产品的销售和顾客数据，如果许多元组的一些属性（如顾客的收入）没有记录值，那么怎样才能为该属性填上缺失值？让我们看看下面的方法。

（1）忽略元组。当类标号缺少时通常这样做（假定挖掘任务涉及分类）。除非元组有多个属性缺失值，否则该方法不是很有效。当每个属性缺失值的百分比变化很大时，它的性能将特别差。

（2）人工填写缺失值。一般来说，该方法很费时，并且当数据集很大、缺失很多值时，该方法可能行不通。

（3）使用一个全局常量填充缺失值。将缺失的属性值用同一个常量（如"Unknown"）替换。若缺失值都用"Unknown"替换，则挖掘程序可能误以为它们形成了一个有趣的概念，因为它们都具有相同的值——"Unknown"。因此，尽管该方法简单，但是并不十分可靠。

（4）使用属性的中心度量（如均值或中位数）填充缺失值。对于正常的（对称的）数据分布而言，可以使用均值，而倾斜数据分布应该使用中位数。例如，假定电子产品销售数据库中，顾客的平均收入为 28 000 美元，则可使用该值替换字段"收入"中的缺失值。

（5）使用与给定元组属同一类的所有样本的属性均值或中位数。例如，若将顾客按信用风险来分类，则用具有相同信用风险的顾客的平均收入替换字段"收入"中的缺失值。若给定类的数据分布是倾斜的，则中位数是更好的选择。

（6）使用最可能的值填充缺失值。可以用回归、贝叶斯形式化方法的基于推理的工具或决策树归纳确定最可能的值。例如，利用数据集中其他顾客的属性，可以构造一棵判定树，来预测收入的缺失值。

方法（3）～（6）使数据有偏差，填入的值可能不正确。然而，方法（6）是最流行的策略。与其他方法相比，它使用已有数据的大部分信息来推测缺失值。在估计收入的缺失值时，通过考虑其他属性的值，有更大的机会保持收入和其他属性之间的联系。

在某些情况下，缺失值并不意味着有错误。在理想情况下，每个属性都应当有一个或多个关于空值条件的规则。这些规则可以说明是否允许空值，并且（或者）说明这样的空值应当如何处理或转换。

2．噪声数据

噪声是被测量变量的随机误差或方差。给定一个数值属性，如"价格"，怎样才能"光滑"数据，去掉噪声呢？让我们看看下面的数据光滑技术。

（1）分箱。分箱方法通过考察数据的"近邻"（周围的值）来光滑有序数据值，如图 1-2 所示。这些有序的值被分布到一些"桶"或"箱"中。由于分箱方法考察了邻近的值，因此它要进行局部光滑。

用箱均值光滑：箱中每个值被箱中的均值替换。

用箱中位数光滑：箱中的每个值被箱中的中位数替换。

用箱边界光滑：箱中的最大值和最小值同样被视为边界。箱中的每个值被最接近的边界值替换。

一般而言，宽度越大，光滑效果越明显。箱也可以是等宽的，其中每个箱值的区间范围是个常量。分箱也可以作为一种离散化技术使用。

（2）回归。也可以用一个函数拟合数据来光

```
划分为（等频的）箱：
箱 1：4,8,15
箱 2：21,21,24
箱 3：25,28,34

用箱均值光滑：
箱 1：9,9,9
箱 2：22,22,22
箱 3：29,29,29

用箱中位数光滑：
箱 1：8,8,8
箱 2：21,21,21
箱 3：28,28,28

用箱边界光滑：
箱 1：4,4,15
箱 2：21,21,24
箱 3：25,25,34
```

图 1-2　数据光滑的分箱方法

滑数据。线性回归涉及拟合两个属性（或变量）的"最佳"直线，使一个属性能够预测另一个属性。多线性回归是线性回归的扩展，它涉及多个属性，并且数据拟合到一个多维面。使用回归，找出适合数据的数学方程式，能够帮助消除噪声。

（3）离群点分析。可以通过聚类来检测离群点。聚类将类似的值组织成群或"簇"。直观地落在簇集合之外的值被视为离群点。

图 1-3 显示了 3 个数据簇，可以将离群点看作落在簇集合之外的值来检测。

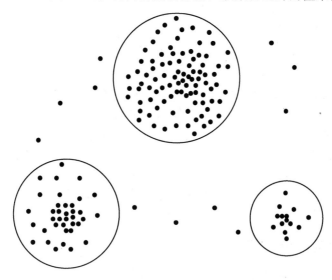

图 1-3　顾客在城市中的位置图

许多数据光滑的方法也用于数据离散化（一种数据变换方式）和数据归约。例如，分箱技术减少了每个属性的不同值的数量。分箱技术对基于逻辑的数据挖掘方法（决策树归纳）充当了一种形式的数据归约。概念分层是一种数据离散化形式，也可以用于数据平滑。例如，"价格"的概念分层可以把实际的"价格"的值映射到"便宜的价格"、"中等的价格"和"昂贵的价格"，从而减少了挖掘过程需要处理的值的数量。

3．不一致数据

对于有些事务，系统所记录的数据可能存在不一致。有些数据不一致可以通过人工更正。例如，数据输入时的错误可以通过人工核对来更正。知识工程工具也可以用来检测违反限制的数据。例如，知道属性间的函数依赖，可以查找违反函数依赖的值。

1.2.2　数据集成

数据挖掘经常需要数据集成——合并来自多个数据源的数据。数据集成有助于减少结果数据集的冗余和不一致，这有助于提高挖掘过程的准确性和速度。

1．实体识别问题

模式集成和对象匹配可能需要技巧。来自多个信息源的现实世界的等价实体如何才能"匹配"？这涉及实体识别问题。例如，数据分析者或计算机如何才能确信一个数据库中的

customer_id 和另一个数据库中的 cust_number 指的是同一实体？每个属性的元数据包括名字、含义、数据类型和属性的允许取值范围，以及处理空白、零或 NULL 值的空值规则。通常，数据库和数据仓库有元数据——关于数据的数据。这种元数据可以有助于避免模式集成的错误。元数据还可以用来帮助变换数据。

在集成期间，当一个数据库的属性与另一个数据库的属性匹配时，必须特别注意数据的结构。这旨在确保源系统中的函数依赖和参照约束与目标系统的匹配。

2．冗余和相关分析

冗余是数据集成的另一个重要问题。一个属性（如年收入）如果能由另一个或另一组属性"导出"，那么这个属性可能是冗余的。属性或维命名的不一致也可能导致数据集中的冗余。

有些冗余可以被相关分析检测到。例如，给定两个属性，根据可用的数据，这种分析可以度量一个属性能在多大程度上蕴涵另一个属性。对标称数据，可使用卡方检验；对数值属性，可使用相关系数和协方差检验，它们都评估一个属性的值如何随另一个属性的值变化。

3．元组重复

除了检测属性间的冗余，还应当在元组级检测重复（如给定的唯一数据实体存在两个或多个相同的元组）。

4．数据值冲突的检测与处理

数据集成还涉及数据值冲突的检测与处理。例如，对现实世界的同一实体，来自不同数据源的属性值可能不同。这可能是因为表示、尺度或编码不同。例如，质量属性可能在一个系统中以公制单位存放，而在另一个系统中以英制单位存放。

1.2.3 数据变换

在数据预处理阶段，数据被变换或统一，使挖掘过程可能更有效，挖掘的模式可能更容易理解。

1．数据变换策略

数据变换策略包括以下 6 种。

（1）光滑：去掉数据中的噪声。这种技术包括分箱、聚类和回归。

（2）属性构造（或特征构造）：可以由给定的属性构造新的属性并添加到属性集中，以帮助挖掘过程。

（3）聚集：对数据进行汇总和聚集。例如，可以聚集日销售数据，计算月和年销售量。通常，这一步用来为多个抽象层的数据分析构造数据立方体。

（4）规范化：将属性数据按比例缩放，使之落入一个特定的小区间中，如-1.0～1.0 或 0.0～1.0。

（5）离散化：数值属性（如年龄）的原始值用区间标签（如 0～10、11～20 等）或概念标签（如 youth、adult、senior）替换。这些标签可以递归地组织成更高层概念，导致数值属性的概念分层。

（6）由标称数据产生概念分层：属性（如 street）可以泛化到较高的概念层（如 city 或 country）。

2．通过规范化变换数据

有许多数据规范化的方法，这里介绍 3 种：最小-最大规范化、z-score 规范化和小数定标规范化。在下面的讨论中，令 A 是数值属性，它具有 n 个观测值 $v_1, v_2, \cdots, v_n$。

（1）最小-最大规范化：对原始数据进行线性变换，假定 min_A 和 max_A 分别为属性 A 的最小值和最大值，最小-最大规范化通过如下公式计算，把属性 A 的值 v_i 映射到区间[new_min_A, new_max_A]中的 v_i'。

$$v_i' = \frac{v_i - min_A}{max_A - min_A}(\text{new\_}max_A - \text{new\_}min_A) + \text{new\_}min_A$$

最小-最大规范化保持原始数据值之间的联系。若后续的输入实例落在属性 A 的原始数据值域之外，则该方法将面临"越界"错误。

（2）z-score 规范化（或零-均值规范化）：基于属性 A 的均值和标准差进行规范化。属性 A 的值 v_i 被规范化为 v_i'，由下式计算：

$$v_i' = \frac{v_i - \overline{A}}{\sigma_A}$$

当属性 A 的实际最大值和最小值被未知或离群点左右了最小-最大规范化时，该方法是有用的。

（3）小数定标规范化：通过移动属性 A 的值的小数点位置进行规范化。小数点的移动位数依赖于属性 A 的最大绝对值。属性 A 的值 v_i 被规范化为 v_i'，由下式计算：

$$v_i' = \frac{v_i}{10^j}$$

式中，j 是使 $Max(|v'|) < 1$ 的最小整数。

3．通过分箱离散化

分箱是一种基于指定的箱个数的自顶向下的分裂技术。分箱并不使用类信息，因此它是一种非监督的离散化技术。它对用户指定的箱个数很敏感，也容易受离群点的影响。

4．通过直方图分析离散化

像分箱一样，直方图分析也是一种非监督的离散化技术，因为它也不使用类信息。直方图把属性 A 的值划分成不相交的区间，被称为桶或箱。

可以使用各种划分规则定义直方图。例如，等宽直方图将值分成相等分区或区间（如属性 price，其中每个桶宽度为 10 美元）。在理想情况下，使用等频直方图，值会被均匀划分，使每个分区包括相同个数的数据元组。

5．通过聚类、决策树和相关分析离散化

聚类分析是一种流行的离散化方法。通过将属性 A 的值划分成簇或组，聚类算法可以用

来离散化属性 A。聚类考虑属性 A 的分布及数据点的邻近性，因此可以产生高质量的离散化结果。

为分类生成决策树的技术可以用来离散化。这类技术使用自顶向下划分方法。离散化的决策树方法是有监督学习的，因为它使用类标号。其主要思想是，选择划分点使一个给定的结果分区包含尽可能多的同类元组。

相关性度量也可以用于离散化。ChiMerge 是一种基于卡方的离散化方法。它采用自底向上的策略，递归地找出最邻近的区间，然后合并它们，形成较大的区间。ChiMerge 方法是有监督学习的，因为它使用类信息。ChiMerge 方法的过程如下：初始时，把属性 A 的每个不同值看作一个区间，对每对相邻区间进行卡方检验；具有最小卡方值的相邻区间合并在一起，因为低卡方值表明它们具有相似的类分布；该合并过程递归地进行，直到满足预先定义的终止条件。

6. 标称数据概念分层的产生

概念分层可以用来把数据变换成多个粒度值。

下面研究标称数据概念分层的 4 种产生方法。

（1）由用户或专家在模式级显式地说明属性的部分序。通常，分类属性或维的概念分层涉及一组属性。用户或专家在模式级通过说明属性的部分序或全序，可以很容易地定义概念分层。例如，关系数据库或数据仓库的维 location 可能包含一组属性 "street,city, province_or_state,country"。可以在模式级说明一个全序（如 street<city <province_or_state <country）来定义分层结构。

（2）通过显式数据分组说明分层结构的一部分。这基本上是人工地定义概念分层结构的一部分。在大型数据库中，通过显式的值枚举定义整个概念分层是不现实的。然而，对一小部分中间层数据，我们可以很容易地显式说明分组。例如，在模式级说明了 province 和 country 形成一个分层后，用户可以人工地添加某些中间层，如显式地定义 "{Albert, Sakatchewan, Manitoba}Ìprairies_Canada" 和 "{British Columbia,prairies_Canada} ÌWestern_Canada"。

（3）说明属性集，但不说明它们的偏序。用户可以说明一个属性集，形成概念分层，但并不显式说明它们的偏序。然后系统可以试图自动地产生属性的序，构造有意义的概念分层。

如果没有数据语义的知识，那么如何找出一个任意的分类属性集的分层序？由于一个较高层的概念通常包含若干从属的较低层概念，定义在高概念层的属性与定义在较低概念层的属性相比，通常包含较少数目的不同值。根据这一事实，可以根据给定属性集中每个属性的不同值个数，自动地产生概念分层。具有最多不同值的属性放在分层结构的最低层。一个属性的不同值个数越少，它在所产生的概念分层结构中所处的层就越高。在许多情况下，这种启发式规则都很有用。在考察了所产生的分层之后，如果必要，局部层次交换或调整可以由用户或专家来做。

注意，这种启发式规则并非万无一失。例如，在一个数据库中，时间维可能包含 20 个不同的年，12 个不同的月，每星期 7 个不同的天。然而，这并不意味时间分层应当是 "year < month < days_of_the_week"。

（4）只说明部分属性集。在定义分层时，有时用户可能不小心，或者对分层结构中应当包含什么只有很模糊的想法。结果，用户可能在分层结构说明中只包含了相关属性的一小部分。例如，用户可能没有包含 location 所有分层的相关属性，而只说明了 street 和 city。为了处理这种部分说明的分层结构，需要在数据库模式中嵌入数据语义，使与语义密切相关的属性能够捆在一起。用这种办法，一个属性的说明可能触发整个与语义密切相关的属性被"拖进"，形成一个完整的分层结构。然而，必要时用户可以忽略这一特性。

总之，模式和属性值计数信息都可以用来产生标称数据概念分层。使用概念分层变换数据使较高层的知识模式可以被发现，它允许在多个抽象层上进行挖掘。

1.2.4　数据归约

数据归约指在尽可能保持数据原貌的前提下，最大限度地精简数据量。

数据归约可以得到数据集的简化表示，它比原数据集小得多。数据归约产生的较小数据集需要较少的内存和处理时间，因此可以使用占用计算资源更大的挖掘算法，但能够产生同样的（或几乎同样的）分析结果。

1. 数据归约策略简介

数据归约策略包括维归约、数量归约和数据压缩。

（1）维归约减少所考虑的随机变量或属性的个数。维归约方法一般使用主成分分析，把原数据变换或投影到较小的空间。属性子集选择是一种维归约方法，其中，不相关、弱相关或冗余的属性或维被检测和删除。

（2）数量归约用替代的、较小的数据表示形式替换原数据。这些技术可以是参数的或非参数的。对参数方法而言，使用模型估计数据，一般只需要存放模型参数，而不存放实际数据（离群点可能也要被存放）。回归和对数线性模型就是例子。对于非参数方法而言，可以采用直方图、聚类、抽样和数据立方体聚集进行存放。

（3）数据压缩使用变换，以便得到原数据的归约或"压缩"表示。若原数据能够从压缩后的数据重构，而不损失信息，则该数据归约被称为无损归约。若只能近似重构原数据，则该数据归约被称为有损归约。

2. 主成分分析

假定待归约的数据由 n 个属性或维描述的元组或数据向量组成。主成分分析（PCA，又称 Karhunen-Loeve 或 K-L 方法）搜索 k 个最能代表数据的 n 维正交向量，其中 $k \leqslant n$。这样，原来的数据投影到一个小得多的空间上，导致维归约。然而，不像属性子集选择通过保留原属性集的一个子集来减少属性集的大小，PCA 通过创建一个替换的、较小的变量集"组合"属性的基本要素。原数据可以投影到该较小的集合中。PCA 常常能够揭示先前未曾察觉的联系，并因此允许揭示不寻常的结果。

PCA 的基本过程如下。

（1）对输入数据规范化，使每个属性都落入相同的区间。此步有助于确保具有较大定义域的属性不会支配具有较小定义域的属性。

（2）PCA 计算 k 个标准正交向量，作为规范化输入数据的基。这些是单位向量，每一个都垂直于其他向量。这些向量被称为主成分。输入数据是主成分的线性组合。

（3）对主成分按"重要性"或强度降序排列。主成分本质上充当数据的新坐标系，提供关于方差的重要信息。也就是说，对坐标轴进行排序，使第一个轴显示的数据方差最大，第二个轴显示的数据方差次之，如此下去。例如，图1-4显示原来映射到轴 X_1 和 X_2 的给定数据集的两个主要成分 Y_1 和 Y_2。这一信息帮助识别数据中的组群或模式。

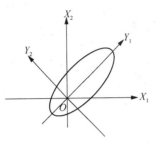

图1-4　PCA示例

（4）因为主成分根据"重要性"降序排列，所以可以通过去掉较弱的成分（方差较小的那些成分）来归约数据。使用最强的主成分能够很好地重构原数据的近似。

PCA可以用于分析有序和无序的属性，并且可以处理稀疏和倾斜数据。多于二维的多维数据，可以通过将其归约为二维数据来处理。主成分可以用作多元回归和聚类分析的输入。

3. 属性子集选择

属性子集选择通过删除不相关或冗余的属性（或维）减少数据量。属性子集选择的目标是找出最小属性集，使数据类的概率分布尽可能地接近使用所有属性的原分布。在缩小的属性集上挖掘还有其他的优点：减少了出现在发现模式上的属性数目，使模式更易于理解。

如何找出原属性中的一个"好的"子集？对属性子集的选择，通常使用压缩搜索空间的启发式算法。通常，这些算法是贪心算法。在搜索属性空间时，它们总是做看上去的最佳选择。它们的策略是做局部最优选择，期望由此导致全局最优解。在实践中，这种贪心算法是有效的，并可以逼近最优解。

"最好的"（或"最差的"）属性通常使用统计显著性检验来确定。这种检验假定属性是相互独立的。也可以使用一些其他属性评估度量，如建立分类决策树使用的信息增益度量。

属性子集选择的贪心（启发式）算法包括5种技术，其中一些算法示例如表1-1所示。

表1-1　部分贪心（启发式）算法示例

向 前 选 择	向 后 删 除	决策树归纳
初始属性集： $\{A_1, A_2, A_3, A_4, A_5, A_6\}$ 初始化归约集： $\{\}$ =>$\{A_1\}$ =>$\{A_1, A_4\}$ =>归约后的属性集： $\{A_1, A_4, A_6\}$	初始属性集： $\{A_1, A_2, A_3, A_4, A_5, A_6\}$ =>$\{A_1, A_3, A_5, A_6\}$ =>$\{A_1, A_4, A_5, A_6\}$ =>归约后的属性集： $\{A_1, A_4, A_6\}$	初始属性集： $\{A_1, A_2, A_3, A_4, A_5, A_6\}$ $A_4?$ Y ── N $A_1?$　　$A_6?$ Y─N　Y─N Class1 Class2 Class1 Class2 =>归约后的属性集： $\{A_1, A_4, A_6\}$

（1）向前选择。该过程由空属性集开始，选择原属性集中最好的属性，并将它添加到该集合中。在其后的每一次迭代，都将原属性集剩下的属性中的最好的属性添加到该集合中。

（2）向后删除。该过程由整个属性集开始。每一步都删除尚在属性集中的最差的属性。

（3）向前选择和向后删除。向前选择和向后删除的方法可以结合在一起，每一步选择一个最好的属性，并在剩余属性中删除一个最差的属性。

（4）决策树归纳。决策树算法（如 ID3、C4.5 和 CART）最初是用于分类的。决策树归纳构造一个类似于流程图的结构，其每个内部（非树叶）节点表示一个属性上的测试，每个分枝对应于测试的一个结果；每个外部（树叶）节点表示一个类预测。在每个节点，算法选择最好的属性，将数据划分成类。

（5）子集评估。子集产生过程所生成的每个子集都需要用事先确定的评估准则进行评估，并且与先前符合准则最好的子集进行比较。如果它更好一些，那么就用它替换前一个最好的子集。如果没有一个合适的，那么就停止规则。在属性选择进程停止前，它可能无穷无尽地运行下去。

这些方法的结束条件可以不同。属性选择过程可以使用一个度量阈值来确定何时停止属性选择过程。属性选择过程可以在满足以下条件之一时停止：①预先定义所要选择的属性数；②预先定义迭代次数；③增加（或删除）任何属性都不产生更好的子集。

在某些情况下，我们可能基于其他属性创建一些新属性。这种属性构造有助于提高准确性和对高维数据结构的理解。通过组合属性，属性构造可以发现关于数据属性间联系的缺失信息，这对知识发现是有用的。

4．回归和对数线性模型：参数化数据归约

回归和对数线性模型可以用来近似给定的数据。在线性回归中，对数据建模，使之拟合到一条直线。例如，可以用以下公式，将随机变量 Y（称为因变量）表示为另一随机变量 X（称为自变量）的线性函数。

$$Y = \alpha + \beta X$$

式中，假定 Y 的方差是常量。系数 α 和 β（称为回归系数）分别为直线的 Y 轴截距和斜率。系数可以用最小二乘法求得，使分离数据的实际直线与该直线间的误差最小。多元回归是线性回归的扩充，允许用两个或多个自变量的线性函数对因变量 Y 建模。

对数线性模型采用近似离散的多维概率分布进行数据归约。给定 n 维（如用 n 个属性描述）元组的集合，我们可以把每个元组看作 n 维空间的点。对离散属性集，可以使用对数线性模型，基于维组合的一个较小子集，估计多维空间中每个点的概率。这使高维数据空间可以由较低维空间构造。因此，对数线性模型也可以用于维归约和数据光滑。

回归和对数线性模型都可以用于稀疏数据，尽管它们的应用可能是受限的。虽然这两种方法都可以处理倾斜数据，但是回归可能更好。当用于高维数据时，回归可能是计算密集的，而对数线性模型表现出很好的可伸缩性，可以扩展到 10 维左右。

5．直方图

直方图使用分箱近似数据分布，是一种流行的数据归约形式。属性 A 的直方图将属性 A 的数据分布划分为不相交的子集或桶。桶安放在水平轴上，而桶的高度（和面积）是该桶所代表的值的平均频率。若每个桶只代表单个属性值/频率对，则该桶被称为单值桶。如图 1-5 所示，用单值桶表示每个不同价格的产品的销售量。但通常，桶表示给定属性的一个连续区间，如图 1-6 所示，使用等宽直方图表示每 10 美元价格产品簇的销售量。

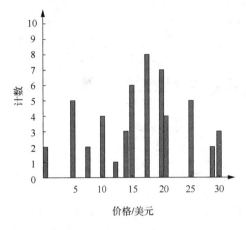

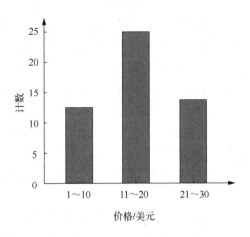

图 1-5　单值桶的价格直方图　　　　图 1-6　价格的等宽直方图

如何确定桶和属性值的划分？有下面一些划分规则。

（1）等宽。在等宽直方图中，每个桶的宽度区间是一致的（如图 1-6 中每个桶的宽度为 10 美元）。

（2）等频（或等深）。在等深的直方图中，创建桶时，使每个桶的频率粗略地为常数（每个桶大致包含相同个数的邻近数据样本）。

对近似稀疏和稠密数据，以及高倾斜和一致的数据，直方图是非常有效的。上面介绍的单属性直方图可以推广到多个属性。多维直方图可以表现属性间的依赖。我们已经发现，这种直方图对多达 5 个属性能够有效地近似数据。但对更高维、多维直方图的有效性尚需进一步研究。对存放具有高频率的离群点，单值桶是有用的。

6．聚类

在数据归约时，用数据的簇代表替换的实际数据。该技术的有效性依赖于数据的性质。对被污染的数据及能够组织成不同的簇的数据，该技术有效得多。

7．抽样

抽样可以作为一种数据归约技术使用，因为它允许用比数据小得多的随机样本（子集）表示大型数据集。假定大型数据集 D 包含 N 个元组，下面分析可以用于数据归约的、最常用的对 D 的抽样方法。

s 个样本的不放回简单随机抽样（SRSWOR）：从 D 的 N 个元组中抽取 s 个样本（$s<N$）；其中 D 中任何元组被抽取的概率均为 $1/N$，即所有元组被抽到的机会是等可能的。

s 个样本的有放回简单随机抽样（SRSWR）：该方法类似于 SRSWOR，不同在于：当一个元组被抽取后，记录它，然后放回去。这样，一个元组被抽取后，它又被放回 D，以便它可以再次被抽取。

簇抽样：若 D 中的元组被分组放入 M 个互不相交的"簇"中，则可以得到簇的 s 个简单随机抽样（SRS），其中 $s<M$。例如，数据库中元组通常一次取一页，这样每页就可以视为一个簇。例如，可以将 SRSWOR 用于页，得到元组的簇样本，由此得到数据的归约表示。

分层抽样：若 D 被划分成互不相交的部分（称为"层"），则通过对每一层的简单随机抽样就可以得到 D 的分层抽样。特别是当数据倾斜时，它可以有助于确保样本的代表性。例如，得到关于顾客数据的一个分层抽样，其中分层由顾客的每个年龄组创建。这样，具有最少顾客数目的年龄组肯定能够被代表。抽样示例如图 1-7 所示。

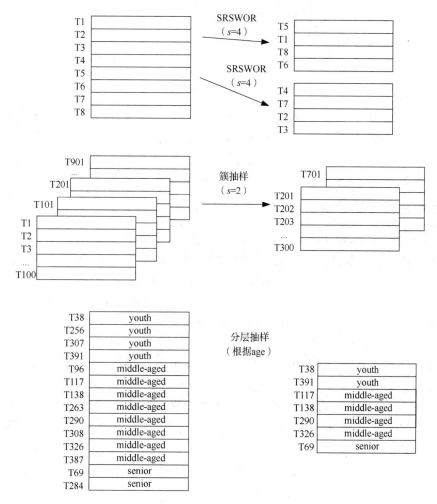

图 1-7　抽样示例

采用抽样进行数据归约的优点是，得到样本的花费正比于样本集的大小 s，而不是数据集的大小 N。因此，抽样的复杂度可能亚线性（sublinear）于数据的大小。其他数据归约技术至少需要完全扫描 D。对固定的样本大小，抽样的复杂度仅随数据的维数 n 线性地增加；而其他技术如直方图，复杂度随 D 呈指数级增长。

8．数据立方体聚集

如图 1-8（a）所示，销售数据按季度显示；如图 1-8（b）所示，数据聚集提供年销售额。可以看出，结果数据量小得多，但并不丢失分析任务所需的信息。

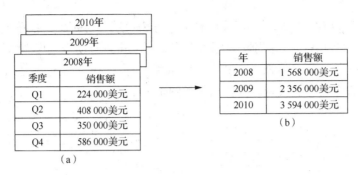

图 1-8 某分店 2008—2010 年的销售数据

通过图 1-8 的示例，读者会对数据立方体有一个感性的认知。在最低抽象层创建的数据立方体被称为基本方体。基本方体应当对应于感兴趣的个体实体。换言之，最低层应当是对分析可用的或有用的。在最高抽象层创建的数据立方体被称为顶点方体。在不同层创建的数据立方体被称为方体，因此"数据立方体"可以被看作方体的格。

1.2.5 数据预处理的注意事项

在数据预处理的实际应用过程中，上述步骤有时并不是完全分开的，在某种场景下是可以一起使用的。例如，数据清洗可能涉及纠正错误数据的变换，如把一个数据字段的所有项都变换成统一的格式，然后进行数据清洗；冗余数据的删除既是一种数据清洗形式，也是一种数据归约。另外，应该针对具体所要研究的问题通过详细分析后再进行预处理方案的选择，整个预处理过程要尽量人机结合，尤其要注重和客户、专家多交流。预处理后，若挖掘结果显示和实际差异较大，则在排除源数据的问题后，有必要考虑数据的二次预处理，以修正初次数据预处理中引入的误差或不当的方法；若二次挖掘结果仍然异常，则需要另行斟酌以实现较好的挖掘效果。

总之，数据的世界是庞大且复杂的，也会有残缺的、虚假的、过时的数据。想要获得高质量的分析挖掘结果，就必须在数据准备阶段提高数据的质量。数据预处理可以对采集到的数据进行清理、填补、平滑、合并、规范化及检查一致性等，将那些杂乱无章的数据转化为相对单一且便于处理的结构，从而改进数据的质量，有助于提高其后的挖掘过程的准确率和效率，为决策带来高回报。

1.3 数据预处理的工具

数据挖掘过程一般包括数据采集、数据预处理、数据挖掘，以及知识评价和呈现。在一个完整的数据挖掘过程中，数据预处理要花费 60%左右的时间，之后的挖掘工作仅仅占工作量的 10%左右。工欲善其事，必先利其器。在实际的数据预处理工作中，我们有一个得心应手的工具，就会大大提升效率。然而，实际情况是，数据预处理的工具及手段都是多样化的，比较通用的有 DataStage、Kettle、Informatica、datax、SSIS、Shell 脚本、Python、Java、Scala等。总的归纳起来，可以分为工具类手段及编程类手段。

本书将分别介绍使用 Kettle 和 Python 进行数据预处理。这主要因为 Kettle 是一款开源的软件工具，可以为企业提供灵活的数据抽取和数据处理的功能。

Kettle 除支持各种关系数据库，以及 HBase、MongoDB 等 NoSQL 数据源外，还支持 Excel、Access 等小型的数据源。通过插件扩展，Kettle 可以支持各类数据源。本书将详细介绍 Kettle 可以处理的数据源，而且会详细介绍如何使用 Kettle 抽取增量数据。

Kettle 的数据处理功能也很强大，除选择、过滤、分组、连接、排序等常用的功能外，Kettle 里的 Java 表达式、正则表达式、Java 脚本、Java 类等功能都非常灵活且强大，都非常适合于各种数据处理功能。

另外，我们选择 Python 作为本书数据预处理的工具，最主要的原因是在人工智能浪潮下，新生代工具 Python 得到了广泛应用。Python 是极其适合初学者入门的编程语言，同时是万能的"胶水"语言，可以胜任很多领域的工作，是人工智能和大数据时代的明星，可以说是未来人们学习编程的首选语言。

Python 是一种面向对象的解释型计算机程序设计语言，具有丰富和强大的库，已经成为继 Java、C++之后的第三大语言。它具有简单易学、免费开源、可移植性强、面向对象、可扩展性强、可嵌入型、丰富的库、规范的代码等特点。其中，Pandas、NumPy 是数据预处理中常用到的库。本书最后两章将介绍如何调用这些库，完成数据的导入、导出和清理工作。

本章习题

（1）简述数据预处理的方法和内容。

（2）有如下不完整的原始数据集：

客 户 编 号	客 户 名 称	风 险 等 级	收　　入
1	张三	3	5000
2	李四	2	8000
3	王五	2	10 000
4	赵六	1	15 000
5	李木	1	
6	王权	1	16 000

① 请简述数据清洗的作用。

② 请使用数据清洗中多种常用的方法来填充表中的空缺值。

（3）数据清洗主要目的是什么？

第2章

Kettle 工具的初步使用

本章首先介绍 Kettle 的安装，然后通过一个实操案例介绍 Kettle 的使用。

本章主要内容如下。

（1）Kettle 的安装。

（2）转换的基本概念。

（3）可视化编程及调试。

（4）定时启动转换。

2.1　Kettle 的安装

Kettle 是一个 Java 程序，因此运行此工具前，必须安装 Sun 公司（已被 Oracle 公司收购）的 Java 运行环境 1.4 或者更高版本。

2.1.1　Java 的安装

登录 Java 的官网后，进入下载页面，选择当前最新的 Java 版本下载。

本书以 Windows 10 操作系统安装 Java 10 为例进行介绍。

下载 jdk-10_windows-x64_bin.exe 完毕后，双击该文件，多次单击"next"按钮，直接到安装完毕。本书所使用的 Java 的安装路径为 C:\Program Files\Java\jdk-10。

安装完毕后，需要对表 2-1 的环境变量进行配置。

表 2-1　Java 需要配置的环境变量

环境变量名称	环境变量值	配 置 方 式
JAVA_HOME	C:\Program Files\Java\jdk-10（注：此为安装路径）	新建
CLASSPATH	.;%JAVA_HOME%\lib\dt.jar;%JAVA_HOME%\lib\tools.jar	新建
Path	.;%JAVA_HOME%\bin;%JAVA_HOME%\jre\bin	追加

对表 2-1 中的环境变量进行配置的操作步骤如下。

（1）在"我的电脑"上单击鼠标右键，在弹出的快捷菜单中选择"属性"命令，如图 2-1 所示。

图 2-1　选择"属性"命令

（2）在打开的窗口中单击"高级系统设置"选项，如图 2-2 所示。

图 2-2　单击"高级系统设置"选项

（3）在打开的"系统属性"对话框中单击"环境变量"按钮，如图 2-3 所示。

（4）在打开的"环境变量"对话框中单击"系统变量"列表框下的"新建"按钮，如图 2-4 所示。

（5）在打开的"新建系统变量"对话框（见图 2-5）中以新建的方式配置 JAVA_HOME 环境变量。在"变量名"文本框中填入"JAVA_HOME"，在"变量值"文本框中填入"C:\Program Files\Java\ jdk-10"。填写完毕后，单击"确定"按钮，完成新建环境变量 JAVA_HOME 的配置，如图 2-6 所示。

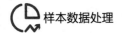

图 2-3　单击"环境变量"按钮　　　　　图 2-4　单击"新建"按钮

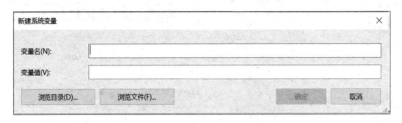

图 2-5　"新建系统变量"对话框

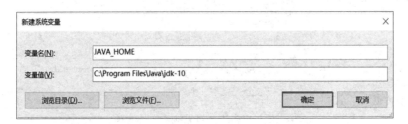

图 2-6　配置 JAVA_HOME 环境变量

　　配置完成后,"环境变量"对话框的"系统变量"列表框会显示该变量,如图 2-7 所示。

　　(6)单击图 2-7 的"系统变量"列表框下的"新建"按钮,参考 JAVA_HOME 环境变量的配置操作完成 CLASSPATH 环境变量的配置。

　　(7)CLASSPATH 环境变量的值为".;%JAVA_HOME%\lib\dt.jar;%JAVA_HOME%\lib\tools.jar",如图 2-8 所示。填写完毕后,单击"确定"按钮,完成新建环境变量 CLASSPATH 的配置。此时,界面返回到如图 2-9 所示的"环境变量"对话框。

　　(8)如图 2-9 所示,在"系统变量"列表框中单击"Path",接着单击"编辑"按钮,以追加的方式开始配置 Path 环境变量。

（9）在"编辑环境变量"对话框中单击"编辑文本"按钮，如图 2-10 所示，打开"编辑系统变量"对话框。

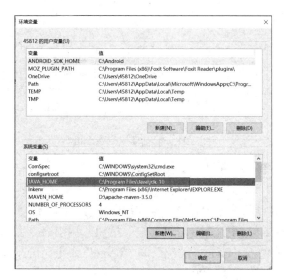

图 2-7　JAVA_HOME 配置结果

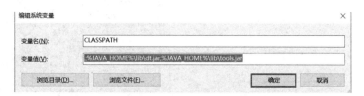

图 2-8　配置 CLASSPATH 环境变量

图 2-9　"环境变量"对话框

图 2-10　"编辑环境变量"对话框

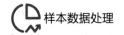

（10）在"编辑系统变量"对话框中"变量值"文本框中文本的最后面增添".;%JAVA_HOME%\bin;%JAVA_HOME%\jre\bin"，如图2-11所示，单击"确定"按钮，完成环境变量Path的配置。

图2-11　配置环境变量Path

（11）配置完毕后，单击所有对话框的"确定"按钮，关闭所有对话框，返回桌面。

注意：环境变量值的最后面不带分号，但值与值之间需要用英文输入法的分号隔离。

（12）在Windows的桌面按"Win+R"组合键，在打开的"运行"对话框的"打开"文本框中输入"cmd"，如图2-12所示，单击"确定"按钮，调出命令窗口。

（13）在命令窗口中输入"java-version"和"javac"命令，若出现类似图2-13的输出提示，则表明Java的环境变量配置正确。

图2-12　"运行"对话框　　　　图2-13　检测Java的环境变量配置

2.1.2　Kettle的下载安装与Spoon的启动

Kettle是作为一个独立的压缩包被发布的，我们可以从官网选择最新的版本下载。下载完毕后，解压下载的文件，双击spoon.bat即可使用。

为了方便使用，可以为spoon.bat创建一个Windows桌面快捷方式。创建快捷方式后，在新创建的快捷方式上单击鼠标右键，在弹出的快捷菜单中选择"属性"命令，就会在系统打开的属性对话框中显示"快捷方式"选项卡。在这个选项卡下单击"更改图标"按钮，可以为这个快捷方式选中一个容易识别的图标，一般选择Kettle目录下的spoon.ico文件。

2.2　Kettle 的使用

2.2.1　转换的基本概念

转换是 ETL（Extract Transform Load）解决方案中最主要的部分，它负责处理抽取、转换、加载各阶段对数据行的各种操作。转换包括一个或多个步骤，如读取文件、过滤输出行、数据清洗或将数据加载到数据库。

转换中的步骤通过跳来连接，跳定义了一个单向通道，允许数据从一个步骤向另一个步骤流动。在 Kettle 中，数据的单位是行，数据流就是数据行从一个步骤到另一个步骤的移动。数据流的另一个同义词就是记录流。

图 2-14 展示了一个简单的转换例子，该转换从数据库中读取数据并写入 Microsoft Excel 表格。

除了步骤和跳，转换还包括注释。注释是一个小的文本框，可以放在转换流程图的任何位置。注释的主要目的是使转换文档化。

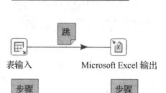

图 2-14　一个简单的转换例子

1. 步骤

步骤是转换中的基本组成部分。它是一个图形化的组件，我们可以通过配置步骤的参数，使它完成相应的功能。图 2-14 的例子显示了两个步骤，分别为"表输入"和"Microsoft Excel 输出"。配置"表输入"步骤的参数，可以使这个步骤从指定的数据库中读取指定关系表的数据；配置"Microsoft Excel 输出"步骤的参数，可以使这个步骤向指定的路径创建一个 Excel 表格，并写入数据。当这两个步骤用跳（箭头连接线）连接起来时，"表输入"步骤读取的数据通过跳传输给了"Microsoft Excel 输出"步骤。最终，"Microsoft Excel 输出"步骤把"表输入"步骤读取的数据写入 Excel 表格中。这个跳，对"表输入"而言，是个输出跳；对"Microsoft Excel 输出"而言，是个输入跳。

一个步骤有如下几个关键特性。

（1）步骤需要有一个唯一的名字。

（2）每个步骤都会读/写数据行（唯一例外是"生成记录"步骤，该步骤只写数据）。

（3）步骤之间通过跳进行数据行的单向传输。一个跳，相对于输出数据的步骤而言，为输出跳；相对于输入数据的步骤而言，为输入跳。

（4）大多数的步骤都可以有多个输出跳。一个步骤的数据发送可以被设置为轮流发送和复制发送。轮流发送指将数据行依次发给每一个输出跳，复制发送指将全部数据行发送给所有输出跳。

（5）在运行转换时，一个线程运行一个步骤，所有步骤的线程几乎同时运行。数据行通过跳，依照跳的箭头图形所示，从一个步骤连续地传输到另外一个步骤。

除了具备上面这些共性功能，每个步骤都有明显的功能区别，这可以通过步骤类型体现。图 2-14 中的"表输入"步骤就是向关系数据库的表发出一个 SQL 查询，并将得到的数据行写到它的输出跳；"Microsoft Excel 输出"步骤从它的输入跳读取数据行，并将数据行写入 Excel 文件。

2．转换的跳

转换的跳就是步骤之间带箭头的连线，跳定义了步骤之间进行数据传输的单向通道。

从程序执行的角度看，跳实际上是两个步骤线程之间进行数据行传输的缓存。这个缓存被称为行集，行集的大小可以在转换的设置里定义。当行集满时，向行集写入数据的步骤将停止写入，直到行集里又有了空间。当行集空时，从行集读取数据的步骤停止读取，直到行集里又有可读的数据行。

注意： 因为在转换里每个步骤都依赖前一个步骤获取字段值，所以当创建新跳时，跳的方向是单向的，而不能是双向循环的。

对 Kettle 的转换，从程序执行的角度看，不可能定义一个执行的顺序，也不可能确定一个起点步骤和终点步骤。因为所有步骤都以并发方式执行：当转换启动后，所有步骤都同时启动。每个步骤从它的输入跳中读取数据，并把处理过的数据写到输出跳，直到输入跳里不再有数据，就终止步骤的运行。当所有的步骤都终止了，整个转换就终止了。

同时，从功能的角度来看，转换有明确的起点步骤和终点步骤。例如，图 2-14 显示的转换起点就是"表输入"步骤（因为这个步骤生成数据行），终点就是"Microsoft Excel 输出"步骤（因为这个步骤将数据写入文件，而且后面不再有其他节点）。

综上所述，可以得出：一方面，数据沿着转换里的步骤移动而形成一条从头到尾的数据通路；另一方面，转换里的步骤几乎是同时启动的，所以不可能判断出哪个步骤是第一个启动的步骤。

如果想要一个任务沿着指定的顺序执行，就要使用本书后续章节讲到的"作业"了。

3．数据行

数据以数据行的形式沿着步骤移动。一个数据行是零到多个字段的集合。字段包括下面几种数据类型。

（1）String：字符类型数据。

（2）Number：双精度浮点数。

（3）Integer：带符号长整型（64 位）。

（4）Bignumber：任意精度数值。

（5）Date：带毫秒精度的日期时间值。

（6）Boolean：取值为 true 和 false 的布尔值。

（7）Binary：为二进制字段，可以包括图形、声音、视频及其他类型的二进制数据。

每个步骤在输出数据行时都有对字段的描述，这种描述就是数据行的元数据，通常包括下面一些信息。

（1）名称：行里的字段名应该是唯一的。

（2）数据类型：字段的数据类型。

（3）长度：字符串的长度或 Bignumber 类型的长度。

（4）掩码：数据显示的格式（转换掩码）。如果要把数值型（Number、Integer、Bignumber）或日期型转换成字符串类型就需要用到掩码。例如，在图形界面中预览数值型、日期型数据，或者把这些数据保存成文本或 XML 格式，就需要用到这种转换。

（5）小数点：十进制数据的小数点格式。不同文化背景下小数点符号是不同的，一般是点（.）或逗号（,）。

（6）分组符号：数值型数据的分组符号。不同文化背景下数字里的分组符号也是不同的，一般是逗号（,）、点（.）或单引号（'）。（注：分组符号是数字里的分割符号，便于阅读，如 123,456,789。）

（7）初始步骤：Kettle 在元数据里还记录了字段是由哪个步骤创建的，可以让用户快速定位字段是由转换里的哪个步骤最后一次修改或创建的。

当设计转换时，有以下 3 个数据类型的规则需要注意。

（1）行级里的所有行都应该有同样的数据结构。也就是说，当从多个步骤向一个步骤里写数据时，多个步骤输出的数据行应该有相同的结构，即字段相同、字段数据类型相同、字段顺序相同。

（2）字段元数据不会在转换中发生变化。也就是说，字符串不会自动截去长度以适应指定的长度，浮点数也不会自动取整以适应指定的精度。这些功能必须通过一些指定的步骤来完成。

（3）在默认情况下，空字符串（""）被认为与 NULL 相等。

2.2.2　第一个转换案例

Kettle 使用图形化的方式定义复杂的 ETL 程序和工作流，所以被归类为可视化编程语言。利用 Kettle 可以快速构建复杂的 ETL 作业和降低维护工作量。由于 Kettle 通过组件的配置隐藏了很多技术细节，IT 领域更贴近商务领域。

本节将介绍如何利用 Kettle 的可视化编程，实现图 2-14 的转换。

由于本案例要从 MySQL 数据库中读取表格内容并输出到 Excel 表格，还需要一个额外的 jar 包支持。该 jar 包可在 MySQL 的官方网站进行下载，此处使用的 jar 包版本为 5.1.45。下载完毕后，解压压缩包，将 mysql-connector-java-5.1.46-bin.jar 文件存放到\data-integration\lib\路径下。然后关闭 Kettle 并再次打开 Kettle，使该 jar 包生效。该 jar 包生效后，可在“表输入”步骤中配置 MySQL 数据库客户端连接到服务端的参数，连接到相关的数据库，获取相关的表格数据并输出到 Excel 表格中。

在此案例中，由于需要从 MySQL 数据库获取表格数据，因此需要读者预先安装 MySQL 服务端与客户端，通过客户端创建数据库与表并输入数据。

1．创建转换

运行 Spoon.bat 后，Kettle 将启动 Spoon，进入可视化编程界面。启动完毕后的 Spoon 可视化编程界面如图 2-15 所示。

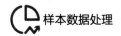

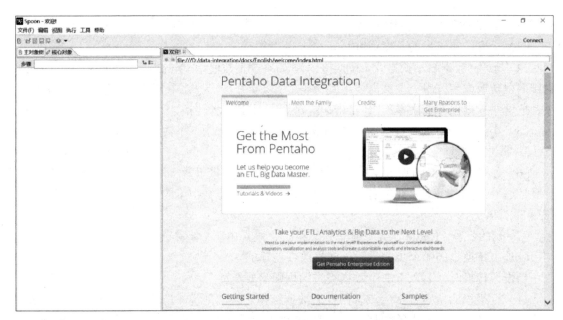

图 2-15　启动完毕后的 Spoon 可视化编程界面

在 Spoon 界面的快捷工具栏中单击 按钮，在下拉菜单中选择"转换"命令，如图 2-16 所示，这样就创建了一个转换文件。

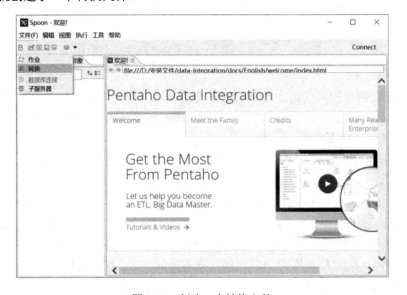

图 2-16　创建一个转换文件

注意："作业"包括一个或多个作业项，作业项由转换构成。

单击 按钮（见图 2-17），在打开的对话框中重命名该转换文件，设置保存路径，单击 "保存"按钮，如图 2-18 所示，可以保存该转换文件。

如图 2-19 所示，窗口中空白的地方被称为空画布。可以在这个空画布上进行可视化编程。

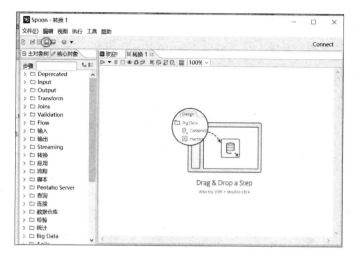

图 2-17　单击 按钮

图 2-18　单击"保存"按钮

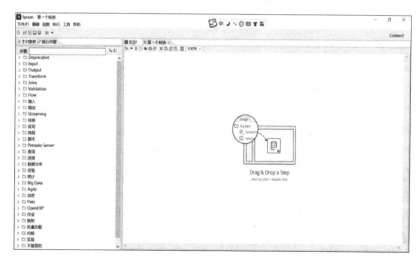

图 2-19　一个空画布

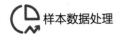

2. 核心对象

如图 2-20 所示，"核心对象"选项卡位于 Spoon 界面的左上角，在"主对象树"选项卡的右边。

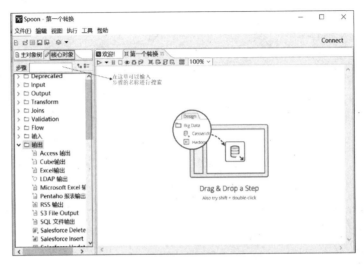

图 2-20 "核心对象"选项卡

在"核心对象"选项卡中，以文件夹的方式存放了各种类型的步骤，单击某个文件夹即可展开该文件夹里面所有的步骤。ETL 工程师可以根据设计的需求，选择合适的步骤，按住鼠标左键，拖曳选定的步骤到画布中使用。

也可在左上角的"步骤"搜索框中，输入步骤的大体名称，进行模糊查找。查找的结果中将显示符合查找条件的步骤位于哪个文件夹下。这样，ETL 工程师可以选择合适的步骤，按住鼠标左键，拖曳选定的步骤到画布中使用。

注意：在核心对象中的步骤上双击，该步骤将出现在右边的画布中，并自动连接上一个步骤。

3. 可视化编程

（1）创建步骤。

在"核心对象"选项卡中单击"输入"文件夹展开输入类型的所有步骤，单击"表输入"步骤，按住鼠标左键拖曳"表输入"步骤到画布中，如图 2-21 所示。这样，在画布中就创建了一个新步骤。

在"核心对象"选项卡中单击"输出"文件夹展开输出类型的所有步骤，单击"Microsoft Excel 输出"步骤，按住鼠标左键拖曳"Microsoft Excel 输出"步骤到画布中，如图 2-22 所示。

（2）创建转换的跳，连接步骤。

转换里的步骤通过跳定义一个单向通道来连接。单击"表输入"步骤，按住鼠标左键，将箭头一直拖到"Microsoft Excel 输出"步骤，待箭头变成绿色时，松开鼠标左键，即可建立两个步骤之间的跳，如图 2-23 所示。

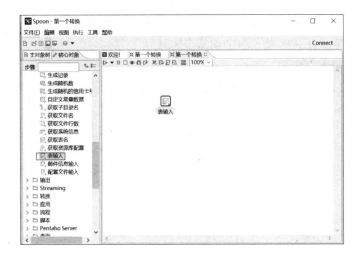

图 2-21　创建一个新步骤"表输入"

图 2-22　创建第二个步骤"Microsoft Excel 输出"

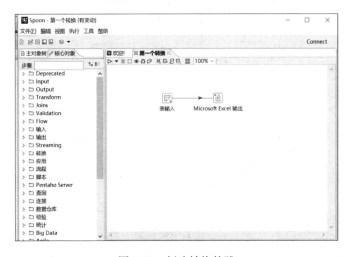

图 2-23　创建转换的跳

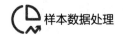

注意：右击跳的箭头符号，在弹出的快捷菜单中选择相关的操作，就可以设置该跳的一些属性，包括"使节点连接时效"和"删除节点连接"等。

（3）配置"表输入"步骤。

① 双击"表输入"步骤，在打开的配置对话框中单击"新建"按钮配置数据库的连接信息，如图 2-24 所示。

图 2-24　单击"新建"按钮

② 如图 2-25 所示，首先给连接名称任意起个名字，在这里命名为"sql_testlink"，然后进行如下设置。

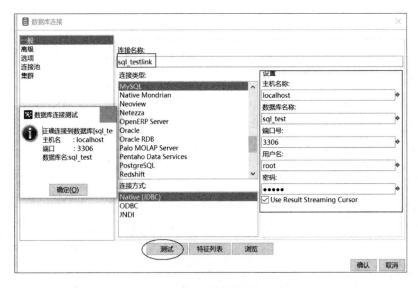

图 2-25　配置数据库连接参数

"连接类型"选择"MySQL"，因为我们需要连接到 MySQL 数据库。

"主机名称"为 MySQL 服务端的 IP 地址，若 Kettle 和 MySQL 服务端都安装在同一 PC 中，则配置为"localhost"。

"数据库名称"为 MySQL 服务端的数据库，需要在 MySQL 客户端上提前创建好。这里的配置为"sql_test"。

"端口号"的配置为默认的端口。

输入 MySQL 登录的用户名和密码。

③ 单击"测试"按钮，如果参数正确，系统将弹出"数据库连接测试"对话框。至此，数据库的连接配置已完成。

④ 单击"数据库连接测试"对话框中的"确定"按钮，关闭此对话框。单击"数据库连接"对话框中的"确认"按钮，关闭"数据库连接"对话框。

此时，界面将返回"表输入"对话框的配置界面。"表输入"对话框中的"数据库连接"下拉列表中会显示刚刚配置的连接名称"sql_testlink"，如图 2-26 所示。

图 2-26　新建的"sql_testlink"

注意：如果需要修改数据库连接信息，可以单击图 2-26 中的"编辑"按钮，在打开的对话框中进行修改。

⑤ 在"表输入"对话框中单击"获取 SQL 查询语句"按钮，如图 2-26 所示，系统将弹出"数据库浏览器"对话框，如图 2-27 所示。

图 2-27　"数据库浏览器"对话框

⑥ 单击 ⌄ 按钮依次展开"sql_testlink"和"表"，双击该数据库中的"学生"表，如图 2-28 所示，在打开的对话框中单击"是"按钮，如图 2-29 所示。

图 2-28　展开数据库浏览器　　　　　　　　　　　　图 2-29　单击"是"按钮

此时，界面返回"表输入"对话框，如图 2-30 所示。在此对话框的"SQL"列表框中显示从数据表中抽取数据的 SQL 语句。

⑦ 在图 2-30 中单击"预览"按钮。

图 2-30　"表输入"对话框

⑧ 在打开的对话框中输入预览的记录数量（如 1000），单击"确定"按钮，如图 2-31 所示，可以查看学生表的数据记录信息，如图 2-32 所示。此时，已完成"表输入"步骤的配置。

（4）配置"Microsoft Excel 输出"步骤。

① 双击"Microsoft Excel 输出"步骤，在打开的配置对话框中单击"文件&工作表"选项卡。

② 单击图 2-33 中的"浏览"按钮，配置输出的文件路径、文件名。

③ 单击"扩展名"的 ⌄ 按钮，选择输出的文件类型，一般配置 Excel 2007 及以上版本的表格输出。

图 2-31　输入"1000"并单击"确定"按钮　　　　图 2-32　预览关系表的数据记录

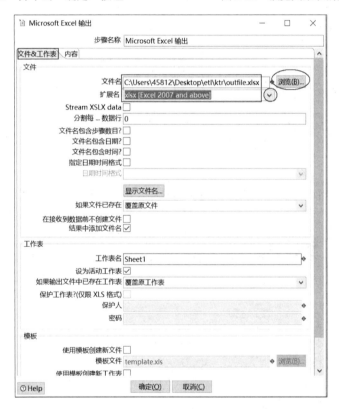

图 2-33　单击"浏览"按钮

④ 单击"内容"选项卡。

⑤ 单击"获取字段"按钮，如图 2-34 所示，获取上个步骤输出的数据字段。

获取后，在"字段"列表框中显示已获取的字段，如图 2-35 所示。这些字段将在 C:\Users\45812\Desktop\etl\ktr\outfile.xlsx 文件中输出。

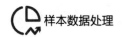

图 2-34 单击"获取字段"按钮　　　　　　　图 2-35 显示已获取的字段

（5）运行转换。

单击 ▷ 按钮开始运行程序，在打开的对话框中，单击"启动"按钮运行该转换，如图 2-36 所示。

图 2-36 运行第一个转换

4．执行结果

执行完毕后，输出的文件被保存在"Microsoft Excel 输出"步骤设置的路径下。该转换的输出路径为 C:\Users\45812\Desktop\etl\ktr\outfile.xlsx，如图 2-37 所示。

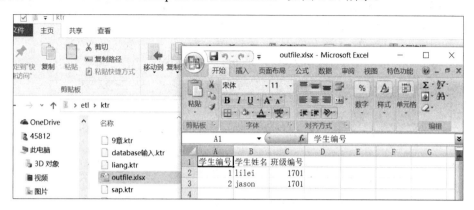

图 2-37　运行结果，输出一个 Excel 文件

对 Kettle 而言，执行的一系列结果在右下方的"执行结果"状态栏中显示。也就是说，"执行结果"状态栏是对转换、作业执行过程的监控。

如图 2-38 所示，在"执行结果"区域中的"日志"选项卡展示了该转换的时间执行过程。如果程序运行出错，这里将显示具体的出错信息，设计者可根据错误信息调试程序。

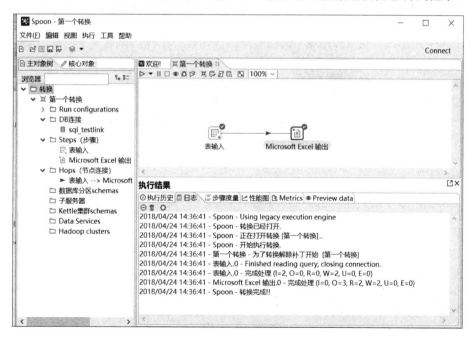

图 2-38　"日志"选项卡

"步骤度量"选项卡如图 2-39 所示，"Metrics"选项卡如图 2-40 所示，它们都展示了该转换执行过程中每个步骤所耗费的时间。设计者可根据这些信息对所设计的转换进行优化，提

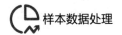

升转换执行的效率。

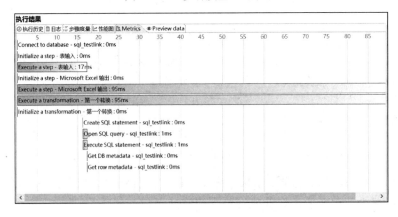

图 2-39   "步骤度量"选项卡

#	步骤名称	复制的记录行数	读	写	输入	输出	更新	拒绝	错误	激活	时间	速度 (条记录/秒)	Pri/in/out
1	表输入	0	0	2	2	0	0	0	0	已完成	0.0s	118	-
2	Microsoft Excel 输出	0	2	2	0	3	0	0	0	已完成	0.1s	32	-

图 2-40   "Metrics"选项卡

此外,"步骤度量"选项卡还展示了数据在每个步骤的输入/输出流程,设计者可根据这些信息核实数据的流程是否符合预定的设计流程。

如图 2-41 所示,"Preview data"选项卡显示该转换中鼠标已选定步骤的输出结果。

#	学生编号	学生姓名	班级编号
1	1	lilei	1701
2	2	jason	1701

图 2-41   "Preview data"选项卡

5. 状态栏

如图 2-42 所示,状态栏显示一系列调试运行程序的按钮。

图 2-42   状态栏

▷ ▼:运行程序。可通过下拉的三角符号选择运行的选项。

Ⅱ:暂停正在运行的程序。

□:终止正在运行的程序。

▷:按上一次的执行选项重新执行此程序。

◉ ⚙:预览/调试程序。设定调试的条件后,单击"配置"按钮进入调试模式。

例如,调试学生编号为 1 的配置如图 2-43 所示。

6．主对象树

在进行可视化编程的过程中，在画布上每增添一个步骤、一个跳等，系统都会在主对象树中记录并呈现出来，如图 2-44 所示。设计者在检查程序设计时，可以在主对象树中双击相关的对象进行编辑修改，实现对程序的调试。

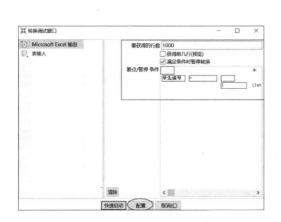

图 2-43　调试学生编号为 1 的配置　　　　图 2-44　"主对象树"选项卡

7．参数配置

Kettle 的参数配置分为环境变量配置和命名参数配置两类。环境变量具有全局性质，配置后的环境变量对所有转换、作业都可用、有效；命名参数具有局部性质，仅对当前转换、作业有效。

（1）环境变量配置。

环境变量的配置路径为 C:\Users\45812\.kettle\kettle.properties（45812 表示此 Windows 下的用户）。用文本编辑器打开 kettle.properties 文件，即可用键值对的形式配置环境变量。一个环境变量占一行，键在等号前面，作为配置所使用的环境变量名，等号后面就是这个环境变量的值。转换和作业可以通过"${环境变量名}"或"%%环境变量名%%"的方式来引用 kettle.properties 定义的环境变量。

图 2-45 所示为基于第一个转换实验的配置例子，配置"Microsoft Excel 输出"步骤中的输出路径，用环境变量"GLOBAL_PATH"表示。配置 kettle.properties 完毕后，需要关闭 Kettle 再重新打开，选择配置的全局参数才生效可用。

如图 2-46 所示，在"Microsoft Excel 输出"对话框中，用"${ GLOBAL_PATH }"引用环境变量，指定输出的路径为 C:/Users/45812/Desktop/etl/GlobalPath。

在创建同样的第二个转换后，该全局参数同样可为第二个转换所用。

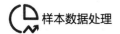

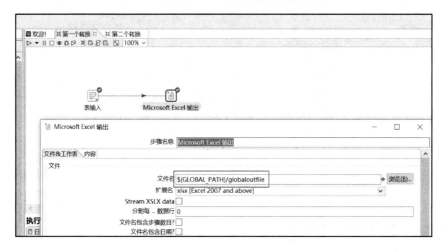

图 2-45 基于第一个转换实验的配置例子

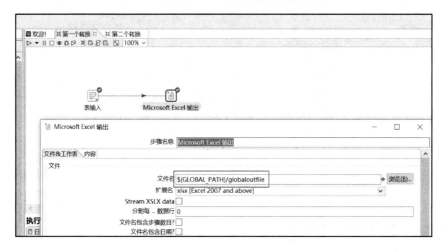

图 2-46 使用环境变量参数

（2）命名参数配置。

在当前转换画布上空白的地方单击鼠标右键，在弹出的快捷菜单中选择"转换设置 CTRL-L"命令，如图 2-47 所示。

在"转换属性"的"命名参数"选项卡中配置命名参数的名字和值，如图 2-48 所示。

图 2-47 选择"转换设置 CTRL-T"命令   图 2-48 配置命名参数的名字和值

配置后，即可在该转换中使用此命名参数。如图 2-49 所示，使用命名参数，使输出文件 localoutfile 保存在命名参数指定的路径 C:\Users\45812\Desktop\etl\LocalPath 下。

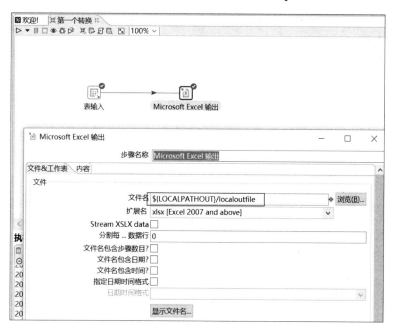

图 2-49　使用命名参数配置"Microsoft Excel 输出"步骤

8. 定时启动转换

在实际工作环境中，这些用 Spoon 开发的转换、作业都是定时执行的，给数据仓库或其他系统定期提供转换后的数据，用于数据挖掘或可视化。

在 Windows 环境下，可以使用控制面板中的计划任务定时执行批处理。在本实验中，假设此转换的文件名为 FirstTan.ktr，其保存的路径为 C:\Users\45812\Desktop\etl\ktr\ FirstTan.ktr，则批处理文件内容如下。

```
cd /d  d:\data-integration
pan    /file=C:\Users\45812\Desktop\etl\ktr\FirstTan.ktr    /level=Detailed
/logfile=D:\1.log0
```

注意：用命令行或批处理脚本启动转换时，Kettle 不支持中文路径、中文的 KTR 文件。

该批处理文件的第一行中，d:\data-integration 为 Kettle 的安装路径。用 cd 命令切换到该路径中，然后执行第二行的命令。

第二行中，pan 对应执行 Kettle 安装目录下的 pan.bat 批处理脚本。该脚本的命令行参数语法规范为：

```
[/]name [[:]value]
```

以斜线（/）或横线（-）后接参数名，大部分参数名后面都要有参数值。参数值通过冒号（:）或等号（=）给参数名赋值。参数值如果包含空格，参数值必须用单引号（''）或双引号（""）引起来。

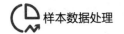

参数描述如表 2-2 所示。

表 2-2　参数描述

参　数　名	参　数　值	作　　用
file	文件名	指定转换或作业的文件名
level	Error、Nothing、Basic、Detail、Debug、Rowlevel	指定日志级别
logfile	日志文件名	指定执行转换或作业的日志文件名

Windows 系统控制面板的计划任务配置步骤如下。

（1）打开控制面板，用大图标的方式查看，找到"管理工具"选项，双击进行下一步设置，如图 2-50 所示。

图 2-50　双击"管理工具"选项

（2）双击"任务计划程序"选项进入下一步设置，如图 2-51 所示。

图 2-51　双击"任务计划程序"选项

（3）单击"创建基本任务"选项，如图 2-52 所示。

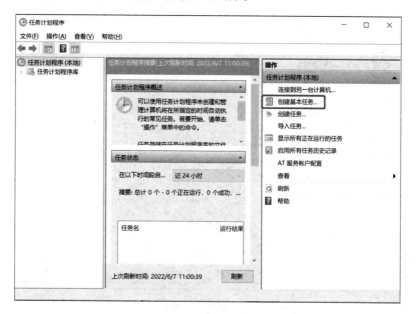

图 2-52　单击"创建基本任务"选项

（4）给定时的计划任务起个名称，加上必要的描述，单击"下一步"按钮，如图 2-53 所示。

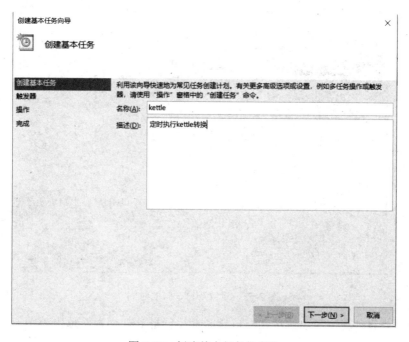

图 2-53　创建基本任务的名称

（5）根据情况选择定时的方式，此例子单击"每天"单选按钮，单击"下一步"按钮，如图 2-54 所示。

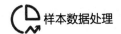

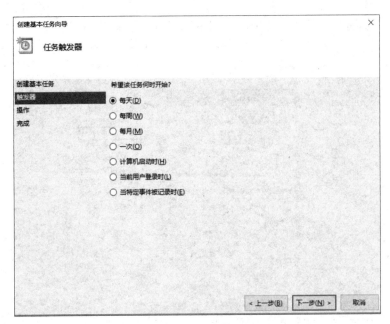

图 2-54　创建基本任务的触发器

（6）设置每日定时的时间，单击"下一步"按钮，如图 2-55 所示。

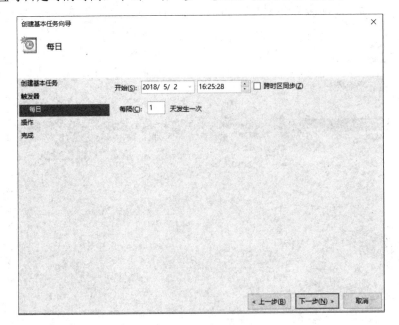

图 2-55　设置每日定时的时间

（7）单击"启动程序"单选按钮，以定时地执行批处理脚本，单击"下一步"按钮，如图 2-56 所示。

（8）如图 2-57 所示，单击"浏览"按钮，选择定时执行的批处理文件（脚本代码如图 2-58 所示），单击"下一步"按钮。

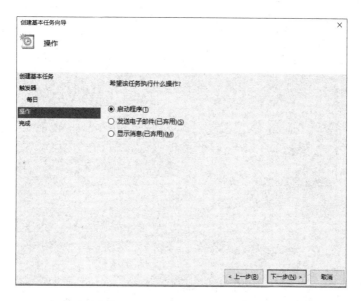

图 2-56　设置每日定时启动程序

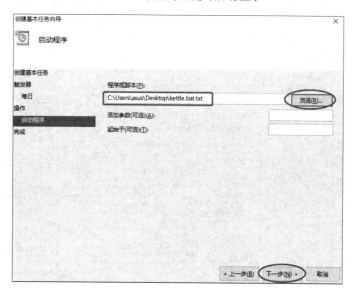

图 2-57　设置启动程序的脚本

图 2-58　脚本代码

（9）单击"完成"按钮，如图 2-59 所示，完成配置。

（10）返回计划任务的配置界面后，单击"活动任务"的三角形按钮，展开任务列表。在任务列表中，将查看到刚才新建的定时任务 kettle，如图 2-60 所示。每日到时间时，系统将自动执行此转换。

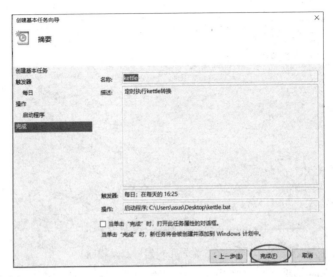

图 2-59　单击"完成"按钮

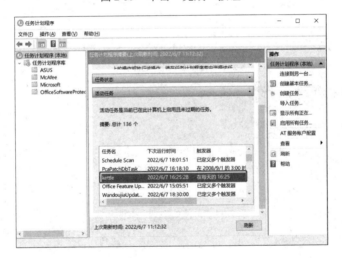

图 2-60　查看定时任务

本章习题

（1）什么是转换？

（2）Kettle 的参数配置分为哪两类，请简述每一类的作用范围。

（3）一个步骤有哪几个关键特性？

（4）什么是跳？

第 3 章

数据的导入与导出

在数据开发项目中，数据的导入与导出是一项基本的工作，也是一项重要的工作，需要从复杂多样化的数据源中抽取数据，经过转换后，以指定的文件格式导出到指定的存储空间进行数据的发布。

幸运的是，Kettle 提供了一系列的输入/输出步骤来完成这些工作。对每个步骤的具体使用说明，可以双击该步骤，在弹出的步骤配置对话框中单击"help"按钮进行查看。尽管这些步骤覆盖了 Kettle 的大部分数据导入与导出的功能，但却不是所有功能，在某些特定的场景下，往往需要进行编程实现数据的导入与导出处理。

本章将通过一些案例，分类地介绍如何利用这些输入类的步骤获取不同来源、不同类型的数据，并利用输出类的步骤直接导出数据以进行查看和分析。在这些案例的操作指导中，简化描述案例的操作过程，从转换的输入/输出需求、转换的设计和步骤的参数配置 3 个方面描述案例的操作。关于具体的可视化编程过程，读者可参考 2.2.2 节的案例。

本章主要内容如下。

（1）基于文件的数据导入与导出。

（2）基于数据库的数据导入与导出。

（3）基于 Web 的数据导入与导出。

（4）基于 CDC 变更数据的导入与导出。

3.1 基于文件的数据导入与导出

在 ETL 工作中，我们常常面临着处理 TXT、CSV、XML、JSON 等类型文件的场景，Kettle 已提供了相关的步骤支持这些类型文件的处理。

3.1.1 文本文件的导入与导出

文本文件可能是使用 ETL 工具处理的最简单的一种数据。文本文件易于交换，压缩比高，任何文本编辑器都可打开。总体来说，文本文件可分为如下两类。

（1）分隔符文件：在这种文件中，每个字段或列都由特定字符或制表符分隔。通常，这类文件也被称为 CSV 文件或制表符分隔文件。

（2）固定宽度文件：每个字段或列都有指定的宽度或长度。Kettle 在"固定宽度文件输入"步骤的"获取字段"的配置选项里提供了一些辅助工具进行字段选择。如果要在分隔符文件和固定宽度文件之间选择，建议还是选择分隔符文件，这样会简化输入文件的配置。

为了能正确地读取这两种文件，需要在输入类的步骤中选择文字编码。查看文件的字符编码的方法比较多，较方便的一种方法就是用 IE 浏览器查看。如图 3-1 所示，首先打开 IE 浏览器，把文件拖放到 IE 浏览器上显示，然后在文件上单击鼠标右键，在弹出的快捷菜单上选择"编码"命令，即可在旁边的框中选择编码方式。

图 3-1　选择编码方式

最基本的文本文件输入步骤就是"CSV 文件输入"步骤。CSV 文件是一种用分隔符分隔的文本文件。在处理这种文件之前，需要通过文本编辑器打开查看，以确定此文件的分隔符和字段。

"CSV 文件输入"步骤和与之类似的"固定宽度文件输入"步骤其实都是"文本文件输入"步骤的简化版，都不适合一次处理多个文件。这 3 个步骤是处理文本文件的首选步骤，"文本文件输入"步骤具备的功能如下。

① 从前一个步骤读取文件名。

② 一次运行读取多个文件名。

③ 从.zip 或.gzip 压缩文件中读取文件。

④ 不用指定文件结构就可以显示文件内容。需要注意的是，要指定文件格式（DOC、UNIX、Mixed），因为 Kettle 需要知道文件换行符。

⑤ 指定逃逸字符。逃逸字符用来读取字段数据里包含着分隔符的字段，通常的逃逸字符是反斜线（\）。

⑥ 错误处理。

⑦ 过滤。

⑧ 指定本地化的日期格式。

3.1.2 文本文件的导入与导出案例

1. 文本文件的导入与导出案例 1

1）转换的输入/输出需求

读取 student.csv 文件，输出固定宽度为 12 字节的 student.txt 文件。student.csv 文件以逗号为分隔符，内容如图 3-2 所示。

学号	姓名	性别	班级	年龄	成绩	身高	手机
1	张一	男	1701	16	78	170	18946554571
2	李二	男	1701	17	80	175	18946554572
3	谢逊	男	1702	18	95	169	18946554573
4	赵玲	女	1702	19	86	180	18956257895
5	张明	男	1704	20	85	185	18946554575
6	张三	女	1704	18	92	169	18946554576

图 3-2 student.csv 文件的内容

期望输出的 student.txt 文件的内容如图 3-3 所示。

1	张一	男	1701	16	78	170	18946554571
2	李二	男	1701	17	80	175	18946554572
3	谢逊	男	1702	18	95	169	18946554573
4	赵玲	女	1702	19	86	180	18956257895
5	张明	男	1704	20	85	185	18946554575
6	张三	女	1704	18	92	169	18946554576

图 3-3 期望输出的 student.txt 文件的内容

2）转换的设计图

参考 2.2.2 节的操作，新建转换文件，并开始可视化编程。该转换所需要的步骤及步骤之间的连接流程如图 3-4 所示。其中，"固定宽度文本文件输出"为"CSV 文件输出"的步骤。

CSV文件输入   固定宽度文本文件输出

图 3-4 步骤及步骤之间的连接流程

3）步骤的配置

（1）"CSV 文件输入"的配置。

单击"浏览"按钮，选择 student.csv 文件作为输入文件来处理。

"列分隔符"选择了逗号（,），因为用文本编辑器打开 student.csv 文件，可以看到此文件的分隔符是逗号。

勾选"包含列头行"复选框，表示此文件的第一行作为字段，不在后续输出流中输出。

单击"获取字段"按钮，在此步骤的字段列表中选择此文件的 8 个字段。

"CSV 文件输入"的配置如图 3-5 所示。

（2）"固定宽度文本文件输出"的配置。

① "文件"选项卡的配置如图 3-6 所示。

单击"浏览"按钮，选择在路径 E:\教材案例\第 3 章中输出名为 student 的文件。

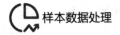

"扩展名"选择"txt"。

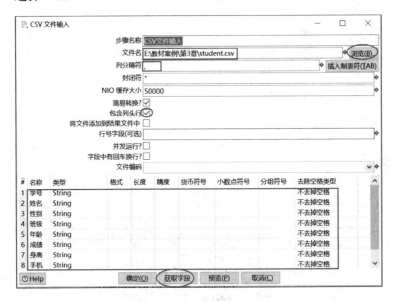

图 3-5　"CSV 文件输入"的配置

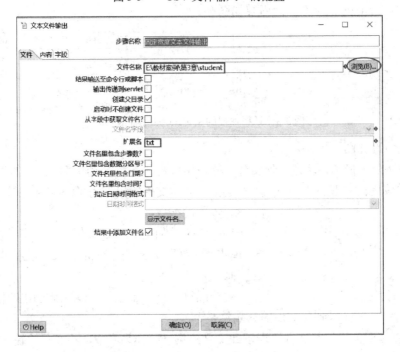

图 3-6　"文件"选项卡的配置

②"内容"选项卡的配置如图 3-7 所示。

"分隔符"配置为空,因为我们需要输出没有分隔符的文件。

"格式"选择"CR+LF terminated(Windows,DOS)",因为此转换在 Windows 下运行,文件换行的字符是回车换行符。

图 3-7 "内容"选项卡的配置

③"字段"选项卡的配置如图 3-8 所示。

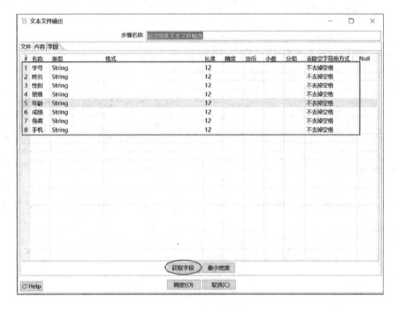

图 3-8 "字段"选项卡的配置

单击"获取字段"按钮,在字段列表上选择此文件的所有字段。在各个字段的"长度"中,输入"12",表示每个输出字段的长度为 12 字节。

4) 运行转换

如图 3-9 所示,单击 ▷ 按钮开始运行程序,在打开的对话框中单击"启动"按钮运行此转换,系统将在路径 E:\教材案例\第 3 章中输出 student.txt 文件,文件的内容如图 3-3 所示。

图 3-9 运行转换

2．文本文件的导入与导出案例 2

1）转换的输入/输出需求

读取通过"固定宽度文件输入"的 student.txt 文件，输出分隔符为分号（;）的 stu.txt 文件。student.txt 为本节案例 1 的输出文件，内容如图 3-10 所示。

期望输出的 stu.txt 文件的内容如图 3-11 所示。

图 3-10 student.txt 文件的内容

```
学号;姓名;性别;班级;年龄;成绩;身高;手机
1;张一;男;1701;16;78;170;18946554571
2;李二;男;1701;17;80;175;18946554572
3;谢逊;男;1702;18;95;169;18946554573
4;赵玲;女;1702;19;86;180;18956257895
5;张明;男;1704;20;85;185;18946554575
6;张三;女;1704;18;92;169;18946554576
```

图 3-11 期望输出的 stu.txt 文件的内容

2）转换的设计图

参考 2.2.2 节的操作，新建转换文件，并开始可视化编程。该转换所需要的步骤及步骤之间的连接流程如图 3-12 所示。

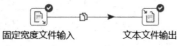

图 3-12 步骤及步骤之间的连接流程

3）步骤的配置

（1）"固定宽度文件输入"的配置。

单击"浏览"按钮，选择 student.txt 文件作为输入文件来处理。

在"以字节数表示的行宽度（不包括回车符 CR）"文本框中填入"99"。因为用文本编辑器打开 student.txt 文件，可以在编辑器下方的状态栏中看到此文件的每一行最大长度为 96。其中，每一行都有 3 个中文字符，由于中文字符占 2 字节，所以以字节数表示的行宽度为 99。

"编码"选择"GB2312"。因为用 IE 浏览器查看此文件的编码为 GB2312。

单击"获取字段"按钮，在此步骤的字段列表中选择此文件的 8 个字段。在"宽度"列，按实际情况填写每个字段的字节宽度。

"固定宽度文件输入"的配置如图 3-13 所示。

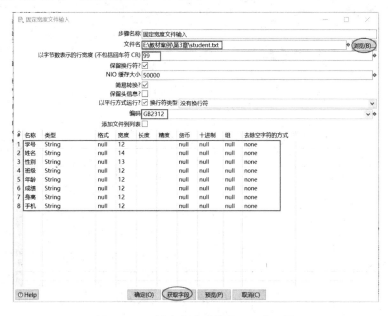

图 3-13　"固定宽度文件输入"的配置

（2）"文本文件输出"的配置。

① "文件"选项卡的配置如图 3-14 所示。

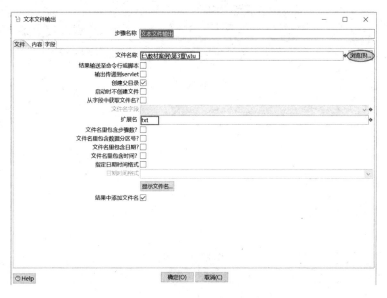

图 3-14　"文件"选项卡的配置

单击"浏览"按钮，选择在路径 E:\教材案例\第 3 章中输出名为 stu 的文件。

"扩展名"选择"txt"。

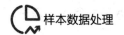

②"内容"选项卡的配置如图 3-15 所示。

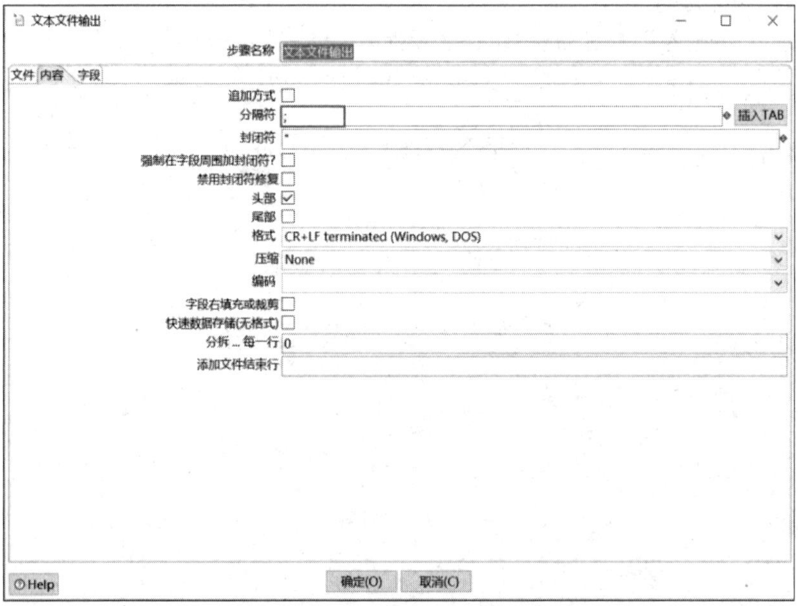

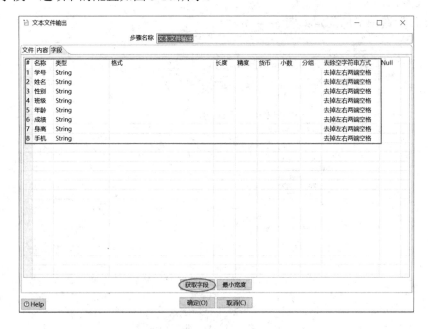

图 3-15　"内容"选项卡的配置

"分隔符"配置为分号（;），因为我们需要输出分隔符为分号的文件。

③"字段"选项卡的配置如图 3-16 所示。

图 3-16　"字段"选项卡的配置

单击"获取字段"按钮，在字段列表上选择此文件的所有字段。在各个字段的"去除空字符串方式"中，都选择"去掉左右两端空格"，使输出文件的内容紧凑，符合输出要求。

4）运行转换

如图 3-17 所示，单击 ▷ 按钮开始运行程序，在打开的对话框中，单击"启动"按钮运行此转换，系统将在路径 E:\教材案例\第 3 章中输出 stu.txt 文件，文件的内容如图 3-11所示。

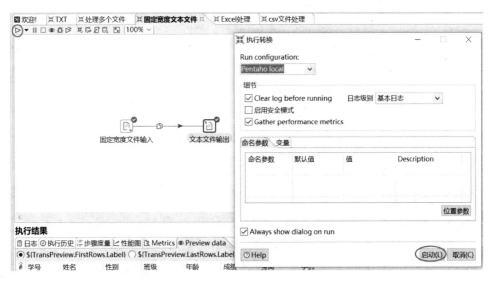

图 3-17　运行转换

3.1.3　Excel 文件的导入与导出

Excel 的数据可分为结构化的表格数据和非结构化的表格数据。

对于非结构化的表格数据，有可能表里包含多个字段值的列或者重复的一组字段等。使用 Kettle 读取后还需要转化为结构化的表格数据，才能进一步处理，而且，Excel 作为常用的办公软件，很难规范所有的人员按数据的格式要求，规范地输入数据。因此，在数据导入时，应尽量避免把 Excel 文件作为输入数据源。

尽管如此，在数据预处理过程中，有可能要处理人们所常用的 Excel 文件，Kettle 也提供了"Excel 输入""Excel 输出""Microsoft Excel 输出"步骤来处理 Excel 文件的导入与导出。对"Excel 输出"步骤，Kettle 仅能输出 Excel 97 版本的文件；而"Excel 输入"和"Microsoft Excel 输出"步骤则可以设置文件类型，文件类型可以选择 Excel 97 版本或 Excel 2007 版本的文件。

3.1.4　Excel 文件的导入与导出案例

1．转换的输入/输出需求

读取 student.xlsx 文件，输出分隔符为逗号的 student.csv 文件和名为 stuout.xlsx 的文件。student.xlsx 文件的内容如图 3-18 所示。

输出的 stuout.xlsx 文件和输入的 student.xlsx 内容一致，如图 3-18 所示。

输出的 student.csv 文件的内容如图 3-19 所示。

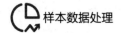

学号	姓名	性别	班级	年龄	成绩	身高	手机
1	张一	男	1701	16	78	170	18946554571
2	李二	男	1701	17	80	175	18946554572
3	谢逊	男	1702	18	95	169	18946554573
4	赵玲	女	1702	19	86	180	18956257895
5	张明	男	1704	20	85	185	18946554575
6	张三	女	1704	18	92	169	18946554576

图 3-18   student.xlsx 文件的内容

```
student.csv
1  学号,姓名,性别,班级,年龄,成绩,身高,手机
2  1,张一,男,1701,16,78,170,18946554571
3  2,李二,男,1701,17,80,175,18946554572
4  3,谢逊,男,1702,18,95,169,18946554573
5  4,赵玲,女,1702,19,86,180,18956257895
6  5,张明,男,1704,20,85,185,18946554575
7  6,张三,女,1704,18,92,169,18946554576
```

图 3-19   输出的 student.csv 文件的内容

2．转换的设计图

参考 2.2.2 节的操作，新建转换文件，并开始可视化编程。该转换所需要的步骤及步骤之间的连接流程如图 3-20 所示。

其中，"Excel 输入"连接"文本文件输出"和"Microsoft Excel 输出"时，在打开的警告对话框中，选择"复制"，使输入的数据复制两份，同时发送到两个输出步骤。

3．步骤的配置

1）"Excel 输入"的配置

（1）"文件"选项卡的配置如图 3-21 所示。

图 3-20   步骤及步骤之间的连接流程

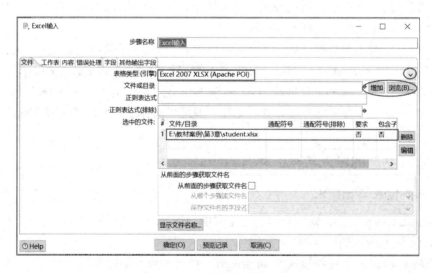

图 3-21   "文件"选项卡的配置

"表格类型（引擎）"配置为"Excel 2007 XLSX（Apache POI）"。可通过单击 ⌄ 按钮，选

择"Excel 2007 XLSX（Apache POI）"作为配置值。因为输入的文件扩展名为 xlsx，它属于
Excel 2007 以上版本的文件。

　　单击"浏览"按钮，选择路径 E:\教材案例\第 3 章下的 student.xlsx 文件作为输入文件，
单击"增加"按钮，把文件增加到"选中的文件"列表中。

　　（2）"工作表"选项卡的配置。

　　如图 3-22 所示，单击"获取工作表名称"按钮，系统将打开如图 3-23 所示的"输入列
表"对话框。

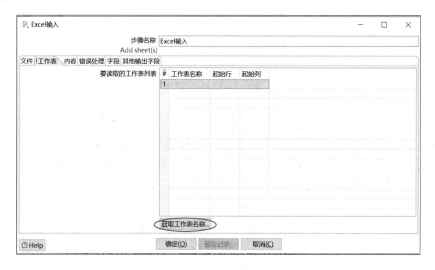

图 3-22　"工作表"选项卡的配置

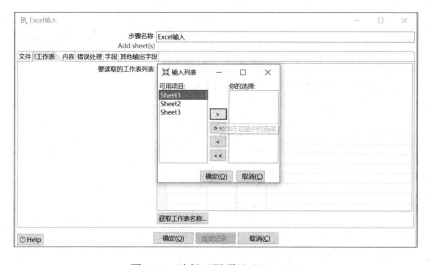

图 3-23　选择可用项目"Sheet1"

　　在"输入列表"对话框中，单击左边"可用项目"列表框的"Sheet1"，选择 Sheet1 作为
要处理的数据源。

　　单击"输入列表"对话框中间的 > 按钮，把"Sheet1"添加到"你的选择"列表框中，
选完后，效果如图 3-24 所示。

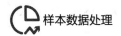

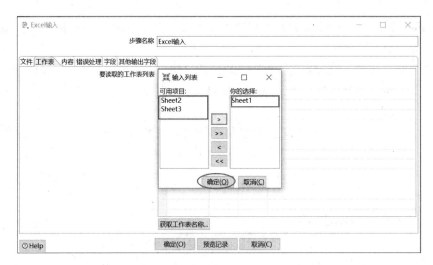

图 3-24 将"Sheet1"添加到"你的选择"列表框中

单击"确定"按钮，完成工作表选择的配置，界面将回到图 3-25。

在"要读取的工作表列表"中，"起始行"和"起始列"都填 0，如图 3-25 所示。因为表格的数据是从第 0 行第 0 列开始的。

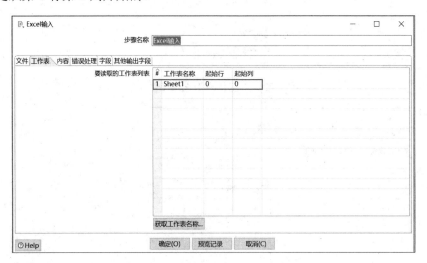

图 3-25 设置"起始行"和"起始列"

（3）"内容"选项卡的配置如图 3-26 所示。

"内容"选项卡采用默认的配置即可。勾选"头部"复选框，即意味着表格的第 1 行作为字段。表格文字的"编码"采用默认的编码即可。

（4）"错误处理"选项卡的配置如图 3-27 所示，采用默认的配置即可。

（5）"字段"选项卡的配置如图 3-28 所示。

单击"获取来自头部数据的字段"按钮，系统将获取 Sheet1 表的所有字段，获取到的字段及配置信息在字段列表中显示。配置类型为"Number"字段的格式，在"格式"下拉列表中选择"#"，不显示小数点。

图 3-26　"内容"选项卡的配置

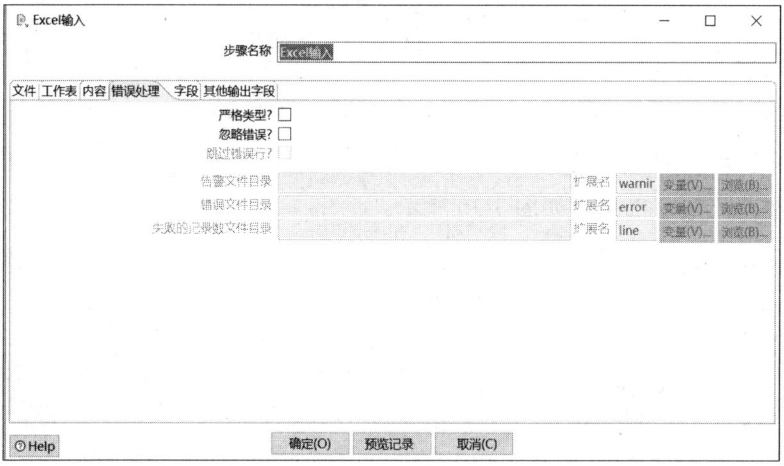

图 3-27　"错误处理"选项卡的配置

图 3-28　"字段"选项卡的配置

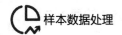

（6）"其他输出字段"选项卡的配置如图 3-29 所示，采用默认配置即可。

图 3-29　"其他输出字段"选项卡的配置

2）"文本文件输出"的配置

（1）"文件"选项卡的配置如图 3-30 所示。

图 3-30　"文件"选项卡的配置

（2）"内容"选项卡的配置如图 3-31 所示。

（3）"字段"选项卡的配置如图 3-32 所示。

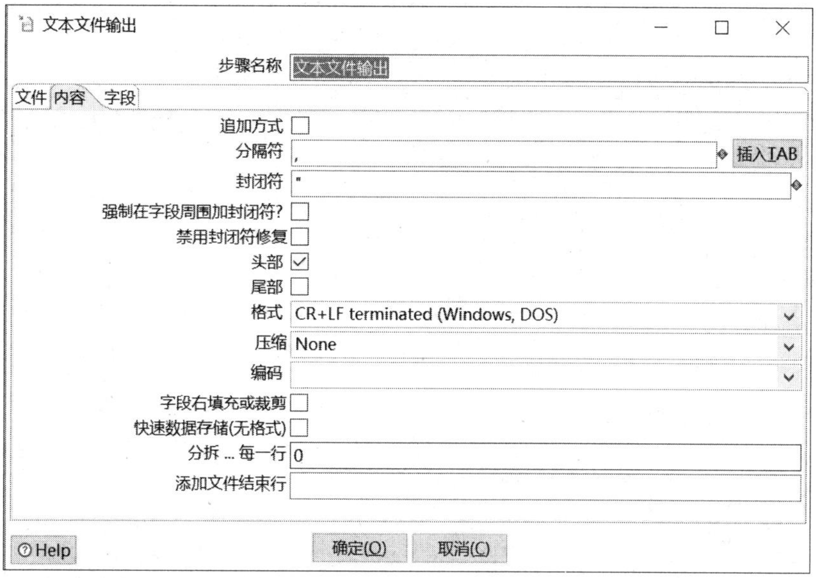

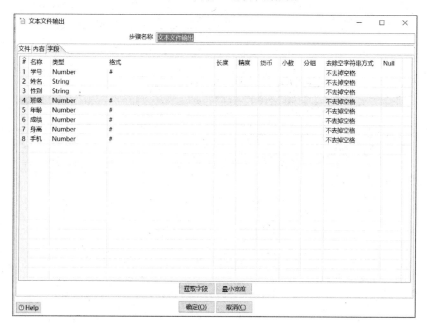

图 3-31　"内容"选项卡的配置

图 3-32　"字段"选项卡的配置

3）"Microsoft Excel 输出"的配置

（1）"文件&工作表"选项卡的配置如图 3-33 所示。

单击"浏览"按钮，选择输出 Excel 的路径与文件名。这里为 E:\教材案例\第 3 章\stuout。

"扩展名"配置为"xlsx[Excel 2007 and above]"，可通过单击 ∨ 按钮选择。其他的配置为默认配置。

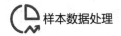

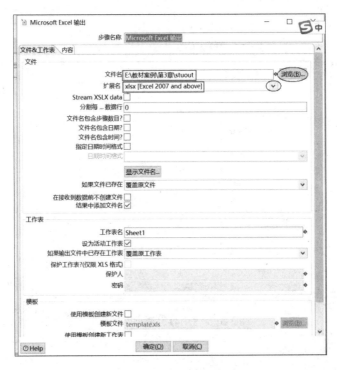

图 3-33 "文件&工作表"选项卡的配置

（2）"内容"选项卡的配置如图 3-34 所示。

图 3-34 "内容"选项卡的配置

单击"获取字段"按钮，系统将在"字段标题"栏中显示输出表格的所有字段。单击"确定"按钮，完成此步骤的配置。

4．运行转换

如图 3-35 所示，单击 ▷ 按钮开始运行程序，在打开的对话框中单击"启动"按钮运行此转换，系统将在路径 E:\教材案例\第 3 章中输出 stuout.xlsx 文件，文件的内容如图 3-18 所示。另外一个输出为 student.csv 文件，文件的内容如图 3-19 所示。

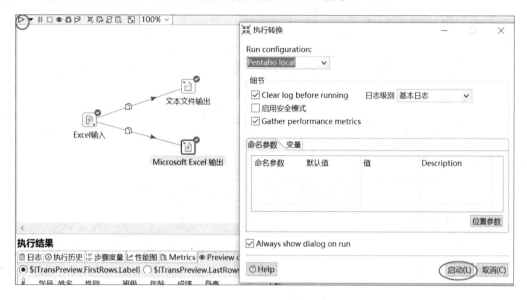

图 3-35　运行转换

3.1.5　XML 文件的导入与导出

XML 是扩展标识语言（eXtensible Markup Language）的缩写，是一种在平面文本文件中定义数据结构和内容的开放标准。在互联网上，很多软件和系统都使用 XML 格式来交换数据，这使 XML 格式的文件非常流行。XML 实际上是文本文件，它可以使用 NotePad、vi 等文本编辑器打开。

XML 文件不是普通的文本文件，而是一种遵循规范的半结构化的文本文件。关于 XML 的语法规则及相关的知识内容，本书不进行介绍，请不熟悉的读者自找资料完成 XML 相关知识的学习。

对 XML 文件，Kettle 可以用"Get data from XML"步骤完成文件的读取，用"XML Output"步骤完成简单的 XML 输出。

3.1.6　XML 文件的导入与导出案例

1．转换的输入/输出需求

读取 XML 文件.XML 文件，输出 XmltoExcel.xlsx 文件和 xmlout.xml 文件。XML 文件.XML 文件的内容如图 3-36 所示。

输出的 XmltoExcel.xlsx 文件的内容如图 3-37 所示。

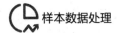

```
<bookstore>
    <book category="CHILDREN">
        <title>Harry Potter</title>
        <author>J K. Rowling</author>
        <year>2005</year>
        <price>29.99</price>
    </book>
    <book category="WEB">
        <title>Learning XML</title>
        <author>Erik T. Ray</author>
        <year>2003</year>
        <price>39.95</price>
    </book>
</bookstore>
```

title	author	year	price
Harry Potter	J K. Rowling	2005	29.99
Learning XML	Erik T. Ray	2003	39.95

图 3-36　XML 文件.XML 文件的内容　　　图 3-37　输出的 XmltoExcel.xlsx 文件的内容

输出的 xmlout.xml 文件的内容如图 3-38 所示。

```
<?xml version='1.0' encoding='UTF-8'?>
<bookstore>
<book><title>Harry Potter</title> <author>J K. Rowling</author> <year>2005</year> <price>29.99</price></book>
<book><title>Learning XML</title> <author>Erik T. Ray</author> <year>2003</year> <price>39.95</price></book>
</bookstore>
```

图 3-38　输出的 xmlout.xml 文件的内容

2．转换的设计图

参考 2.2.2 节的操作，新建转换文件，并开始可视化编程。该转换所需的步骤及步骤之间的连接流程如图 3-39 所示。

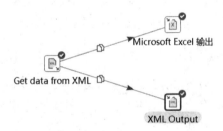

图 3-39　步骤及步骤之间的连接流程

"Get data from XML"实质上是"XML 文件输入"步骤，"XML Output"实质上是"XML 输出"步骤。

其中，"Get data from XML"连接"XML Output"和"Microsoft Excel 输出"时，在打开的警告对话框中，选择"复制"，使输入的数据复制两份，同时发送到两个输出步骤。

3．步骤的配置

1）"Get data from XML"的配置

（1）"文件"选项卡的配置如图 3-40 所示。

单击"浏览"按钮，选择路径 E:\教材案例\第 3 章下的 XML 文件.XML 文件作为输入文件，单击"增加"按钮，把文件添加到"选中的文件和目录"列表中。

（2）"内容"选项卡的配置如图 3-41 所示。

"循环读取路径"配置为"/bookstore/book"，因为我们需要读取 book 属性下所有的元素。

"编码"配置为"UTF-8"，因为此文件的编码是 UTF-8。

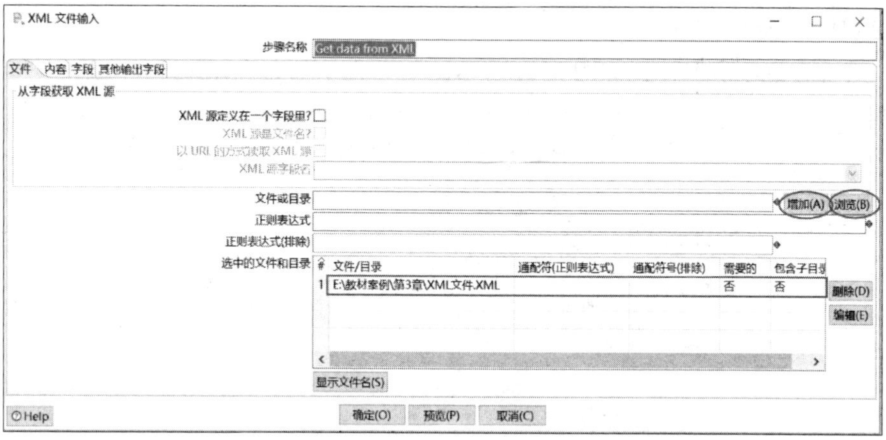

图 3-40　"文件"选项卡的配置

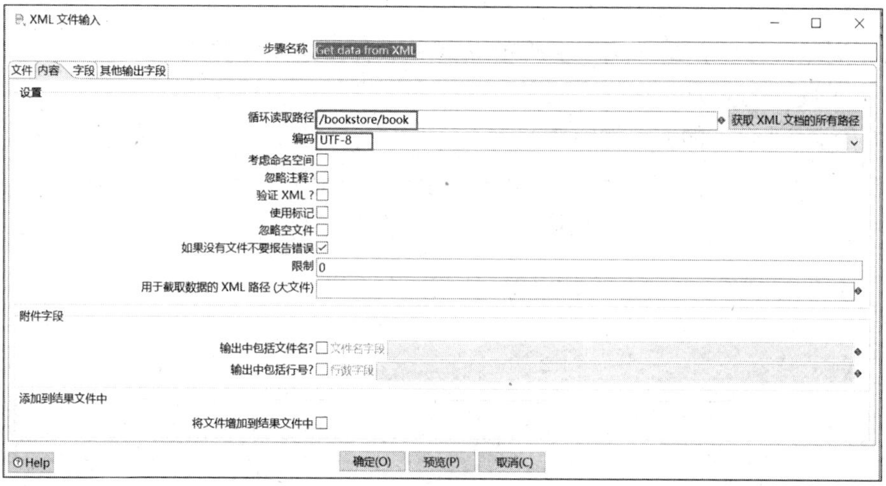

图 3-41　"内容"选项卡的配置

（3）"字段"选项卡的配置如图 3-42 所示。

图 3-42　"字段"选项卡的配置

单击"获取字段"按钮，系统将在字段列表中获取此 XML 文件的 book 属性的所有元素，它作为输出的字段名称。

（4）"其他输出字段"选项卡的配置为默认的配置，在这里不再截图示范。

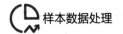

2）"XML Output"的配置

（1）"文件"选项卡的配置如图 3-43 所示。

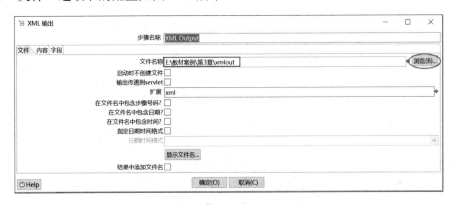

图 3-43　"文件"选项卡的配置

单击"浏览"按钮，选择输出文件的路径和名称，这里配置为"E:\教材案例\第 3 章 \xmlout"，"扩展"配置为"xml"。

（2）"内容"选项卡的配置如图 3-44 所示。

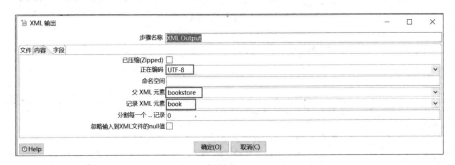

图 3-44　"内容"选项卡的配置

"正在编码"配置为"UTF-8"，保持和输入步骤的编码一致。

"父 XML 元素"配置为"bookstore"，"记录 XML 元素"配置为"book"，使文件的输出格式满足输出文件的格式要求。

（3）"字段"选项卡的配置如图 3-45 所示。

图 3-45　"字段"选项卡的配置

单击"获取字段"按钮，系统将在字段列表中列出上个步骤输出的字段。

3）"Microsoft Excel 输出"的配置

（1）"文件&工作表"选项卡的配置如图 3-46 所示。

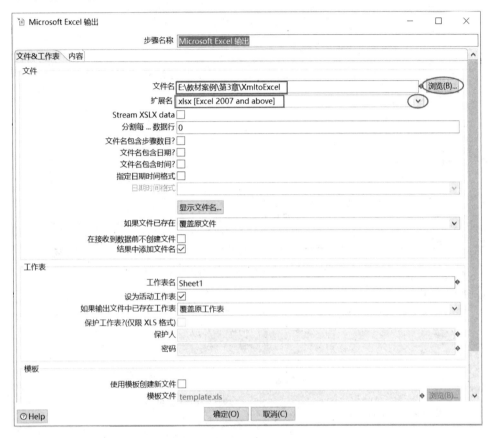

图 3-46　"文件&工作表"选项卡的配置

单击"浏览"按钮，选择输出 Excel 的路径与文件名。这里为 E:\教材案例\第 3 章 \XmltoExcel。

"扩展名"配置为"xlsx[Excel 2007 and above]"，也可通过单击 ⌄ 按钮选择扩展名。其他的配置为默认配置。

（2）"内容"选项卡的配置如图 3-47 所示。

单击"获取字段"按钮，系统将在"字段标题"栏中显示输出表格的所有字段。最后单击"确定"按钮，完成此步骤的配置。

4．运行转换

如图 3-48 所示，单击 ▷ 按钮开始运行程序，在打开的对话框中单击"启动"按钮运行此转换，系统将在路径 E:\教材案例\第 3 章中输出如图 3-37 所示的 XmltoExcel.xlsx 文件，也同时输出如图 3-38 所示的 xmlout.xml 文件。

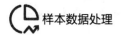

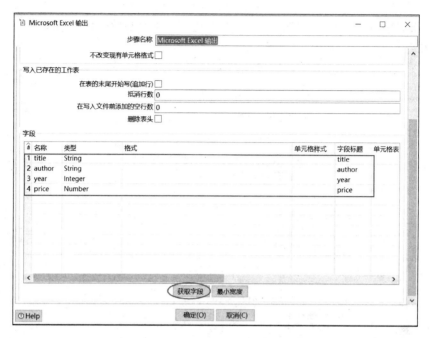

图 3-47　"内容"选项卡的配置

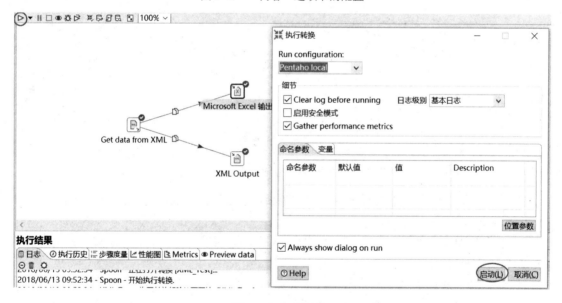

图 3-48　运行转换

3.1.7　JSON 文件的导入与导出

JSON（JavaScript Object Notation）是目前 Web 应用中使用越来越多的一种数据交换标准，甚至超过 XML 格式。JSON 格式最初由 Douglas Crockford 提出，关于 JSON 的更多描述请参考 JSON 的官方网站。

对 JSON 文件，Kettle 可以用"JSON Input"和"JSON Output"步骤完成文件的读取与输出。

3.1.8　JSON 文件的导入与导出案例

1．转换的输入/输出需求

读取 student.js 文件，输出 JsonToExcel.xlsx 文件和 student-out.js 文件。

student.js 文件的内容如图 3-49 所示。

JsonToExcel.xlsx 文件的内容如图 3-50 所示。

```
student. js ☒
1  ⊟{
2  ⊟    "student": [
3          { "firstName":"John"  , "lastName":"Doe" },
4          { "firstName":"Anna"  , "lastName":"Smith" },
5          { "firstName":"Peter" , "lastName":"Jones" }
6      ]
7  }
```

firstName	lastName
John	Doe
Anna	Smith
Peter	Jones

图 3-49　student.js 文件的内容　　　　　图 3-50　JsonToExcel.xlsx 文件的内容

student-out.js 文件的内容和 student.js 文件一致，如图 3-49 所示。

2．转换的设计图

参考 2.2.2 节的操作，新建转换文件，并开始可视化编程。该转换所需要的步骤及步骤之间的连接流程如图 3-51 所示。

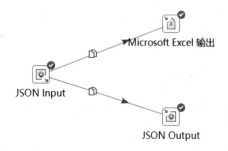

图 3-51　步骤及步骤之间的连接流程

"JSON Input"实质上是"Json 输入"步骤，"JSON Output"实质上是"Json 输出"步骤。

其中，"JSON Input"连接"JSON Output"和"Microsoft Excel 输出"时，在打开的警告对话框中选择"复制"，使输入的数据复制两份，同时发送到两个输出步骤。

3．步骤的配置

1）"JSON Input"的配置

（1）"文件"选项卡的配置如图 3-52 所示。

单击"浏览"按钮，选择路径 E:\教材案例\第 3 章下的 student.js 文件作为输入文件，单击"增加"按钮，把文件添加到"选中的文件"列表中。

（2）"内容"选项卡的配置为默认的配置，这里不再截图示范。

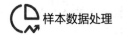

图 3-52 "文件"选项卡的配置

（3）"字段"选项卡的配置如图 3-53 所示。

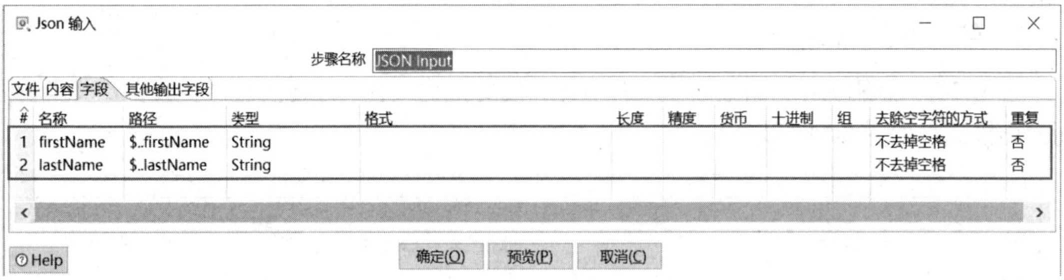

图 3-53 "字段"选项卡的配置

设置字段映射，注意 path 的填写方式要遵照 jsonpath 规则，每一级子对象可以用一个.指代，有关 jsonpath 的说明，请参考 jsonpath 的官方网站。

（4）"其他输出字段"选项卡的配置为默认的配置，这里不再截图示范。

2）"JSON Output"的配置

（1）"一般"选项卡的配置如图 3-54 所示。

"Json 条目名称"文本框填写"student"，为输出文件 student_out.js 的条目。

"一个数据条目的数据行"配置为"3"，因为 student.js 文件有 3 条记录。

单击"浏览"按钮，选择输出文件的路径和名称，这里配置为 E:\教材案例\第 3 章\student-out，"扩展名"配置为"js"。

（2）"字段"选项卡的配置如图 3-55 所示。

单击"获取字段"按钮，系统将在字段列表中显示输出的字段名和该字段数据来源于 JSON 文件的哪个元素名称。

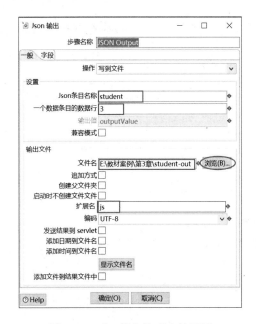

图 3-54 "一般"选项卡的配置

图 3-55 "字段"选项卡的配置

3)"Microsoft Excel 输出"的配置

（1）"文件&工作表"选项卡的配置如图 3-56 所示。

图 3-56 "文件&工作表"选项卡的配置

单击"浏览"按钮，选择输出 Excel 的路径与文件名。这里为 E:\教材案例\第 3 章\JsonToExcel。

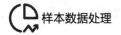

"扩展名"配置为"xlsx[Excel 2007 and above]",也可通过单击 ⌄ 按钮选择扩展名。其他的配置为默认配置。

（2）"内容"选项卡的配置如图 3-57 所示。

图 3-57   "内容"选项卡的配置

单击"获取字段"按钮,系统将在"字段标题"栏中显示输出表格的所有字段。最后单击"确定"按钮,完成此步骤的配置。

4.运行转换

如图 3-58 所示,单击 ▷ 按钮开始运行程序,在弹出的对话框中单击"启动"按钮运行此转换,系统将在路径 E:\教材案例\第 3 章中输出如图 3-50 所示的 JsonToExcel.xlsx 文件,同时输出如图 3-49 所示的 student-out.js 文件。

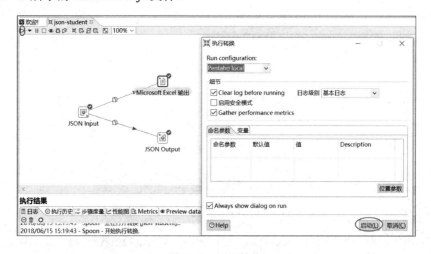

图 3-58   运行转换

3.2　基于数据库的数据导入与导出

目前，随着互联网的发展与大数据的兴起，数据库的类型已多样化，主要分为关系数据库和非关系数据库。本节主要介绍关系数据库的数据导入与导出。

3.2.1　关系数据库的数据导入与导出

当前，市场上主流的关系数据库有 MySQL、Oracle、SQL Server、DB2 等。

面对这些类型的关系数据库，Kettle 都可以使用"表输入""表输出"这两个步骤完成数据的导入与导出。在使用这两个步骤时，需要配置步骤里的"数据库连接"选项以连接到数据库。

"数据库连接"实际是数据库连接的描述，也就是建立实际连接所需要的参数。尽管都是关系数据库，但是，各个数据库的连接行为都不是完全相同的。图 3-59 显示了 MySQL 的连接参数与 Oracle 的连接参数是不完全相同的。

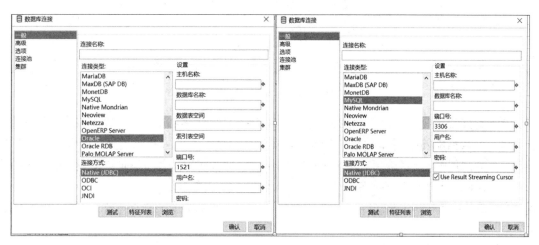

图 3-59　MySQL 的连接参数与 Oracle 的连接参数

在"数据库连接"对话框中，主要设置下面 3 个选项。

（1）连接名称：设定一个在作业或转换范围内唯一的名称。

（2）连接类型：从数据库列表中选择要连接的数据库类型。根据选择的数据库类型的不同，访问方式和连接参数的设置也不同。

（3）连接方式：在列表里可以选择可用的连接方式。一般使用 Native（JDBC）连接，也可以使用 ODBC 数据源、JNDI 数据源、Oracle 的 OCI 连接。

根据选择的数据库的不同，右侧面板的连接参数的设置也不同。例如，在图 3-59 中，相对于 MySQL，Oracle 数据库连接参数中，可以设置"数据表空间"选项。

"一般"选项卡常用的连接参数如下。

（1）主机名称：数据库服务器的主机名称或 IP 地址。

（2）数据库名称：要访问的数据库的名称。

（3）端口号：默认是选中的数据库服务器的默认端口号。

（4）用户名和密码：数据库服务器的用户名和密码。

对大多数用户来说，使用"数据库连接"对话框的"一般"选项卡就足够了，但偶尔可能需要设置对话框中的"高级"选项卡的内容。"高级"选项卡如图 3-60 所示。

图 3-60　"高级"选项卡

（1）支持布尔数据类型：对布尔（bool）数据类型，大多数数据库的处理方式都不相同，即使同一个数据库的不同版本也有不同。许多数据库根本不支持布尔类型。因此，在默认情况下，Kettle 使用一个字符的字段（char1）的不同值（Y 或 N）来代替布尔字段。如果选中了这个选项，Kettle 就会为支持布尔类型的数据库生成相应的 SQL 语句。

（2）Supports the timestamp date type：对字段为时间戳类型的数据，Kettle 能自动识别、读取。

（3）标识符使用引号括起来：强迫 SQL 语句里的所有标识符（表名和列名）加双引号，一般用于区分大小写的数据库，或者用户怀疑 Kettle 里定义的关键字列表和实际数据库不一致。

（4）强制标识符使用小写字母：将 SQL 语句里所有标识符（表名和列名）转为小写。

（5）强制标识符使用大写字母：将 SQL 语句里所有标识符（表名和列名）转为大写。

（6）Preserve case of reserved words：保存一些 SQL 保留关键字。

（7）默认模式名称，在没有其他模式名时使用：当不明确指定模式（有些数据库叫作目录）时，默认模式名称。

（8）请输入连接成功后要执行的 SQL 语句，用分号（;）隔开：该语句用于连接后修改某些参数，如 Session 级别的变量或调试信息等。

除了这些高级选项，在"数据库连接"对话框的"选项"选项卡下，我们还可以设置数据库的特定参数，如一些连接参数。为便于使用，对某些数据库（如 MySQL），Kettle 提供了一些默认的连接参数和值。各个数据库详细的参数列表，请参考数据库 JDBC 驱动手册。MySQL

对用户来说，比较实用的一个选项就是通过参数设置数据库的字符编码，如图 3-61 所示。

图 3-61 设置 MySQL 数据库的字符编码

我们还可以选择 Apache 的通用数据库"连接池"和"集群"的选项。如果用户需要在集群中运行很多转换或作业，就必须用到这些配置。

考虑到关系数据库的共通性，在第 4 章，我们选择 MySQL 作为样例介绍参数化的查询。

3.2.2 MySQL 数据库的数据导入与导出案例

此案例的前提条件是在 MySQL 上已经创建了 sql_test 数据库，并在此数据库上创建了 student 表，表格的数据如图 3-62 所示。

学号	姓名	性别	班级	年龄	成绩	身高	手机
1	张一	男	1701	16	78	170	18946554571
2	李二	男	1701	17	80	175	18946554572
3	谢逊	男	1702	18	95	169	18946554573
4	赵玲	女	1702	19	86	180	18956257895
5	张明	男	1704	20	85	185	18946554575
6	张三	女	1704	18	92	169	18946554576

图 3-62 student 表

1. 转换的输入/输出需求

读取 student 表的数据，输出满足身高大于或等于 185，成绩大于或等于 85 的学生数据。输出的数据存储在 StuOut 表中。

期望输出的 StuOut 表的内容如图 3-63 所示。

学号	姓名	性别	班级	年龄	成绩	身高	手机
4	赵玲	女	1702	19	86	180	18956257895
5	张明	男	1704	20	85	185	18946554575

图 3-63 期望输出的 StuOut 表的内容

2. 转换的设计图

参考 2.2.2 节的操作，新建转换文件，并开始可视化编程。该转换所需要的步骤及步骤之间的连接流程如图 3-64 所示。

由于查询的条件是身高和成绩，因此需要在"自定义常量数据"里设置好身高和成绩的值，作为参数传输给下个步骤"表输入"。"表输入"步骤在它的 SQL 查询语句中接收参数，作为 SQL 语句的条件查询部分。最终，执行此转换时，我们得到了符合查询条件的数据，并通过"表输出"步骤在数据库中新建表格，保存符合条件的数据。

图 3-64　步骤及步骤之间的连接流程

3．步骤的配置

1）"自定义常量数据"的配置

（1）"元数据"选项卡的配置如图 3-65 所示。

图 3-65　"元数据"选项卡的配置

此选项卡产生参数数据的字段。字段在"名称"栏下填写，填写完毕后，在"类型"栏中选择和数据库表一样的数据类型。

（2）"数据"选项卡的配置如图 3-66 所示。

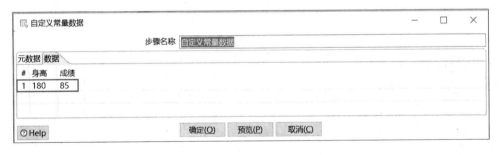

图 3-66　"数据"选项卡的配置

在此选项卡中，"身高"和"成绩"分别来源于"元数据"选项卡的配置。分别设置"身高"和"成绩"的值为 180、85，作为参数传给下个步骤"表输入"。

2）"表输入"的配置

双击"表输入"步骤进行配置，在打开的对话框中单击"新建"按钮以配置数据库的连接信息，如图 3-67 所示。

如图 3-68 所示，给连接名称任意起个名字，在这里命名为"sql_testlink"。

"连接类型"选择"MySQL"，因为需要连接到 MySQL 数据库。

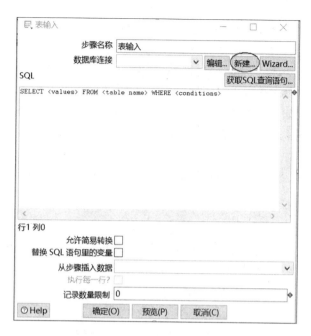

图 3-67　单击"新建"按钮

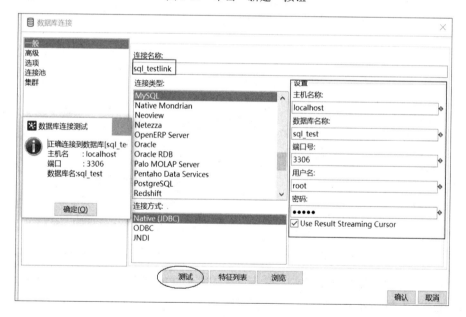

图 3-68　配置数据库连接参数

"主机名称"为 MySQL 服务端的 IP 地址，若 Kettle 和 MySQL 服务端都安装在同一 PC 中，则配置为"localhost"。

"数据库名称"为 MySQL 服务端的数据库，需要在 MySQL 客户端上提前创建好。这里配置为"sql_test"。

"端口号"配置为默认的端口。

输入 MySQL 登录的用户名和密码。单击"测试"按钮，如果参数正确，系统将弹出提示正确连接到数据库的对话框（"数据库连接测试"对话框）。至此，数据库的连接配置完成。

单击"数据库连接测试"对话框的"确定"按钮，关闭此对话框。单击"数据库连接"对话框的"确认"按钮，关闭"数据库连接"对话框。

此时，界面将退回"表输入"对话框的配置界面，"表输入"对话框的"数据库连接"下拉列表中，会显示刚刚配置过的"sql_testlink"数据库的连接，如图 3-69 所示。

如果用户需要修改数据库连接信息，可以单击"编辑"按钮，在打开的对话框中进行修改。

如图 3-70 所示，在"表输入"对话框的"SQL"列表框中输入如下 SQL 语句。

```
SELECT * FROM student WHERE 身高>=?
AND 成绩>=?
```

其中，第一个问号（?）用上个步骤的第一个参数身高值来替代，即 180。第二个问号（?）用上个步骤的第二个参数成绩值来替代，即 85。

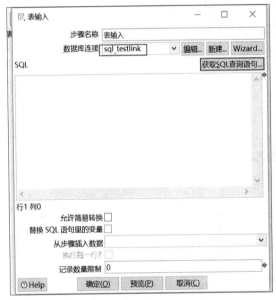

图 3-69　新建数据库连接"sql_testlink"

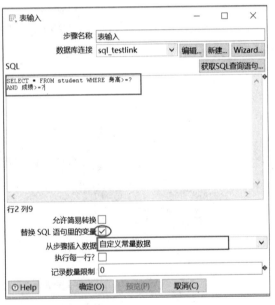

图 3-70　通过设置 SQL 语句获取关系表数据

为了使以上的参数化查询生效，还需要勾选"替换 SQL 语句里的变量"复选框，并在"从步骤插入数据"下拉列表中选择"自定义常量数据"。这样就可以从上个步骤接收"身高"参数值并替代第一个问号，接收"成绩"参数值替代第二个问号。

3）"表输出"的配置

"表输出"的配置如图 3-71 所示。

在"目标表"文本框中填入需要输出的目标表的名称，这里按该转换的需求填入"StuOut"。

单击"SQL"按钮，系统将打开"简单 SQL 编辑器"对话框，如图 3-72 所示。

单击"执行"按钮，创建 StuOut 表。此动作将返回操作的结果，如图 3-73 所示。

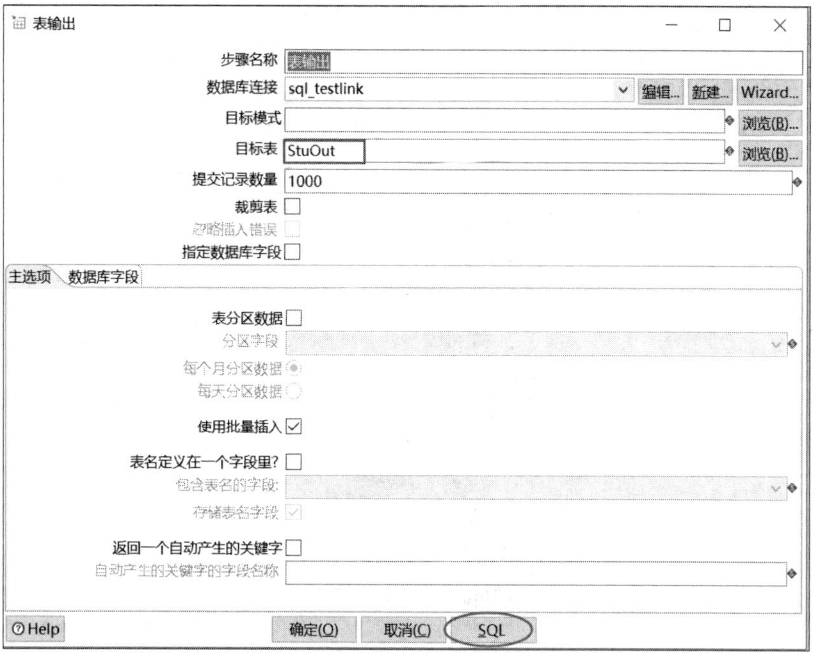

图 3-71　"表输出"的配置

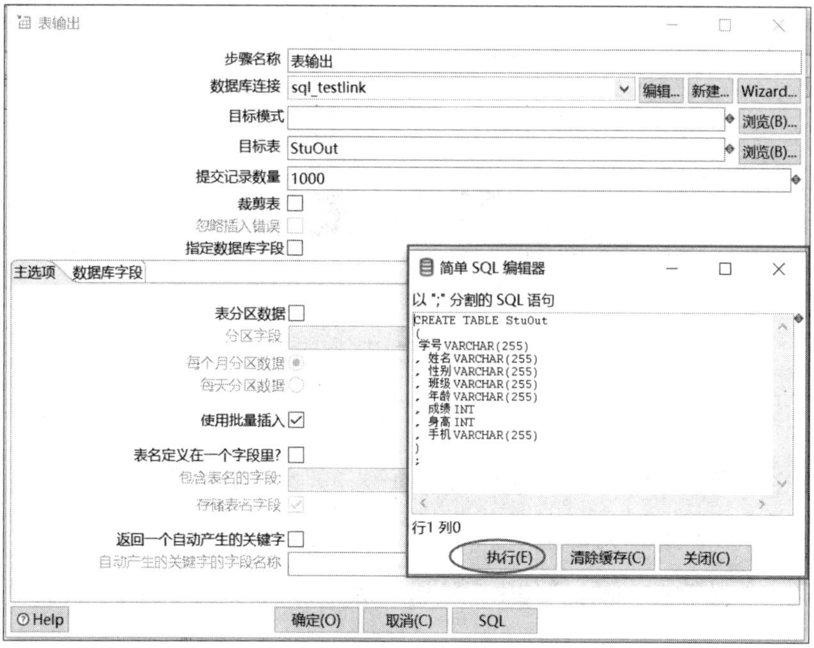

图 3-72　"简单 SQL 编辑器"对话框

在"SQL 语句的运行结果"对话框中单击"确定"按钮返回。

如图 3-74 所示，在"简单 SQL 编辑器"对话框中单击"关闭"按钮，返回如图 3-75 所示的"表输出"对话框。

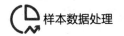

图 3-73 "SQL 语句的运行结果"对话框

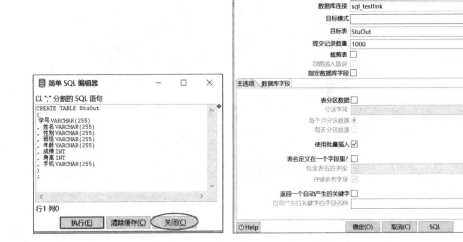

图 3-74 "简单 SQL 编辑器"对话框   图 3-75 "表输出"对话框

在"表输出"对话框中单击"编辑"按钮，系统将打开如图 3-76 所示的"数据库连接"对话框。

在"数据库连接"对话框中单击"高级"选项卡，在右侧的"请输入连接成功后要执行的 SQL 语句，用分号(;)隔开"列表框中，输入"truncate table stuOut"，使每次执行此转换时，执行此 SQL 语句，清空 StuOut 表的数据。单击"确认"按钮，返回如图 3-77 所示的"表输出"对话框。

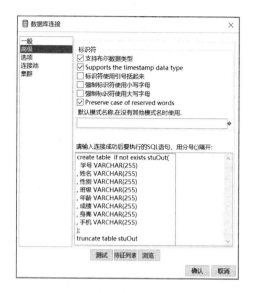

图 3-76　"数据库连接"对话框

在"表输出"对话框中单击"确定"按钮，返回画布界面。此时，已完成此步骤的配置。

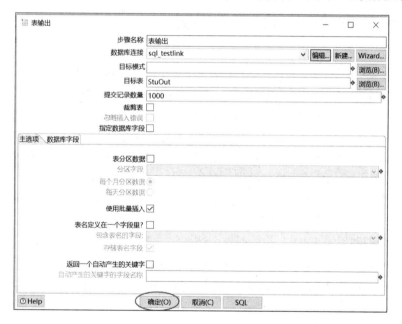

图 3-77　"表输出"对话框

4. 运行转换

如图 3-78 所示，单击 ▷ 按钮开始运行程序，在打开的对话框中单击"启动"按钮运行此转换，系统将在 sql_test 数据库下创建 StuOut 表，此表的内容如图 3-63 所示。又因为在"数据库连接"对话框的"高级"选项卡中配置了每次执行前清空 StuOut 表，所以每次运行此转换后，此表格的数据都是一样的。

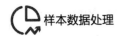

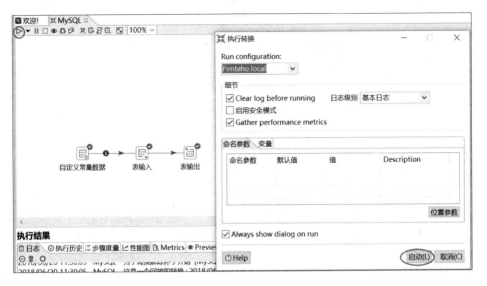

图 3-78　运行转换

3.3　基于 Web 的数据导入与导出

Kettle 提供了"HTTP Client"和"HTTP Post"步骤从 Web 获取数据。

"HTTP Client"步骤发出一个 HTTP GET 请求或者直接访问 HTML 页面，调用此步骤里的 URL 从 Web 获取数据。HTTP GET 请求主要从服务器获取数据，不会对服务器数据进行更改。最常见的 HTTP GET 请求就是页面里的各种查询操作。

"HTTP Post"步骤发出一个 HTTP POST 请求，调用此步骤里的 URL 从 Web 获取数据。HTTP POST 请求主要向服务器提交数据，对服务器端的数据有影响。最常见的 HTTP POST 请求就是用户登录操作，以及各种修改操作。该步骤可以通过 HTTP POST 请求把参数作为消息体进行提交，也可以把整个文件作为消息体进行提交。

这两个步骤都调用了 URL，并返回一个结构化数据作为结果。"HTTP Client"步骤直接访问 HTML 页面时，返回的数据结构为 HTML。"HTTP Client"步骤和"HTTP Post"步骤发送 HTTP 请求时，常用的返回结构主要有 XML 和 JSON 两种。我们可以根据返回数据的结构特征，再选择相应的步骤进行数据预处理。

这两个步骤都是查询类的步骤，需要一个输入类的步骤来激活。如果没有输入类的步骤，那么查询类的步骤不会做任何事情。因此，创建一个新的转换时，首先添加一个输入类的"自定义常量数据"步骤。在"自定义常量数据"步骤里，可以将需要访问的 URL 设置为常量。当执行转换时，"自定义常量数据"步骤将此常量传递给"HTTP Client"步骤或"HTTP Post"步骤。"HTTP Client"步骤或"HTTP Post"步骤根据此 URL 信息获取相应的数据。

3.3.1　HTML 数据的导入与导出

"HTTP Client"步骤直接访问 HTML 页面时，返回的数据为 HTML。HTML（Hyper Text

Mark-up Language）即超文本标记语言。HTML 和 XML 有相同的语法结构，除此之外没有其他相似点。HTML 通过浏览器供用户阅读，因此，HTML 定义了一组固定的节点和属性，用来定义文本的结构或者样式。

3.3.2 HTML 数据的导入与导出案例

1. 转换的输入/输出需求

读取数据，输出 HTML 源码并保存在 E:\教材案例\第 3 章\webout.html 文件中。其中，需要注意网页的字符编码（见图 3-79）。打开网页的 HTML 源码查看，可以得知字符编码为 GBK。

图 3-79　网页的字符编码

期望输出单机版的 HTML 类型文件，输出的文件名为 webout.html，存放在 E:\教材案例\第 3 章。webout.html 用浏览器打开的部分内容如图 3-80 所示。

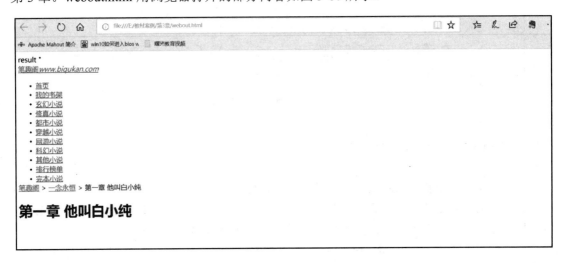

图 3-80　webout.html 用浏览器打开的部分内容

2. 转换的设计图

参考 2.2.2 节的操作，新建转换文件，并开始可视化编程。该转换所需要的步骤及步骤之间的连接流程如图 3-81 所示。

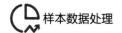

图 3-81　步骤及步骤之间的连接流程

3．步骤的配置

1）"SetUrl"的配置

"SetUrl"为"自定义常量数据"步骤。双击"SetUrl"图标后，系统打开"自定义常量数据"对话框，我们应在此对话框上完成配置。

"步骤名称"可任意命名，这里命名为"SetUrl"。

在"元数据"选项卡中，"名称"为字段的名称，可填任意字符，该字符为传给下个步骤的字段，这里填入"WebURL"；"类型"为字段的类型，URL 为"String"类型的数据，所以选择"String"。

在"数据"选项卡中，WebURL 的值按案例的需求填入目标分析地址，如图 3-82 所示。

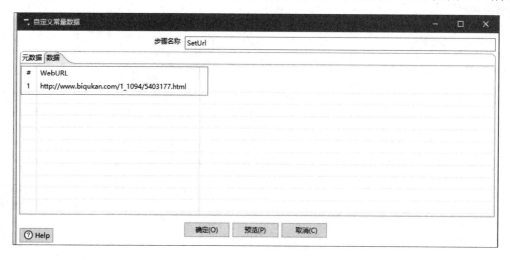

图 3-82　填写 WebURL 的值

2）"HTTP Client"的配置

"HTTP Client"步骤仅需配置"General"选项卡（见图 3-83），"Fields"选项卡保留默认配置。

勾选"从字段中获取 URL?"复选框，表明 URL 是从上个步骤传送过来的。

在"URL 字段名"下拉列表中，选择上个步骤设定的字段名"WebURL"。"WebURL"的值是目标分析地址，是一个链接。此步骤通过打开这个网址获取 HTML 源码。

在"Encoding(empty means standard)"下拉列表中选择"GBK"。因为此网页的字符编码为 GBK。

3）"文本文件输出"的配置

（1）"文件"选项卡的配置如图 3-84 所示。

单击"浏览"按钮，选择在路径 E:\教材案例\第 3 章中输出名为 webout 的文件。

"扩展名"配置为"html"。

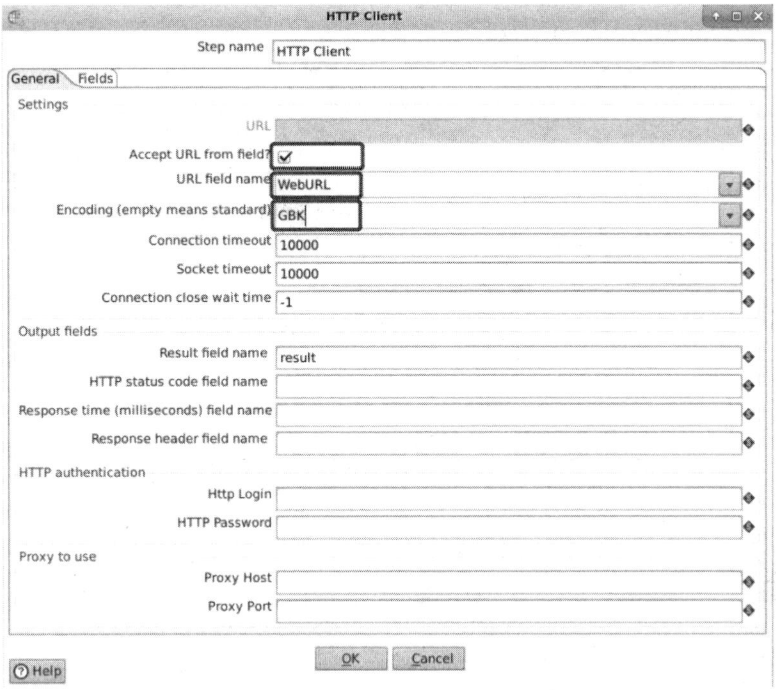

图 3-83　"General"选项卡的配置

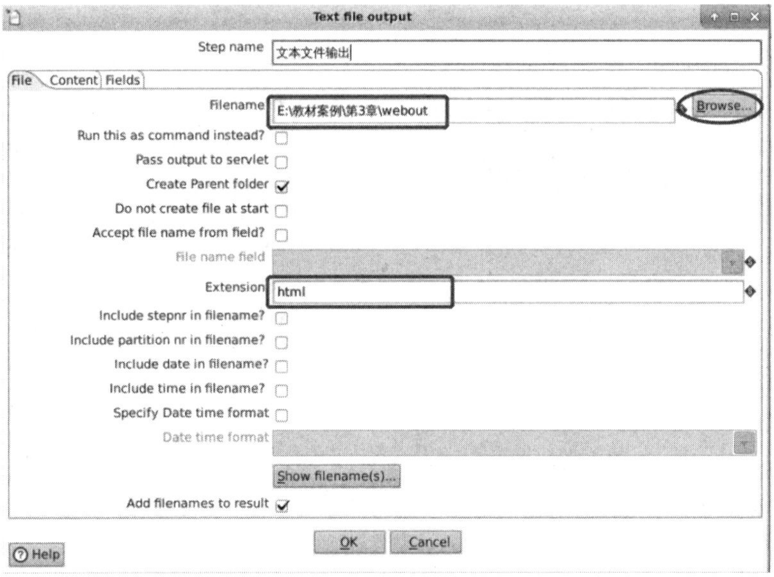

图 3-84　"文件"选项卡的配置

（2）"内容"选项卡的配置如图 3-85 所示。

在"编码"下拉列表中选择"GBK"，因为我们需要输出字符编码为 GBK 的文件。

（3）"字段"选项卡的配置如图 3-86 所示。

单击"获取字段"按钮，在字段列表上选择此文件的所有字段。仅保留"result"字段，

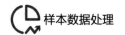

因为"result"字段的值为 HTML 源码。

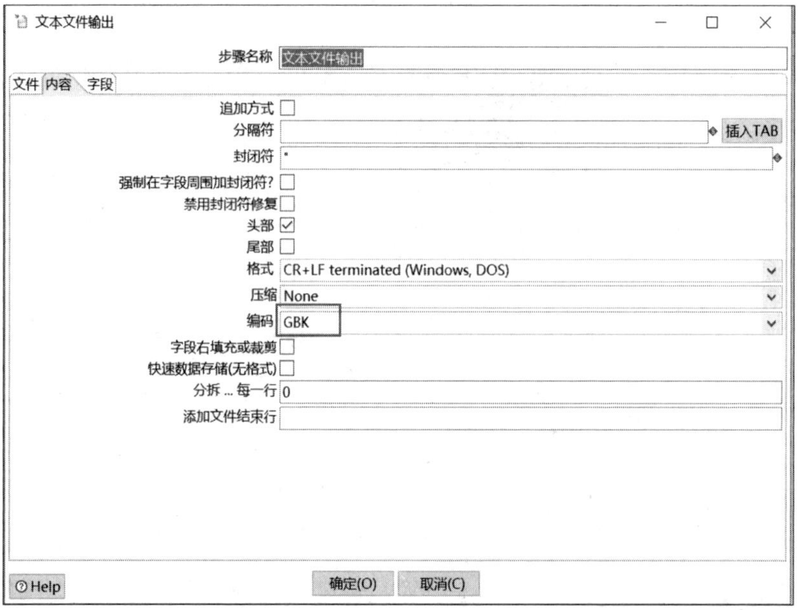

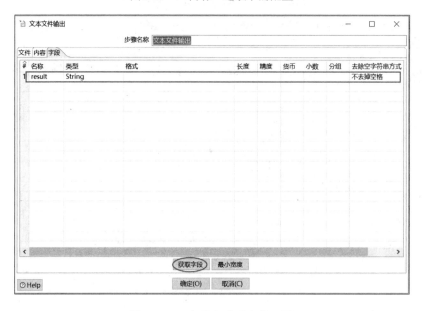

图 3-85 "内容"选项卡的配置

图 3-86 "字段"选项卡的配置

4．运行转换

如图 3-87 所示，单击 ▷ 按钮开始运行程序，在打开的对话框中单击"启动"按钮运行此转换。此转换将读入目标分析地址的网页中的数据，输出 HTML 源码并保存在 E:\教材案例\第 3 章\webout.html 文件中。

图 3-87　运行转换

3.3.3　基于 HTTP GET 请求的导入与导出

HTTP GET 请求返回的结构化数据主要有 XML 和 JSON，本例使用的 API 返回的是 JSON 格式的数据。通过对返回数据的后续处理，我们可以获取需要的数据。

3.3.4　基于 HTTP GET 请求的导入与导出案例

1．转换的输入/输出需求

在"必应"上搜索"豆瓣电影 API 接口"，得到一网址，该网址是豆瓣电影提供的开发性 API 接口，该接口返回的是当前热映电影的 JSON 格式。

发送 HTTP GET 请求到该地址，获取当前热映电影，并将电影名称、分类、分数、主演数据存储在 E:\教材案例\第 3 章\ httpGetJson.xls 文件中。

期望输出的 httpGetJson.xls 文件的内容如图 3-88 所示。

	电影名称	分类	分数	主演
1	电影名称	分类	分数	主演
2	西虹市首富	喜剧	6.70	沈腾
3	巨齿鲨	动作	.00	杰森·斯坦森
4	小偷家族	剧情	8.80	中川雅也
5	狄仁杰之四大天王	动作	6.50	赵又廷
6	风语咒	动画	7.00	路知行
7	我不是药神	剧情	9.00	徐峥
8	的士速递5	喜剧	5.80	弗兰克·盖思堂彼得
9	神秘世界历险记4	动画	.00	阎么么
10	摩天营救	动作	6.50	道恩·强森
11	解码游戏	喜剧	4.10	韩庚
12	妈妈咪呀2	喜剧	7.40	莉莉·鲁姆斯
13	邪不压正	剧情	7.10	彭于晏
14	肆式青春	动画	5.40	坂泰斗
15	神奇马戏团之动物饼干	喜剧	5.60	艾米莉·布朗特
16	李保田	剧情	.00	林永健
17	侏罗纪世界2	动作	6.80	克里斯·帕拉特
18	新大头儿子和小头爸爸3：俄罗儿童		5.00	刘纯燕
19	真心话太冒险	喜剧	.00	涂世旻
20	超人总动员2	喜剧	8.10	格雷格·T·尼尔森
21	浴血广昌	历史	.00	卢秋宏

图 3-88　期望输出的 httpGetJson.xls 文件的内容

2．转换的设计图

参考 2.2.2 节的操作，新建转换文件，并开始可视化编程。该转换所需要的步骤及步骤之

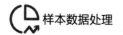

间的连接流程如图 3-89 所示。

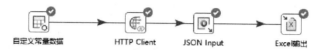

图 3-89 步骤及步骤之间的连接流程

3.步骤的配置

1）"自定义常量数据"的配置

参考 3.3.2 节的操作，配置"自定义常量数据"。其中 apiUrl 的值为豆瓣电影 API 接口网址，配置完的效果如图 3-90 所示。

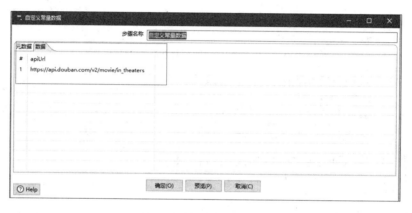

图 3-90 "自定义常量数据"的配置

2）"HTTP Client"的配置

参考 3.3.2 节的操作，配置"HTTP Client"，如图 3-91 所示。

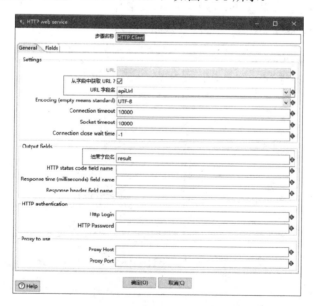

图 3-91 "HTTP Client"的配置

3）"JSON Input"的配置

参考 3.1.8 节的操作，配置"JSON Input"。其中"分类"和"主演"只读取第一个数据。有关 jsonpath 的说明，请参考 jsonpath 的官网。"JSON Input"的配置如图 3-92 所示。

图 3-92　"JSON Input"的配置

4）"Excel 输出"的配置

参考 3.1.4 节的操作，配置"Excel 输出"，如图 3-93 所示。

图 3-93　"Excel 输出"的配置

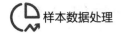

4．运行转换

单击 ▷ 按钮开始运行程序，在打开的对话框（见图 3-94）中单击"启动"按钮运行此转换。此转换将读取豆瓣电影 API 接口网址返回的数据，输出处理后的数据并保存在 E:\教材案例\第 3 章\httpGetJson.xls 文件中。

图 3-94　"执行转换"对话框

3.4　基于 CDC 变更数据的导入与导出

在数据开发项目中，数据导入的主要挑战是初始数据量大和网络延迟。因此，在初始化完成后，不能再将所有数据重新导入一遍，我们只需要导入变化的数据即可。识别出变化的数据并只导入这部分数据，称为变化数据捕获（Change Data Capture，CDC）。

基本上 CDC 可以分为两种，一种是侵入性的 CDC，另一种是非侵入性的 CDC。侵入性指 CDC 操作可能会给源系统带来性能的影响。可以简单地认为，只要 CDC 操作执行了任何一种 SQL 语句，就是侵入性的 CDC。CDC 操作一共有 4 种方法，但是其中有 3 种都是侵入性的。下面分别说明这 4 种方法。

3.4.1　基于源数据的 CDC

基于源数据的 CDC 要求源数据中有相关的属性列，ETL 过程可以通过这些属性列来判断出哪些数据是增量数据。最常见的属性列有以下两种。

（1）时间戳（日期-时间值）：这种属性列最少需要一个更新时间，最好有两个时间，即一个插入时间和一个更新时间。

（2）自增序列：大多数据库都有自增序列，如果数据库表中使用了这种序列，就可以通过序列识别出新插入的数据（注意：自增序列不能识别出更新的数据及删除的数据）。不过 Oracle 的 ORA_ROWSCN 伪列可以被理解成特殊的自增序列，不管进行插入还是更新操作，该伪列都会进行递增。

基于时间戳和自增序列的方法是 CDC 最简单的实现方式，也是最常见的方法。它有如下很明显的缺点。

（1）只有源数据中包含了插入时间和更新时间两个属性列，才能区分插入和更新，否则不能区分。

（2）不能捕获到物理删除操作，但是可以捕获到逻辑删除，即记录没有真的删除，只是更新了删除标志。逻辑删除也可以理解为特殊的更新操作。

（3）如果在一个同步周期内，数据被更新了多次，那么只能同步最后一次的更新操作，中间的更新操作都无法导入。

（4）不适用于实时场景下的数据导入，一般只适用于批量操作。

3.4.2　基于源数据的 CDC 案例

1．基于时间戳的源数据 CDC 案例

1）转换的输入/输出需求

根据 cdc_time_log 表中的上次执行时间，以及输入的当前执行时间，增量导出 student_cdc 表中的数据。输出的数据存储在 E:\教材案例\第 3 章\student_cdc.xls 文件中。其中，cdc_time_log 表的主要作用是记录上次执行时间，拉取当前执行时间与上次执行时间之间的数据作为增量数据。拉取成功后，需要将 cdc_time_log 表中的上次执行时间更新为当前执行时间，这样就可以继续进行 CDC 操作。

其中，输入数据 student_cdc 表的内容如图 3-95 所示。

123 学号	ABC 姓名	ABC 性别	ABC 班级	123 年龄	123 成绩	123 身高	ABC 手机	ABC 插入时间	ABC 更新时间
1	1 张一	男	1701	16	78	170	18946554571	2018-08-06	2018-08-06
2	2 李二	男	1701	17	80	175	18946554572	2018-08-06	2018-08-06
3	3 谢逊	男	1702	18	95	169	18946554573	2018-08-06	2018-08-06
4	4 赵玲	女	1702	19	86	180	18956257895	2018-08-06	2018-08-06
5	5 张明	男	1704	20	85	185	18946554575	2018-08-07	2018-08-07
6	6 张三	女	1704	18	92	169	18946554576	2018-08-06	2018-08-07

图 3-95　输入数据 student_cdc 表的内容

输入数据 cdc_time_log 表的内容如图 3-96 所示。

123 ID	ABC 上次执行时间
1	1 2018-08-04

图 3-96　输入数据 cdc_time_log 表的内容

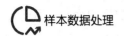

输入当前时间"2018-08-06",期望输出的 student_cdc.xls 文件的内容如图 3-97 所示。

1	学号	姓名	性别	班级	年龄	成绩	身高	手机	插入时间	更新时间	导入时间
2	1.00	张一	男	1701	16.00	78.00	170.00	18946554571	2018-08-06	2018-08-06	2018-08-06
3	2.00	李二	男	1701	17.00	80.00	175.00	18946554572	2018-08-06	2018-08-06	2018-08-06
4	3.00	谢逊	男	1702	18.00	95.00	169.00	18946554573	2018-08-06	2018-08-06	2018-08-06
5	4.00	赵玲	女	1702	19.00	86.00	180.00	18956257895	2018-08-06	2018-08-06	2018-08-06
6	6.00	张三	女	1704	18.00	92.00	169.00	18946554576	2018-08-06	2018-08-07	2018-08-06

图 3-97 输入"2018-08-06"后的 student_cdc.xls 文件的内容

期望输出的 cdc_time_log 表的内容如图 3-98 所示。

	123 ID	ABC 上次执行时间
1	1	2018-08-06

图 3-98 输入"2018-08-06"后的 cdc_time_log 表的内容

输入当前时间"2018-08-07",期望输出的 student_cdc.xls 文件的内容如图 3-99 所示。

1	学号	姓名	性别	班级	年龄	成绩	身高	手机	插入时间	更新时间	导入时间
2	1.00	张一	男	1701	16.00	78.00	170.00	18946554571	2018-08-06	2018-08-06	2018-08-06
3	2.00	李二	男	1701	17.00	80.00	175.00	18946554572	2018-08-06	2018-08-06	2018-08-06
4	3.00	谢逊	男	1702	18.00	95.00	169.00	18946554573	2018-08-06	2018-08-06	2018-08-06
5	4.00	赵玲	女	1702	19.00	86.00	180.00	18956257895	2018-08-06	2018-08-06	2018-08-06
6	6.00	张三	女	1704	18.00	92.00	169.00	18946554576	2018-08-06	2018-08-07	2018-08-06
7	5.00	张明	男	1704	20.00	85.00	185.00	18946554575	2018-08-07	2018-08-07	2018-08-07

图 3-99 输入"2018-08-07"后的 student_cdc.xls 文件的内容

期望输出的 cdc_time_log 表的内容如图 3-100 所示。

	123 ID	ABC 上次执行时间
1	1	2018-08-07

图 3-100 输入"2018-08-07"后的 cdc_time_log 表的内容

2)转换的设计图

参考 2.2.2 节的操作,新建转换文件,并开始可视化编程。该转换所需要的步骤及步骤之间的连接流程如图 3-101 所示。

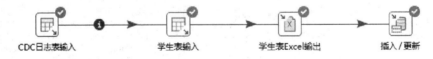

CDC日志表输入   学生表输入   学生表Excel输出   插入/更新

图 3-101 步骤及步骤之间的连接流程

由于我们进行增量导入,因此需要从 cdc_time_log 表中读取上次执行时间,还需要输入当前执行时间。查询条件类似于:

(插入时间>上次执行时间 and 插入时间<=当前执行时间) OR (更新时间>上次执行时间 and 更新时间<=当前执行时间)

从该查询条件可以看出,上次执行时间、当前执行时间都出现了两次,所以在上一步中,需要读取两次上次执行时间和当前执行时间，并将这 4 个参数传输给下个步骤"学生表输入"。
"学生表输入"步骤在它的 SQL 查询语句中接收参数，作为 SQL 语句的条件查询部分。最终，
执行此转换时，我们得到了符合查询条件的数据，并通过"学生表 Excel 输出"步骤输出文件，
同时对 cdc_time_log 表的上次执行时间进行更新。

3）步骤的配置

（1）命名参数的配置。

在当前转换画布上空白的地方单击鼠标右键，在弹出的快捷菜单中选择"转换设置 CTL-
L"命令，打开"转换属性"对话框，在"命名参数"选项卡中配置命名参数的名字（cur_time）
和默认值（2018-08-04），如图 3-102 所示。

图 3-102 命名参数的配置

（2）"CDC 日志表输入"的配置。

参考 3.2.1 节的操作，配置"CDC 日志表输入"。其中，在"CDC 日志表输入"对话框的
"SQL"列表框中输入如下 SQL 语句。

```
SELECT
 上次执行时间 as last1,
   '${cur_time}' as cur1,
     上次执行时间 as last2,
   '${cur_time}' as cur2
FROM cdc_time_log
```

"CDC 日志表输入"的配置如图 3-103 所示。

（3）"学生表输入"的配置。

参考 3.2.1 节的操作，配置"学生表输入"。其中，在"学生表输入"对话框的"SQL"列
表框中，输入如下 SQL 语句。

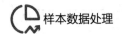

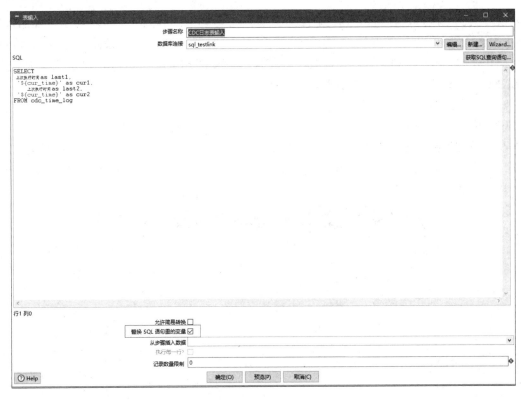

图 3-103　"CDC 日志表输入"的配置

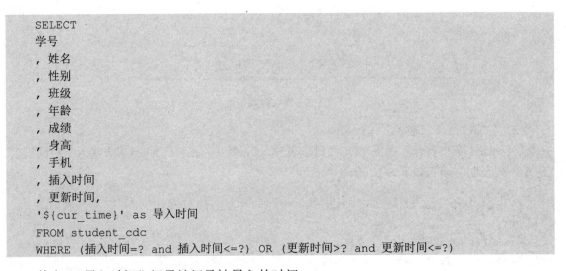

```
SELECT
学号
, 姓名
, 性别
, 班级
, 年龄
, 成绩
, 身高
, 手机
, 插入时间
, 更新时间,
'${cur_time}' as 导入时间
FROM student_cdc
WHERE (插入时间=? and 插入时间<=?) OR (更新时间>? and 更新时间<=?)
```

其中，"导入时间"记录该记录被导入的时间。

"学生表输入"的配置如图 3-104 所示。

（4）"学生表 Excel 输出"的配置。

参考 3.1.4 节的操作，配置"学生表 Excel 输出"。其中，"内容"选项卡需要勾选"追加"复选框。"学生表 Excel 输出"的配置如图 3-105 所示。

图 3-104　"学生表输入"的配置

图 3-105　"学生表 Excel 输出"的配置

（5）"插入/更新"的配置。

该步骤所使用的步骤为"插入/更新"，在"插入/更新"对话框的"数据库连接"下拉列表中选择本例使用的"sql_testlink"。"目标表"设置为"cdc_time_log"。"用来查询的关键字"中的"表字段"设置为"ID"，"比较符"设置为"IS NOT NULL"，用来查询 cdc_time_log 表中的

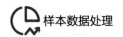

记录，以便更新。"更新字段"中的"表字段"设置为"上次执行时间"，"流字段"设置为"导入时间"，"更新"设置为"Y"，表示将 cdc_time_log 表中的上次执行时间更新为导入时间。

"插入/更新"的配置如图 3-106 所示。

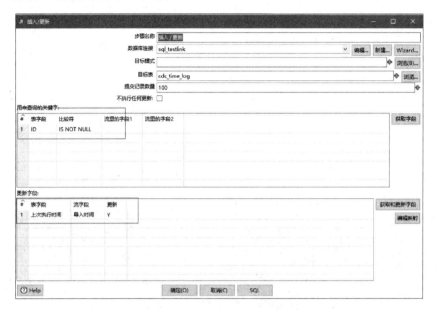

图 3-106   "插入/更新"的配置

4）运行转换

单击 ▷ 按钮开始运行程序，在打开的对话框中设置命名参数"cur_time"的"值"为"2018-08-06"，如图 3-107 所示。单击"启动"按钮运行此转换，系统将在路径 E:\教材案例\第 3 章中输出 student_cdc.xls 文件，文件的内容如图 3-97 所示，cdc_time_log 表的内容如图 3-98 所示。

图 3-107   设置"2018-08-06"

如图 3-108 所示，再次运行该转换，设置命名参数"cur_time"的"值"为"2018-08-07"，student_cdc.xls 的文件内容如图 3-99 所示，cdc_time_log 表的内容如图 3-100 所示。

图 3-108　设置"2018-08-07"

2．基于自增序列的源数据 CDC 案例

1）转换的输入/输出需求

根据 cdc_seq_log 表中的上次执行序列，以及输入的当前执行序列，增量导出 student_cdc 表中的数据。输出的数据存储在"E:\教材案例\第 3 章\ student_cdc_seq.xls"文件中。其中，cdc_seq_log 表的主要作用是记录上次执行的序列值，拉取当前执行序列与上次执行序列之间的数据作为增量数据，拉取成功后，需要将 cdc_seq_log 表中的上次执行序列更新为当前执行序列。这样就可以继续进行 CDC 操作。

其中，输入数据 student_cdc 表的内容如图 3-95 所示。

输入数据 cdc_seq_log 表的内容如图 3-109 所示。

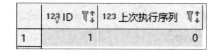

图 3-109　输入数据 cdc_seq_log 表的内容

输入当前序列"2"，期望输出的 student_cdc_seq.xls 文件的内容如图 3-110 所示。

	学号	姓名	性别	班级	年龄	成绩	身高	手机	插入时间	更新时间	导入时间
1											
2	1.00	张一	男	1701	16.00	78.00	170.00	18946554571	2018-08-06	2018-08-06	2018/8/10 0:00
3	2.00	李二	男	1701	17.00	80.00	175.00	18946554572	2018-08-06	2018-08-06	2018/8/10 0:00

图 3-110　输入"2"后的 student_cdc_seq.xls 文件的内容

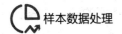

期望输出的 cdc_seq_log 表的内容如图 3-111 所示。

图 3-111 输入 "2" 后的 cdc_seq_log 表的内容

输入当前时间 "5"，期望输出的 student_cdc_seq.xls 文件的内容如图 3-112 所示。

	学号	姓名	性别	班级	年龄	成绩	身高	手机	插入时间	更新时间	导入时间
2	1.00	张一	男	1701	16.00	78.00	170.00	18946554571	2018-08-06	2018-08-06	2018/8/10 0:00
3	2.00	李二	男	1701	17.00	80.00	175.00	18946554572	2018-08-06	2018-08-06	2018/8/10 0:00
4	3.00	谢逊	男	1702	18.00	95.00	169.00	18946554573	2018-08-06	2018-08-06	2018/8/10 0:00
5	4.00	赵玲	女	1702	19.00	86.00	180.00	18956257895	2018-08-06	2018-08-06	2018/8/10 0:00
6	5.00	张明	男	1704	20.00	85.00	185.00	18946554575	2018-08-07	2018-08-07	2018/8/10 0:00

图 3-112 输入 "5" 后的 student_cdc_seq.xls 文件的内容

期望输出的 cdc_seq_log 表的内容如图 3-113 所示。

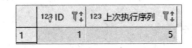

图 3-113 输入 "5" 后的 cdc_seq_log 表的内容

2）转换的设计图

参考 2.2.2 节的操作，新建转换文件，并开始可视化编程。该转换所需要的步骤及步骤之间的连接流程如图 3-114 所示。

图 3-114 步骤及步骤之间的连接流程

由于我们进行增量导入，因此需要从 cdc_seq_log 表中读取上次执行序号，还需要输入当前执行序号。查询条件类似于：

学号>上次执行序号 and 学号<=当前执行序号

从该查询条件可以看出，上次执行序号、当前执行序号都作为参数出现，其中上次执行序号是从 cdc_seq_log 表中获取的，当前执行序号是命名参数。"学生表输入"步骤在它的 SQL 查询语句中接收参数，作为 SQL 语句的条件查询部分。最终，执行此转换时，我们得到了符合查询条件的数据，并通过"学生表 Excel 输出"步骤输出文件，同时将 cdc_seq_log 表的上次执行时间进行更新。

3）步骤的配置

（1）命名参数的配置。

在当前转换画布上空白的地方单击鼠标右键，在弹出的快捷菜单中选择"转换设置 CTL-L"命令，系统打开"转换属性"对话框。在"命名参数"选项卡中配置命名参数的名字（cur_no）和默认值（1），如图 3-115 所示。

图 3-115　命名参数的配置

（2）"CDC 日志表输入"的配置。

参考 3.2.1 节的操作，配置"CDC 日志表输入"。其中，在"CDC 日志表输入"对话框的"SQL"列表框中，输入如下 SQL 语句。

```
SELECT
        上次执行序列
FROM cdc_seq_log
```

"CDC 日志表输入"的配置如图 3-116 所示。

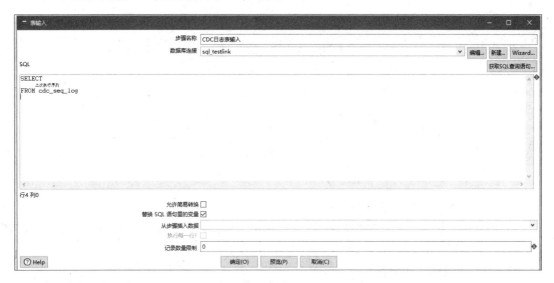

图 3-116　"CDC 日志表输入"的配置

（3）"学生表输入"的配置。

参考 3.2.1 节的操作，配置"学生表输入"。其中，在"学生表输入"对话框的"SQL"列表框中，输入如下 SQL 语句。

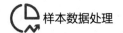

```
SELECT
  学号
  , 姓名
  , 性别
  , 班级
  , 年龄
  , 成绩
  , 身高
  , 手机
  , 插入时间
  , 更新时间
  , Curdate() as 导入时间
  , '${cur_no}' as 当前学号
FROM student_cdc
where 学号>? and 学号<=${cur_no}
```

其中，"导入时间"记录该记录被导入的时间，"当前学号"记录本次输入的序列值。

"学生表输入"的配置如图 3-117 所示。

图 3-117　"学生表输入"的配置

（4）"学生表 Excel 输出"的配置。

参考 3.1.4 节的操作，配置"学生表 Excel 输出"。其中，"内容"选项卡需要勾选"追加"复选框。"学生表 Excel 输出"的配置如图 3-118 所示。

（5）"插入/更新"的配置。

在"插入/更新"对话框的"数据库连接"下拉列表中选择本案例使用的"sql_testlink"。"目标表"设置为"cdc_seq_log"。"用来查询的关键字"中的"表字段"设置为"ID"，"比较符"设置为"IS NOT NULL"，用来查询 cdc_seq_log 表中的记录，以便更新。"更新字段"中的"表字段"设置为"上次执行序列"，"流字段"设置为"当前学号"，"更新"设置为"Y"，表示将 cdc_seq_log 表中的上次执行序列更新为输入序列。

"插入/更新"的配置如图 3-119 所示。

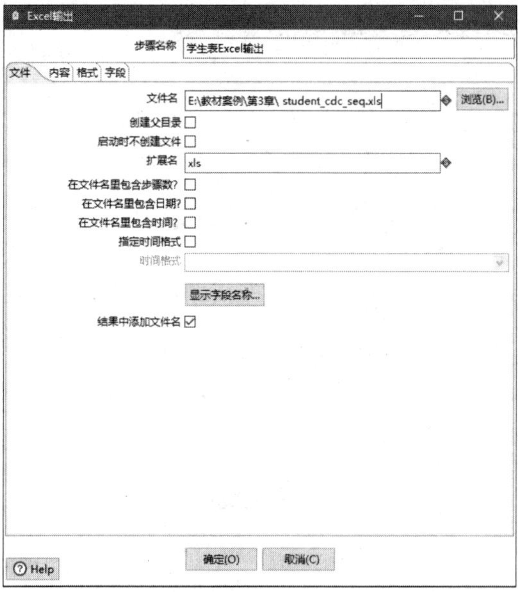

图 3-118　"学生表 Excel 输出"的配置　　　　图 3-119　"插入/更新"的配置

4）运行转换

单击 ▷ 按钮开始运行程序，系统打开"执行转换"对话框，单击"命令参数"选项卡，设置命名参数"cur_no"的"值"为"2"，如图 3-120 所示，单击"启动"按钮运行此转换，系统将在路径 E:\教材案例\第 3 章中输出 student_cdc_seq.xls 文件，文件的内容如图 3-110 所示，cdc_seq_log 表的内容如图 3-111 所示。

图 3-120　设置"值"为"2"

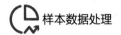

再次运行此转换，设置命名参数"cur_no"的"值"为"5"，如图 3-121 所示，student_cdc_seq.xls 文件的内容如图 3-112 所示，cdc_seq_log 表的内容如图 3-113 所示。

图 3-121　设置"值"为"5"

3.4.3　基于触发器的 CDC

当 INSERT、UPDATE、DELETE 等 SQL 执行时，系统会触发数据库自有的触发器，并执行某些动作。

一般的设计思路是源表进行 INSERT、UPDATE、DELETE 操作时，利用数据库自有的触发器，将操作的数据记录到日志表中，根据日志表的记录对目标表进行相应的处理。

因为要变动源数据库，服务协议或者数据库管理员不允许，所以在大多数情况下，系统不允许向数据添加触发器，而且变动源数据库还会降低系统的性能，因此人们较少使用这种方法。

这种方法的替代方法是，将源数据库实时同步到备用数据库，在备用数据库建立触发器。

虽然这种方法看上去过程冗余，需要额外的存储空间，但是这种方法没有侵入性，而且非常有效。

基于触发器的 CDC 的优点是它可以实时监测到数据的所有变化，缺点是需要服务协议或者数据库管理员的允许，此外各个数据库创建触发器的语法也不同。在下面介绍的基于触发器的 CDC 案例中，为了方便演示如何抽取数据，我们设定仅抽取一条有变更的记录。如果需要抽取多条变更的记录，将会需要用到"记录集连接"步骤重新编程，请读者思考如何完成。

3.4.4 基于触发器的 CDC 案例

1. 基于 INSERT 触发器的 CDC 案例

1）转换的输入/输出需求

student_cdc 表的 INSERT 触发器——student_cdc_insert 会在 student_cdc 表插入一条数据后，将操作数据记入 cdc_opt_log 表中。

cdc_opt_log 表中"处理标志"为"未处理"、"操作"为"I"的数据，即插入操作的增量数据，这些数据被保存到 student_cdc_sync 表中。其中，cdc_opt_log 表的主要作用是记录对哪些数据进行了哪些操作，同时记录该操作是否被处理，拉取成功后，我们需要让系统将 cdc_opt_log 表中对应数据的"处理标志"更新为"已处理"。

需要用到的插入 SQL 语句如下。

```
insert into student_cdc(姓名, 性别, 班级, 年龄, 成绩, 身高, 手机, 插入时间, 更新时间) values('张一','男','1701','16','78','170','18946554571', date_sub(curdate(), interval 1 day) , date_sub(curdate(),interval 1 day) );
```

期望输出的 cdc_opt_log 表的内容如图 3-122 所示。

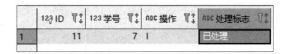

图 3-122　期望输出的 cdc_opt_log 表的内容

期望输出的 student_cdc_sync 表的内容如图 3-123 所示。

图 3-123　期望输出的 student_cdc_sync 表的内容

2）转换的设计图

参考 2.2.2 节的操作，新建转换文件，并开始可视化编程。该转换所需要的步骤及步骤之间的连接流程如图 3-124 所示。

图 3-124　步骤及步骤之间的连接流程

由于我们进行增量导入，因此需要从 cdc_opt_log 表中读取"处理标志"为"未处理"、"操作"为"I"的数据，然后将学号作为参数传递给下个步骤。最终，执行此转换时，我们得到了符合查询条件的数据，并通过"表输出"步骤输出到 student_cdc_sync 表，同时将 cdc_opt_log 表的"处理标志"更新为"已处理"。

3）步骤的配置

（1）"CDC 日志表输入"的配置。

参考 3.2.1 节的操作，配置"CDC 日志表输入"。其中，在"CDC 日志表输入"对话框的"SQL"列表框中，输入如下 SQL 语句。

```
SELECT
    学号
FROM cdc_opt_log
where 操作='I' and 处理标志='未处理'
```

"CDC 日志表输入"的配置如图 3-125 所示。

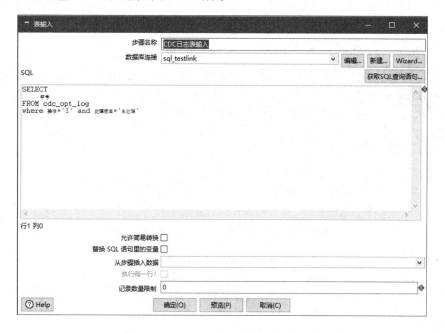

图 3-125　"CDC 日志表输入"的配置

（2）"学生表输入"的配置。

参考 3.2.1 节的操作，配置"学生表输入"。其中，在"学生表输入"对话框的"SQL"列表框中，输入如下 SQL 语句。

```
SELECT
  学号
, 姓名
, 性别
, 班级
, 年龄
, 成绩
, 身高
, 手机
, 插入时间
, 更新时间
```

```
, curdate() as 导入时间
, '已处理'  as 处理标志
FROM student_cdc
where 学号=?
```

其中，"导入时间"记录该记录被导入的时间，"处理标志"记录该记录已被处理。"学生表输入"的配置如图 3-126 所示。

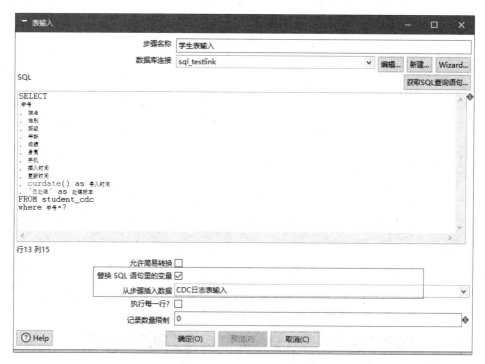

图 3-126　"学生表输入"的配置

（3）"插入学生同步表"的配置。

在"插入/更新"对话框的"数据库连接"下拉列表中选择本案例使用的"sql_testlink"。"目标表"设置为"student_cdc_sync"。"用来查询的关键字"中的"表字段"设置为"学号"，"比较符"设置为"="，"流里的字段 1"设置为"学号"，用来查询 student_cdc_sync 表中的记录。"更新字段"中的"表字段"通过单击"获取和更新字段"按钮获取，删除其中的"处理标志"字段。

"插入学生同步表"的配置如图 3-127 所示。

（4）"更新 CDC 日志表"的配置。

在"插入/更新"对话框的"数据库连接"下拉列表中选择本案例使用的"sql_testlink"。"目标表"设置为"cdc_opt_log"。"用来查询的关键字"中的"表字段"设置为"学号"，"比较符"设置为"="，"流里的字段 1"设置为"学号"，用来查询 cdc_opt_log 表中的记录。"更新字段"中的"表字段"设置为"处理标志"，"流字段"设置为"处理标志"，"更新"设置为"Y"，表示将 cdc_opt_log 表中的处理标志更新为流数据里的处理标志。

"更新 CDC 日志表"的配置如图 3-128 所示。

图 3-127　"插入学生同步表"的配置　　　　图 3-128　"更新 CDC 日志表"的配置

4）运行转换

单击 ▷ 按钮开始运行程序，系统打开"执行转换"对话框（见图 3-129），单击"启动"按钮运行此转换，系统将在 student_cdc_sync 表中输出数据，student_cdc_sync 表的内容如图 3-123 所示，cdc_opt_log 表的内容如图 3-122 所示。

图 3-129　"执行转换"对话框

2．基于 UPDATE 触发器的 CDC 案例

1）转换的输入/输出需求

student_cdc 表的 UPDATE 触发器——student_cdc_update 会在 student_cdc 表更新一条数据后，将操作数据记入 cdc_opt_log 表中。

cdc_opt_log 表中"处理标志"为"未处理"、"操作"为"U"的数据为更新操作的增量数据，这些数据被保存到 student_cdc_sync 表中。其中，cdc_opt_log 表的主要作用是记录对哪些数据进行了哪些操作，同时记录该操作是否被处理，拉取成功后，我们需要让系统将 cdc_opt_log 表中对应数据的"处理标志"更新为"已处理"。

需要用到的更新 SQL 语句如下。

```
update student_cdc set 成绩=82 where 学号=7
```

期望输出的 cdc_opt_log 表的内容如图 3-130 所示。

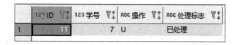

图 3-130　期望输出的 cdc_opt_log 表的内容

期望输出的 student_cdc_sync 表的内容如图 3-131 所示。

图 3-131　期望输出的 student_cdc_sync 表的内容

2）转换的设计图

参考 2.2.2 节的操作，新建转换文件，并开始可视化编程。该转换所需要的步骤及步骤之间的连接流程如图 3-132 所示。

图 3-132　步骤及步骤之间的连接流程

由于我们进行增量导入，因此需要从 cdc_opt_log 表中读取"处理标志"为"未处理"、"操作"为"U"的数据，然后将学号作为参数传递给下个步骤。最终，执行此转换时，我们得到了符合查询条件的数据，并通过"表输出"步骤输出到 student_cdc_sync 表，同时将 cdc_opt_log 表的"处理标志"更新为"已处理"。

3）步骤的配置

（1）"CDC 日志表输入"的配置。

参考 3.2.1 节的操作，配置"CDC 日志表输入"。其中，在"CDC 日志表输入"对话框的"SQL"列表框中，输入如下 SQL 语句。

```
SELECT
    学号
```

```
FROM cdc_opt_log
where 操作='U' and 处理标志='未处理'
```

"CDC 日志表输入"的配置如图 3-133 所示。

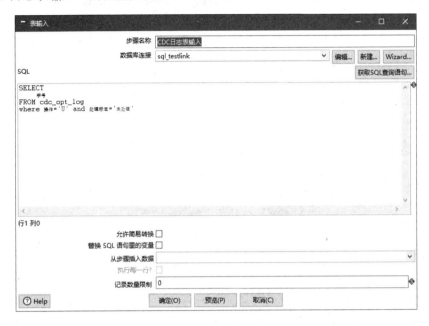

图 3-133　"CDC 日志表输入"的配置

（2）"学生表输入"的配置。

参考 3.2.1 节的操作，配置"学生表输入"。其中，在"学生表输入"对话框的"SQL"列表框中，输入如下 SQL 语句。

```
SELECT
  学号
, 姓名
, 性别
, 班级
, 年龄
, 成绩
, 身高
, 手机
, 插入时间
, 更新时间
, curdate() as 导入时间
, '已处理' as 处理标志
FROM student_cdc
where 学号=?
```

其中，"导入时间"记录该记录被导入的时间，"处理标志"表示该记录是否被处理。"学生表输入"的配置如图 3-134 所示。

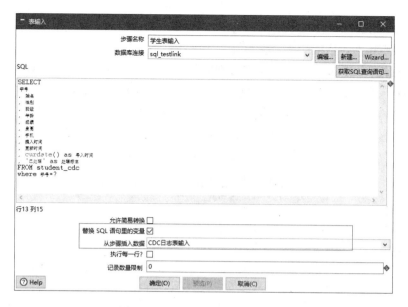

图 3-134　"学生表输入"的配置

（3）"更新学生同步表"的配置。

在"插入/更新"对话框的"数据库连接"下拉列表中选择本案例使用的"sql_testlink"。"目标表"设置为"student_cdc_sync"。"用来查询的关键字"中的"表字段"设置为"学号"，"比较符"设置为"="，"流里的字段 1"设置为"学号"，用来查询 student_cdc_sync 表中的记录。"更新字段"中的"表字段"通过单击"获取和更新字段"按钮获取，删除其中的"处理标志"字段。

"更新学生同步表"的配置如图 3-135 所示。

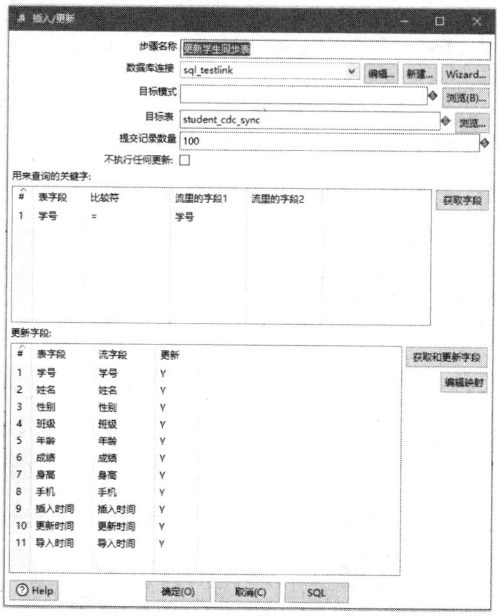

图 3-135　"更新学生同步表"的配置

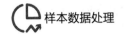

（4）"更新 CDC 日志表"的配置。

在"插入/更新"对话框的"数据库连接"下拉列表中选择本案例使用的"sql_testlink"。"目标表"设置为"cdc_opt_log"。"用来查询的关键字"中的"表字段"设置为"学号"，"比较符"设置为"="，"流里的字段 1"设置为"学号"，用来查询 cdc_opt_log 表中的记录。"更新字段"中的"表字段"设置为"处理标志"，"流字段"设置为"处理标志"，"更新"设置为"Y"，表示将 cdc_opt_log 表中的处理标志更新为流数据里的处理标志。

"更新 CDC 日志表"的配置如图 3-136 所示。

图 3-136 "更新 CDC 日志表"的配置

4）运行转换

单击 ▷ 按钮开始运行程序，系统打开"执行转换"对话框（见图 3-129），单击"启动"按钮运行此转换，系统将在 student_cdc_sync 表中输出数据，student_cdc_sync 表的内容如图 3-131 所示，cdc_opt_log 表的内容如图 3-130 所示。

3. 基于 DELETE 触发器的 CDC 案例

1）转换的输入/输出需求

student_cdc 表的 DELETE 触发器——student_cdc_delete 会在 student_cdc 表删除一条数据后，将操作数据记入 cdc_opt_log 表中。

cdc_opt_log 表中"处理标志"为"未处理"、"操作"为"D"的数据为删除操作的增量数据，系统将删除 student_cdc_sync 表中学号相同的数据。其中，cdc_opt_log 表的主要作用是记录对哪些数据进行了哪些操作，同时记录该操作是否被处理，拉取成功后，我们需要让系统将 cdc_opt_log 表中对应数据的"处理标志"更新为"已处理"。

需要用到的删除 SQL 语句如下。

```
delete from student_cdc where 学号=7
```

期望输出的 cdc_opt_log 表的内容如图 3-137 所示。

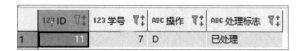

图 3-137　期望输出的 cdc_opt_log 表的内容

期望输出的 student_cdc_sync 表的内容如图 3-138 所示。

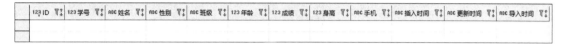

图 3-138　期望输出的 student_cdc_sync 表的内容

2）转换的设计图

参考 2.2.2 节的操作，新建转换文件，并开始可视化编程。该转换所需的步骤及步骤之间的连接流程如图 3-139 所示。

图 3-139　步骤及步骤之间的连接流程

由于我们进行增量导入，因此需要从 cdc_opt_log 表中读取"处理标志"为"未处理"、"操作"为"D"的数据，然后将学号作为参数传递给下个步骤。最终，执行此转换时，我们将 student_cdc_sync 表中符合条件的数据删除，同时将 cdc_opt_log 表的"处理标志"更新为"已处理"。

3）步骤的配置

（1）"CDC 日志表输入"的配置。

参考 3.2.1 节的操作，配置"CDC 日志表输入"。其中，在"CDC 日志表输入"对话框的"SQL"列表框中，输入如下 SQL 语句。

```
SELECT
    学号,
    '已处理' as 处理标志
FROM cdc_opt_log
where 操作='D' and 处理标志='未处理'
```

"CDC 日志表输入"的配置如图 3-140 所示。

（2）"删除学生同步表"的配置。

在"删除"对话框的"数据库连接"下拉列表中选择本例使用的"sql_testlink"。"目标表"设置为"student_cdc_sync"。"查询值所需的关键字"中的"表字段"设置为"学号"，"比较符"设置为"="，"流里的字段 1"设置为"学号"，用来删除 student_cdc_sync 表中对应的记录。

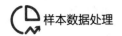

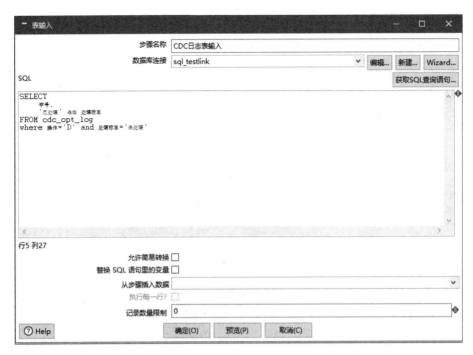

图 3-140　"CDC 日志表输入"的配置

"删除学生同步表"的配置如图 3-141 所示。

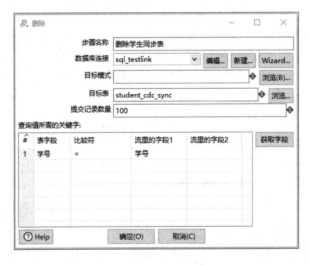

图 3-141　"删除学生同步表"的配置

（3）"更新 CDC 日志表"的配置。

在"插入/更新"对话框的"数据库连接"下拉列表中选择本案例使用的"sql_testlink"。"目标表"设置为"cdc_opt_log"。"用来查询的关键字"中的"表字段"设置为"学号"，"比较符"设置为"="，"流里的字段 1"设置为"学号"，用来查询 cdc_opt_log 表中的记录。"更新字段"中的"表字段"设置为"处理标志"，"流字段"设置为"处理标志"，"更新"设置为"Y"，表示将 cdc_opt_log 表中的处理标志更新为流数据里的处理标志。

"更新 CDC 日志表"的配置如图 3-142 所示。

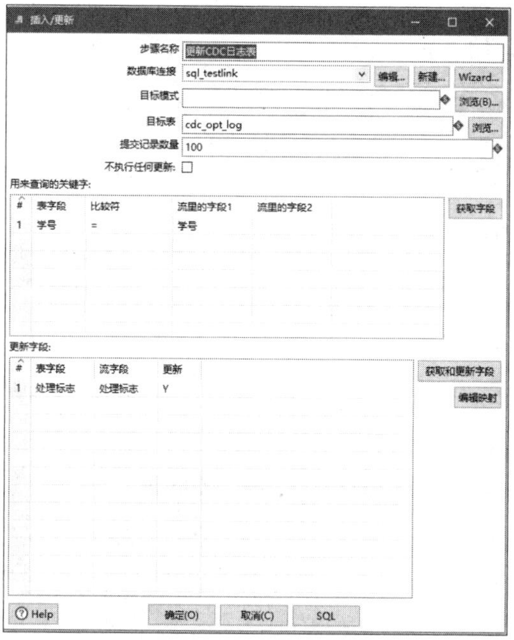

图 3-142 "更新 CDC 日志表"的配置

4）运行转换

单击 ▷ 按钮开始运行程序，系统打开"执行"对话框（见图 3-129），单击"启动"按钮运行此转换，将在 student_cdc_sync 表中输出数据，student_cdc_sync 表的内容如图 3-138 所示，cdc_opt_log 表的内容如图 3-137 所示。

3.4.5 基于快照的 CDC

如果源数据中没有时间戳，又不能使用触发器，就可以使用不同版本的快照表进行对比，来获得数据的增量变化。我们将源数据中的所有数据加载到数据仓库的缓冲区形成源数据的第一个快照版本，下一次需要同步时，再将源数据的所有数据加载到数据仓库的缓冲区形成源数据的第二个快照版本，然后比较这两个版本的数据，就可以找到增量变化。

Kettle 里的"合并记录"就可以用来比较两个表的差异。这个步骤读取两个使用关键字排序的输入流数据，并根据输入流里的关键字比较其他字段。

3.4.6 基于快照的 CDC 案例

1. 转换的输入/输出需求

第一步，将 student_cdc 表中的数据复制到 student_cdc_sanp1 表中，使 student_cdc_sanp1 表作为 student_cdc 表的第一个快照，同时将数据输出到 student_cdc_sync 表中。第二步，对 student_cdc 表中的数据进行插入、更新、删除操作。第三步，将 student_cdc 表中的数据复制到 student_cdc_sanp2 表中，使 student_cdc_sanp2 表作为 student_cdc 表的第二个快照。通过比

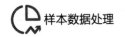

较 student_cdc_sanp1 表和 student_cdc_sanp2 表中的数据找出增量数据，并将增量更新到 student_cdc_sync 表中。

用到的插入 SQL 语句如下。

```
insert into student_cdc(姓名, 性别, 班级, 年龄, 成绩, 身高, 手机, 插入时间, 更新时间) values('李四','男','1701','17','82','170','18946554571',date_sub(curdate(),interval 1 day) , date_sub(curdate(),interval 1 day) );
```

用到的更新 SQL 语句如下。

```
update student_cdc set 成绩=82 where 学号=6
```

用到的删除 SQL 语句如下。

```
delete from student_cdc where 学号=1
```

student_cdc 表的内容如图 3-95 所示。

期望输出的 student_cdc_sync 表的内容如图 3-143 所示。

	123 学号	ABC 姓名	ABC 性别	ABC 班级	123 年龄	123 成绩	123 身高	ABC 手机	ABC 插入时间	ABC 更新时间	导入时间
1	2	李二	男	1701	17	80	175	18946554572	2018-08-09	2018-08-09	2018-08-10
2	3	谢逊	男	1702	18	95	169	18946554573	2018-08-09	2018-08-09	2018-08-10
3	4	赵玲	女	1702	19	86	180	18956257895	2018-08-09	2018-08-09	2018-08-10
4	5	张明	男	1704	20	85	185	18946554575	2018-08-10	2018-08-10	2018-08-10
5	6	张三	女	1704	18	82	169	18946554576	2018-08-09	2018-08-10	2018-08-10
6	7	李四	男	1701	17	82	170	18946554571	2018-08-09	2018-08-09	2018-08-10

图 3-143 期望输出的 student_cdc_sync 表的内容

2. 转换的设计图

参考 2.2.2 节的操作，新建转换文件，并开始可视化编程。该转换所需要的步骤及步骤之间的连接流程如图 3-144 所示。

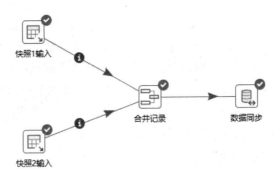

图 3-144 步骤及步骤之间的连接流程

我们需要对快照表 student_cdc_sanp1 和快照表 student_cdc_sanp2 进行对比，查找出相应的数据变化，并将变化的操作保存在字段"操作"中，其中，"new"代表新增，"deleted"代表删除，"identical"代表无变化，"changed"代表更新。在数据同步中需要根据"操作"字段对 student_cdc_sync 表中的数据进行相应的处理。

3．步骤的配置

1）"快照 1 输入"的配置

参考 3.2.1 节的操作，配置"快照 1 输入"。其中，在"快照 1 输入"对话框的"SQL"列表框中，输入 SQL 语句。

"快照 1 输入"的配置如图 3-145 所示。

图 3-145　"快照 1 输入"的配置

2）"快照 2 输入"的配置

参考 3.2.1 节的操作，配置"快照 2 输入"。其中，在"快照 2 输入"对话框的"SQL"列表框中，输入 SQL 语句。

"快照 2 输入"的配置如图 3-146 所示。

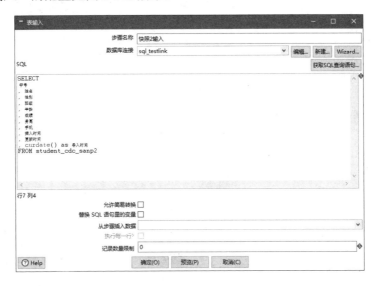

图 3-146　"快照 2 输入"的配置

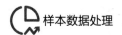

3)"合并记录"的配置

在"合并行（比较）"对话框中，"旧数据源"选择"快照 1 输入"，"新数据源"选择"快照 2 输入"，"标志字段"设置为"操作"，表示将对比后的结果存储在该字段。

"关键字段"选择"学号"，"数据字段"选择除导入时间外的全部字段。

"合并记录"的配置如图 3-147 所示。

图 3-147　"合并记录"的配置

4)"数据同步"的配置

在"Synchronize after merge"对话框的"一般"选项卡中，"数据库连接"选择本案例使用的"sql_testlink"。"目标表"设置为"student_cdc_sync"。"用来查询的关键字"中的"表字段"设置为"学号"，"比较符"设置为"="，"流里的字段 1"设置为"学号"，用来查询 student_cdc_sync 表中的记录。"更新字段"设置为全部字段。

在"高级"选项卡中，"操作字段名"选择"操作"，"当值相等时插入"设置为"new"，"当值相等时更新"设置为"changed"，"当值相等时删除"设置为"deleted"。该设置主要表示：若分析出的结果为"new"，则插入该条数据；若分析出的结果为"deleted"，则删除该条数据；若分析出的结果为"changed"，则更新该条数据。

"数据同步"的配置如图 3-148 所示。

图 3-148　"数据同步"的配置

4．运行转换

单击 ▷ 按钮开始运行程序，在打开的对话框（见图 3-129）中单击"启动"按钮运行此转换，系统将在 student_cdc_sync 表中输出数据，student_cdc_sync 表的内容如图 3-143 所示。

3.4.7 基于日志的 CDC

基于日志的方式是最高级的、最没有侵入性的 CDC 方法。数据库会把插入、更新、删除操作都记入日志中。例如，MySQL 数据库启用二进制日志后，系统可以实时地从数据库日志中读取到所有的数据库操作。但是，实际操作比较难，需要把二进制日志文件转换为可以理解的格式，然后将里面的操作按照顺序读取出来。

MySQL 提供了一个日志读取工具——MySQL binlog。这个工具可以把二进制的日志格式转换为可以理解的格式，然后就可以把这种格式保存到文本文件中。我们可以在 MySQL binlog 中设置开始/截止时间戳，这样就可以从日志中读取一段时间的日志。另外，日志中的每一项都有相应的序列号，也可以作为偏移的依据。MySQL 提供了以上两种方式，来防止 CDC 过程发生数据重复和丢失。

把 MySQL binlog 的输出写到文本文件后，我们就可以使用 Kettle 步骤来读取文件的内容。其他的数据库也有相应的方法。

使用基于日志的 CDC 也有其缺点，那就是只能用来处理一种特定的数据库。如果要在异构的数据库环境使用基于日志的 CDC，就需要使用类似 Oracle GoldenGate 的商业软件，而这些软件的价格都十分高昂。

3.4.8 基于日志的 CDC 案例

1．转换的输入/输出需求

第一步，将 student_cdc 表中的数据复制到 student_cdc_sync 表中。第二步，对 student_cdc 表中的数据进行插入、更新、删除操作。第三步，使用 binlog2sql 工具将 MySQL 的二进制日志文件提取为普通 SQL 文件，读取该 SQL 文件，对目标表也就是 student_cdc_sync 表进行相同的操作。

binlog2sql 是一款可以从 MySQL binlog 解析出普通 SQL 的开源软件，下载地址及使用说明可参考 GitHub 中的 binlog2sql 项目。使用需要注意的是，此工具需要在 Python2 环境下运行，需要读者提前安装好 Python2，再安装使用 binlog2sql。

用到的插入 SQL 语句如下。

```
insert into student_cdc(姓名, 性别, 班级, 年龄, 成绩, 身高, 手机, 插入时间, 更新时间) values('李四','男','1701','17','82','170','18946554571', date_sub
(curdate(),interval 1 day)  ,  date_sub(curdate(),interval 1 day) );
```

用到的更新 SQL 语句如下。

```
update student_cdc set 成绩=82 where 学号=6
```

用到的删除 SQL 语句如下。

```
delete from student_cdc where 学号=1
```

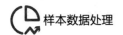

student_cdc 表的内容如图 3-95 所示。

期望输出的 student_cdc_sync 表的内容如图 3-149 所示。

	123 学号	ABC 姓名	ABC 性别	ABC 班级	123 年龄	123 成绩	123 身高	ABC 手机	ABC 插入时间	ABC 更新时间	⊙ 导入时间
1	2	李二	男	1701	17	80	175	18946554572	2018-08-09	2018-08-09	2018-08-10
2	3	谢逊	男	1702	18	95	169	18946554573	2018-08-09	2018-08-09	2018-08-10
3	4	赵玲	女	1702	19	86	180	18956257895	2018-08-09	2018-08-09	2018-08-10
4	5	张明	男	1704	20	85	185	18946554575	2018-08-10	2018-08-10	2018-08-10
5	6	张三	女	1704	18	82	169	18946554576	2018-08-10	2018-08-10	2018-08-10
6	7	李四	男	1701	17	82	170	18946554571	2018-08-09	2018-08-09	2018-08-10

图 3-149　期望输出的 student_cdc_sync 表的内容

2．转换的设计图

参考 2.2.2 节的操作，新建转换文件，并开始可视化编程。该转换所需的步骤及步骤之间的连接流程如图 3-150 所示。

我们需要读取 MySQL binlog 提取后的 SQL 文件，将 SQL 中的 student_cdc 表替换为 student_cdc_sync 表，并执行 SQL。

读入SQL文件　　字符串替换　　执行SQL脚本(字段流替换)

图 3-150　步骤及步骤之间的连接流程

3．步骤的配置

1）"读入 SQL 文件"的配置

在"文本文件输入"对话框中单击"浏览"按钮，选择 SQL 文件，选中后单击"添加"按钮。

在"内容"选项卡中，"文件类型"选择"CSV"，"分隔符"设置为";"，"编码方式"选择"GB2312"。

"读入 SQL 文件"的配置如图 3-151 所示。

图 3-151　"读入 SQL 文件"的配置

2）"字符串替换"的配置

在"字符串替换"对话框中，"输入流字段"设置为"Field1"，"搜索"设置为"student_cdc"，"使用...替换"设置为"student_cdc_sync"，"整个单词匹配"选择"是"，"大小写敏感"选择"是"。这样，该步骤就可以将 SQL 中的 student_cdc 表替换成 student_cdc_sync 表。

"字符串替换"的配置如图 3-152 所示。

图 3-152 "字符串替换"的配置

3）"执行 SQL 脚本（字段流替换）"的配置

在"Execute SQL statements"对话框的"数据库连接"下拉列表中选择本案例使用的"sql_testlink"，在"SQL field name"下拉列表中选择"Field1"。

"执行 SQL 脚本（字段流替换）"的配置如图 3-153 所示。

图 3-153 "执行 SQL 脚本（字段流替换）"的配置

4．运行转换

单击 ▷ 按钮开始运行程序，在打开的对话框（见图 3-129）中单击"启动"按钮运行此转换，系统将执行替换后的 SQL，student_cdc_sync 表的内容如图 3-149 所示。

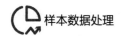

本章习题

（1）什么是 CDC（变化数据捕获）？

（2）在 ETL 工作中，我们常常面临着处理各种类型文件的场景，请列举几个经常处理的文件类型。

（3）简述基于源数据的 CDC 操作的优缺点。

（4）简述基于日志的 CDC 操作的优缺点。

（5）简述基于触发器的 CDC 操作的优缺点。

第4章

数据清洗

在数据开发项目中,我们所采集的数据一般是不完整、有噪声且不一致的。在将这些杂乱的数据应用到数据挖掘、可视化之前,必须经过数据清洗。数据清洗就是试图检测和去除数据集中的噪声数据与无关数据,处理遗漏数据,去除空白数据域和知识背景下的白噪声,解决数据的一致性、唯一性问题,从而达到提高数据质量的目的。数据清洗在整个数据分析过程中是不可或缺的一个环节,在实际操作中,它占据分析过程总时间的50%~80%。

本章首先讲解 Kettle 常用的数据清洗步骤,然后介绍 Kettle 如何做数据排重,以及如何使用脚本组件进行数据清洗。

本章主要内容如下。

(1)Kettle 常用的数据清洗步骤。

(2)重复数据的识别及去除。

(3)JavaScript 代码组件清理数据。

(4)正则表达式组件清理数据。

4.1 数据清洗概述

清理工作是数据分析中关键的一步,其结果直接关系到模型效果和最终结论。

说到数据清洗,就离不开谈论另一个更大的主题——数据质量。具有争议的是,一部分人认为数据质量问题应该在根源处解决,也就是如果数据在源系统里不能被清理掉,就应该在数据加载到数据仓库之前被清理掉,这样带来的问题就是源系统里的数据与数据仓库里的数据不一致。对此,Data Vault 模型的倡导者提出了不同的观点,他们认为数据仓库里的数据应该与源系统里的数据保持一致,当数据移到数据集市时,再按需要进行数据清洗。

无论数据清洗是在加载到数据仓库之前,还是从数据仓库中抽取数据,都不可能跳过数据清洗这个过程。作为 ETL 开发人员,数据清洗的工作还得继续进行下去,需要做的就是尽可能地将数据清洗的转换设计成可复用的,便于后期相似工程继续使用。

4.1.1 Kettle 常用的数据清洗步骤

Kettle 里没有单一的数据清洗步骤,很多数据清洗工作都需要结合多个步骤来组合完成。

数据清洗工作从抽取数据时就开始，在很多输入步骤中都可以设置特定的数据格式，按照特定的数据格式来读取数据。例如，在使用"Microsoft Excel Input"步骤时，我们可以设定一个读取日期字段的形式为"mm-dd-yyyy"，在读取字符串字段时，可以设定"Trim type"为"both"状态来清除字符串首尾的空白字符。

又如，在使用"表输入（Table input）"步骤中，用户可以自定义 SQL 语句来做一些清理工作，示例代码如下。

```
SELECT student_id,score
FROM student_info
ORDER BY score DESC
```

示例代码是从一张 student_info 表中抽取 student_id 和 score 两个字段，并按 score 字段降序排列得到的。但是，这里需要注意几点：首先，如果 SQL 语句太过复杂，就会导致以后的维护工作非常困难；其次，如果数据在进入 Kettle 时已经做过清理，那么 ETL 便不能提供数据审计的功能。因此，是需要原样读入数据，还是利用 SQL 在数据抽取时清理，需要用户在效率和可维护性之间进行平衡。

这里主要介绍 Kettle 在转换（Transform）目录下提供的数据清洗步骤。该目录下有很多步骤，并且步骤的数量会随着版本的更新越来越多。下面只简单地罗列几个关于数据清洗的步骤。

（1）计算器（Calculator）：这是一个功能丰富的步骤，它提供了很多预定义的函数来处理输入字段，并且随着版本的更新还在不断增加。7.1 版已有 90 多项功能，如大小写转换、返回/移除数字、ISO 8601 星期和年份数字等。如果有一些非常通用且常用的函数，还可以通过 Pentaho 社区提交，以供扩展功能时作为参考。另外，计算器是预定义函数，它的性能远高于使用 JavaScript 代码组件清理数据。

（2）字符串替换（Replace in string）：从字面上看很简单，只有了解到这个步骤可以支持正则表达式时，才会真正感受到它的强大之处。

（3）字符串操作（String operations）：该步骤提供了很多常规的字符操作，如大小写转换，字符填充、移除空白字符等。

（4）字符串剪切（Strings cut）：剪切字符串。

（5）拆分字段（Split Fields）、合并字段（Concat Fields）和拆分字段成多行（Split filed to rows）：这 3 个步骤通过使用分隔符来拆分、合并字段。

（6）值映射（Value Mapper）：该步骤使用一个标准的值来替换字段里的其他值，如用"Y"和"N"分别替换"YES"和"NO"。

（7）字段选择（Select values）：该步骤可以对字段进行选择、删除、重命名等操作，还可以更改字段的数据类型、长度和精度等元数据。

（8）去除重复记录（Unique rows）和去除重复记录（哈希值）（Unique rows(HashSet)）：这两个步骤主要通过指定字段来清除重复记录。但是，这两个步骤一般都需要结合其他步骤才能发挥作用，4.2 节将详细介绍。

此外，校验目录下的一些实现特定功能的校验步骤也可以用来做数据清洗工作，如数据校验（Data Validator）、电子邮箱校验（Mail Validator）等。

　　使用上面列出的步骤，基本可以完成大部分的数据清洗工作。但是，有些问题不是靠单纯的清理步骤就能解决的。例如，有时为了解决数据不一致性，我们需要访问外部的主数据或者参照数据，这就是 4.1.4 节介绍的使用参照表清理数据。

　　另外，当我们面对一些复杂的问题时，目前了解到的这些步骤可能无法解决问题。在 Kettle 的脚本（Scripting）目录下提供了很多脚本组件，可以编写代码来完成一些特定的需求，这就是 4.3 节介绍的使用脚本组件进行数据清洗。

4.1.2　字符串清理

　　关于字符串清理，下面简单介绍 3 个关于字符串的清理步骤："字符串剪切（Strings cut）"、"字符串替换（Replace in string）"和"字符串操作（String operations）"。

　　下面以一张区号和城市的对应表为例来讲解以上 3 个步骤。为此，我们新建一个转换（Transformations），命名为 string_op。

　　我们需要输入一些数据，这个例子使用"Data Grid（输入自定义常量数据）"步骤作为输入，设计一个表格，它记录了 3 个值：ID（索引值）、CODE（区号）、CITY（城市名称）。"Data Grid"的元数据如图 4-1 所示。另外输入一组示例数据，内容如图 4-2 所示。

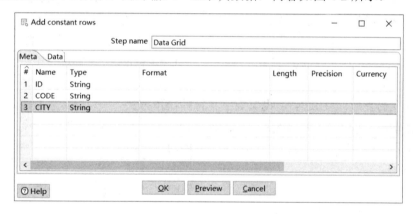

图 4-1　"Data Grid"的元数据

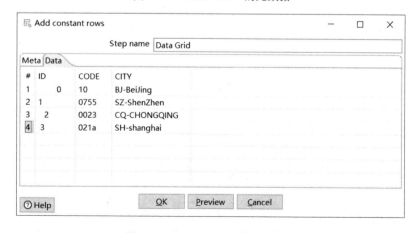

图 4-2　"Data Grid"的示例数据

从图 4-2 的数据可以看出，数据不是很规则，主要原因如下。

（1）ID 字段里有无效的空白字符。

（2）CODE 字段里有无效的字符，并且区号没有统一以数字"0"开始，如第一条记录的区号前面没有"0"，第三条记录的区号前面有两个"0"。

（3）CITY 字段里大小写不统一，并且我们可能并不需要前面的城市名缩写。

在对输入数据进行清理之前，我们先来了解"Strings cut"、"Replace in string"和"String operations"这 3 个步骤的功能。首先来看它们的一个相似的设置。这 3 个步骤都允许设置一个输出字段（Out stream field）来存储处理后的字符串，如果不设置输出字段，处理后的字符串将覆盖输入字段（In stream field）。接下来了解这 3 个步骤的具体功能。

（1）"Strings cut"步骤的功能相对单一，即对输入字段的字符串，根据设置的剪切位置（Cut from 和 Cut to）做剪切。

（2）"Replace in string"步骤的功能可以简单地理解为对字符串进行查找替换，但是由于它支持正则表达式，因此真正的功能远比字面的要强大。

（3）"String operations"步骤提供了很多常规的字符串操作功能。下面对一些常用功能做简单的介绍。

① 字符串首尾空白字符去除："Trim type"，对应有"left（首）""right（尾）""both（首尾）"3 个选项供选择，不需要去除时选"none"。

② 大小写："Lower/Upper"提供大小写转换功能，"InitCap"提供单词首字母大写设置。

③ 填充字符设置："Padding"设置左/右填充方式，"Pad char"设置填充字符，"Pad Length"设置填充长度。

④ 数字移除/提取："Digits"，设置数字字符的操作方式——移除或者提取。

⑤ 删除特殊字符："Remove Special character"，设定的特殊字符将在字符串中被删除。注意，与"Trim type"的区别是，"Trim type"只能对字符串首尾的空白字符做删除，不影响字符串内的内容。

了解了以上 3 个步骤的具体功能后，我们希望能通过如下 3 个阶段来完成该示例数据的清理工作。

首先，通过"String operations"步骤来初步清理数据，利用该步骤的"Trim type"功能，将 ID 字段前后的无效空白字符清除掉；利用"Digits"功能，将 CODE 字段的非数字字符清除掉；利用"Lower/Upper"功能，将 CITY 字段的大小写统一成大写状态。

其次，由于"Replace in string"步骤支持正则表达式，我们可以将 CODE 字段的开始部分统一替换成"0"。

最后，我们希望将 CITY 字段中城市名前面的缩写去掉，这里同样可以使用"Replace in string"步骤来完成。在这里，为了介绍"Strings cut"步骤，我们添加"Strings cut"步骤来做清理。

经过上面的 3 个阶段基本可以完成该示例的数据清洗工作，现在来具体实现这 3 个清理过程。

（1）对"String operations"步骤做如下设置：对 ID 字段，将"Trim type"设置为"both"状态，以去除首尾的空白字符；对 CITY 字段，将"Lower/Upper"设置为"upper"状态，将

其全部转换成大写状态；对 CODE 字段，将"Digits"设置为"only"状态，以过滤掉无效的字母。"String operations"的具体设置如图 4-3 所示。

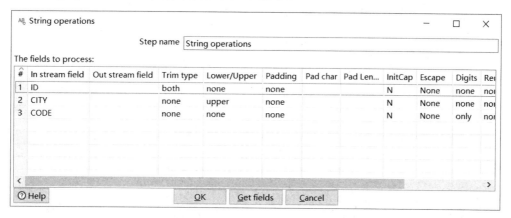

图 4-3　"String operations"的具体设置

清理步骤设置完毕。为了展示结果，我们使用一个"Microsoft Excel Output"步骤输出清理后的结果。"Microsoft Excel Output"步骤的设置方法前面已经讲过，这里不再赘述。这时整个转换流程如图 4-4 所示。

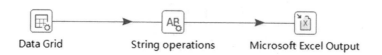

图 4-4　string_op 转换的流程 1

执行 string_op 转换，打开输出文件，可以看到如图 4-5 所示的结果。

	A	B	C
1	ID	CODE	CITY
2	0	10	BJ-BEIJING
3	1	0755	SZ-SHENZHEN
4	2	0023	CQ-CHONGQING
5	3	021	SH-SHANGHAI
6			

图 4-5　string_op 转换的结果 1

现在就完成了第一阶段的清理任务，下面继续完善清理工作。CODE 字段的非数字字符已经被清理掉，但仍有一个问题，即区号前面没有统一用一个数字"0"开始。这时，我们可以用"Replace in string"步骤来解决这个问题。

（2）对"Replace in string"步骤做如下设置：将"use RegEx"设置为"Y"状态，表示将使用正则表达式进行查找替换；将"Search"设置为如下正则表达式：

```
^([0]*)
```

该表达式表示一个字符串的开始部分，该部分由任意个数字"0"组成。

将"Replace with"设置为"0"。关于正则表达式，请读者参阅相关书籍，这里不做介绍。"Replace in string"的具体设置如图 4-6 所示。

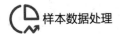

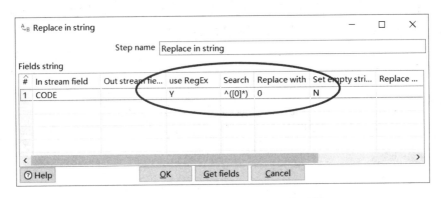

图 4-6　"Replace in string"的具体设置

这时将这个步骤添加到"String operations"步骤和"Microsoft Excel Output"步骤之间，string_op 转换的流程变成如图 4-7 所示的流程，执行转换并打开输出文件，可以看到如图 4-8 所示的结果。

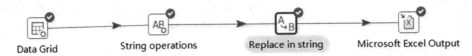

图 4-7　string_op 转换的流程 2

ID	CODE	CITY
0	010	BJ-BEIJING
1	0755	SZ-SHENZHEN
2	023	CQ-CHONGQING
3	021	SH-SHANGHAI

图 4-8　string_op 转换的结果 2

（3）下面完成该示例清理的最后一个过程——删除城市名前面的缩写。前面说过，这部分清理工作完全可以放在前一过程的"Replace in string"步骤来完成，为了介绍"Strings cut"步骤，这里添加"Strings cut"步骤来做清理。这里假设我们的城市名缩写都是两个字母，并且用符号"-"与城市名相连，城市名长度不超过100。将"Cut from"设置为"3"，表示从字符串的第 3 个字符开始剪切（以 0 开始计数）；将"Cut to"设置为"100"，表示最多剪切至第 99 个字符。"Strings cut"的具体设置如图 4-9 所示。

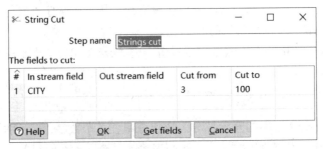

图 4-9　"Strings cut"的具体设置

组合几个步骤后，string_op 转换的最终流程如图 4-10 所示。

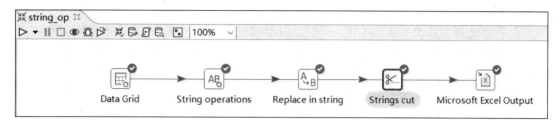

图 4-10　string_op 转换的最终流程

执行上面的转换，系统将得出最终结果，如图 4-11 所示。

	A	B	C	D
1	ID	CODE	CITY	
2	0	010	BEIJING	
3	1	0755	SHENZHEN	
4	2	023	CHONGQING	
5	3	021	SHANGHAI	
6				
7				

图 4-11　string_op 转换的最终结果

由上面的示例可知，"String operations"步骤拥有多项功能，"Replace in string"步骤的正则表达式简洁而强大。当然，本示例中用到的正则表达式是非常简单的。读者一定要多加尝试，因为很多问题的解决方案都不是唯一的。读者可以尝试用其他步骤来完成示例中"Strings cut"步骤的清理工作，如使用功能强大的"计算器（Calculator）"步骤，4.1.4 节将提及该步骤。

4.1.3　字段清理

关于字段清理，这里简单介绍 4 个常用步骤："拆分字段成多行（Split filed to rows）"、"拆分字段（Split Fields）"、"合并字段（Concat Fields）"和"字段选择（Select values）"。

（1）"Split filed to rows"的说明如下。

① 将一行记录拆分成多行记录，新记录里有一个新字段，由拆分后的子字符串填充。

② 拆分方式可根据分隔符进行拆分，其中分隔符支持正则表达式。

③ 被拆分的源字段仍保留在新的记录里。

（2）"Split Fields"的说明如下。

① 将指定的输入字段根据分隔符拆分成多个字段。

② 被拆分的字段将不复存在。

③ 分隔符不支持正则表达式。

（3）"Concat Fields"的说明如下。

① 将多个字段用分隔符连接起来输出到一个新的字段中。

② 被合并的字段在新的记录行里被原样保留。

（4）"Select values"的说明如下。

① 可以对输入流的字段做选择、删除、重命名等操作，还可以更改字段的数据类型和精

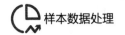

度等，这些功能被组织成 3 类："选择和修改（Select & Alter）""移除（Remove）""元数据（Meta-data）"。

② 在"选择和修改"选项卡中，可以选择要输出的字段，修改字段名和数据类型等。

③ 在"移除"选项卡中，选择的字段将在输出中被删除。注意，因为删除字段后字段的顺序在内部发生了变化，所以会减慢运行的速度。

④ 在"元数据"选项卡中，可以重命名输入字段，也可以将其转换为不同的数据类型，还可以更改其长度和精度等。

下面通过示例来讲解这 4 个步骤，其中"Split Fields"和"Concat Fields"将在同一个转换示例中进行讲解。

1. "Split filed to rows" 步骤

新建一个转换，命名为 field_op，同样使用"Data Grid"步骤作为输入，设计一个表格，记录编号、省份、城市，如图 4-12 所示。

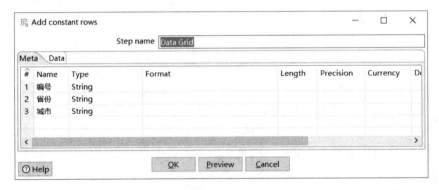

图 4-12　"Data Grid"的元数据

表格设计完成后，输入一组示例数据，如图 4-13 所示。

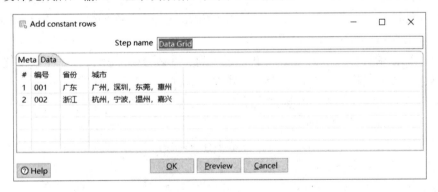

图 4-13　"Data Grid"的示例数据

其中，"城市"字段包含多个城市名，现在希望按每个城市拆分成多行，这里会用到"Split filed to rows"步骤。在这个步骤里，将要拆分的字段"Field to split"设置为"城市"，将新字段"New field name"设置为"城市 New"。这里将分隔符设置为逗号，但是要注意，逗号有中文逗号和英文逗号之分，设置时要与示例中的逗号保持一致，否则无法拆分。

如果上面的逗号既有英文的又有中文的，或者情况更复杂，如既有分号又有顿号，这时怎么办呢？好在这个步骤里的分隔符是支持正则表达式的。

假设分隔符同时有中英文分号、中英文逗号、顿号，这时可以将分隔符设成如下正则表达式：

```
[,，；;、]
```

设置分隔符为正则表达式时，需要勾选"Delimiter is a Regular Expression"（可表示分隔符是一个正则表达式）复选框。这里我们就用这个正则表达式来作为分隔符。"Split field to rows"的具体设置如图 4-14 所示。

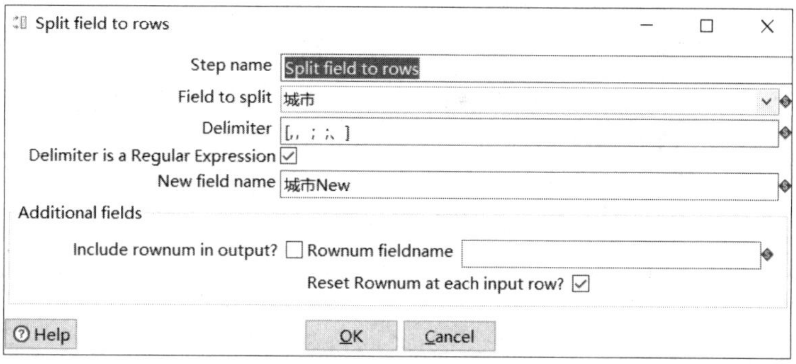

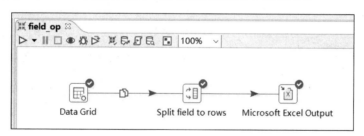

图 4-14　"Split field to rows"的具体设置

同样选择输出一个 Excel 文件，整个转换的流程如图 4-15 所示。

图 4-15　field_op 转换的流程

这时查看结果，可以发现数据增加了一个字段"城市 New"，具体结果如图 4-16 所示。

编号	省份	城市	城市New
001	广东	广州，深圳，东莞，惠州	广州
001	广东	广州，深圳，东莞，惠州	深圳
001	广东	广州，深圳，东莞，惠州	东莞
001	广东	广州，深圳，东莞，惠州	惠州
002	浙江	杭州，宁波，温州，嘉兴	杭州
002	浙江	杭州，宁波，温州，嘉兴	宁波
002	浙江	杭州，宁波，温州，嘉兴	温州
002	浙江	杭州，宁波，温州，嘉兴	嘉兴

图 4-16　"Split field to rows"的输出结果

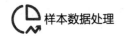
2."Split Fields"步骤和"Concat Fields"步骤

先来看一下"Split Fields"步骤，该步骤将一个字段拆分成多个字段，数据的行数不会发生变化。

新建一个转换 field_op_1，为了方便，可以直接复制转换 field_op 里的"Data Grid"步骤到转换 field_op_1 内作为输入步骤。新建一个"Split Fields"步骤，并创建一个"Data Grid"步骤到该步骤的跳（Hop）。

现在开始设置"Split Fields"步骤，同样选择要拆分的字段为"城市"；设置分隔符为逗号；设置 4 个拆分后的新字段名为"城市 1""城市 2""城市 3""城市 4"。注意，这个步骤的分隔符不支持正则表达式，具体设置如图 4-17 所示。

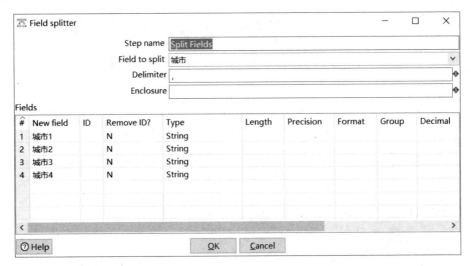

图 4-17　"Split Fields"的具体设置

对该步骤的结果同样用 Excel 输出。field_op_1 转换的流程如图 4-18 所示。

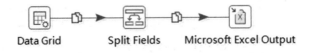

图 4-18　field_op_1 转换的流程

执行转换，"Split Fields"的输出结果如图 4-19 所示。

	A	B	C	D	E	F
1	编号	省份	城市1	城市2	城市3	城市4
2	001	广东	广州	深圳	东莞	惠州
3	002	浙江	杭州	宁波	温州	嘉兴
4						

图 4-19　"Split Fields"的输出结果

前面介绍了"Concat Fields"步骤的功能，该步骤可视为"Split Fields"步骤的逆操作。这里可以直接使用"Split Fields"步骤的结果作为"Concat Fields"步骤的输入，只需要对"Split

Fields"步骤新建一个跳到"Concat Fields"步骤，数据分发方式选择复制（Copy）即可。

对"Concat Fields"步骤做如下设置：设置合并后的字段名为"城市"；长度设为"100"；分隔符设为"；"；指定需要合并的字段为"城市1""城市2""城市3""城市4"，具体设置如图 4-20 所示。

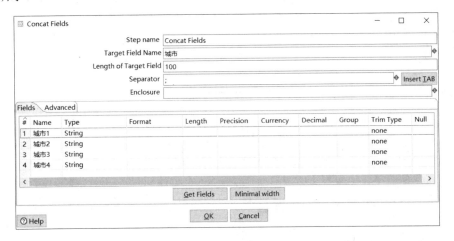

图 4-20　"Concat Fields"的具体设置

同样选择 Excel 作为输出步骤，field_op_1 转换的流程如图 4-21 所示。

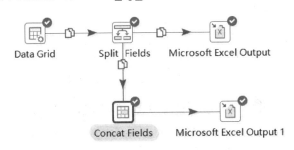

图 4-21　field_op_1 转换的流程

执行转换，"Concat Fields"的具体结果如图 4-22 所示。

	A	B	C	D	E	F	G
1	编号	省份	城市1	城市2	城市3	城市4	城市
2	001	广东	广州	深圳	东莞	惠州	广州;深圳;东莞;惠州
3	002	浙江	杭州	宁波	温州	嘉兴	杭州;宁波;温州;嘉兴

图 4-22　"Concat Fields"的具体结果

3．"Select values"步骤

该步骤可以对输入流的字段做选择、删除、重命名等操作，还可以更改字段的数据类型和精度等。下面通过一个例子来简单介绍该步骤的用法。

新建一个转换 field_op_2，添加一个"Data Grid"步骤作为输入，元数据设置成如图 4-23 所示的结构。

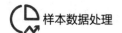

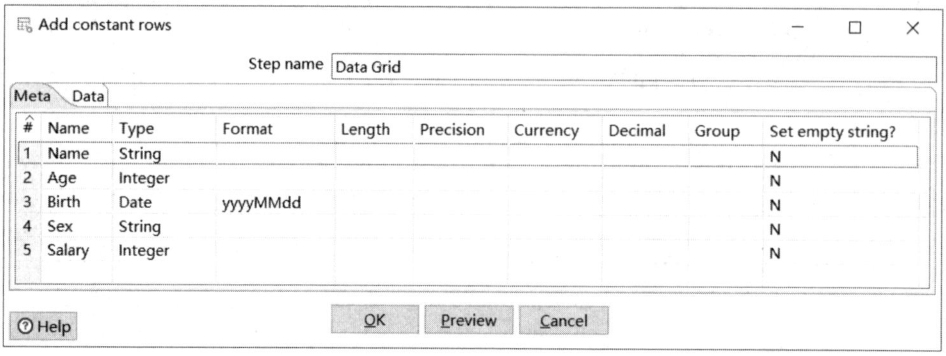

图 4-23　"Data Grid"的元数据

对"Data Grid"步骤输入一组示例数据，如图 4-24 所示。

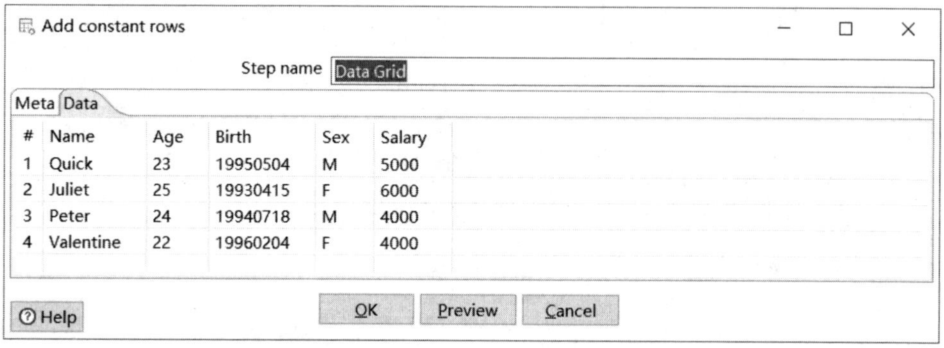

图 4-24　"Data Grid"的示例数据

现在要求对这组数据做如下处理：删除"Age"字段，将"Birth"字段的日期格式改成"1995-05-04"的形式，将"Sex"字段名改成"Gender"，将"Salary"字段的数据类型改成浮点型数据并保留两位小数，将修改后的"Gender"字段移到"Name"字段后面。

该步骤将所有的功能组织在了 3 个选项卡中，我们将采取如下的流程完成该示例数据的清理：第一步，在"Remove"选项卡中添加"Age"字段，将"Age"字段删除掉；第二步，在"Meta-data"选项卡中修改"Birth"字段的日期格式形式，以及对"Salary"字段的数据类型做更改；第三步，在"Select & Alter"选项卡中将"Sex"字段重命名为"Gender"，并调整"Gender"字段到"Name"字段后面。下面具体介绍整个清理过程。

第一步，添加一个"Select/Rename values"步骤，修改步骤名为"Select values-remove"，打开"Remove"选项卡，该选项卡中添加的字段将在该步骤的输出流中被删除掉。我们可以在该页面上添加"Age"字段将其删除，具体设置如图 4-25 所示。

这时可以预览一下步骤"Select values-remove"的输出结果，预览方法是在该步骤上单击鼠标右键，在弹出的快捷菜单中选择"Preview"命令，在打开的转换调试框中，单击"Quick launch"按钮，这里会看到如图 4-26 所示的结果。

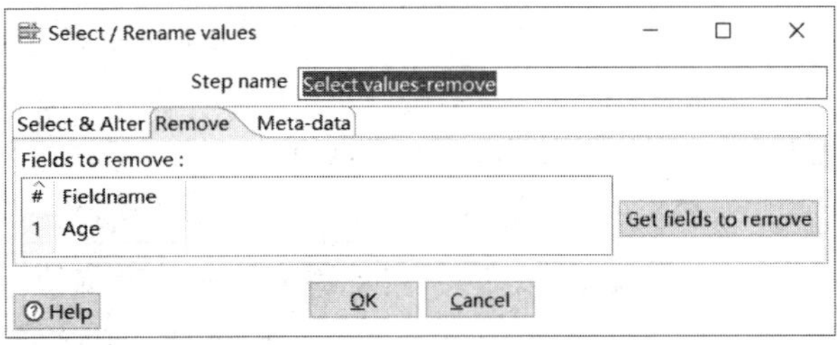

图 4-25　"Remove"选项卡的设置

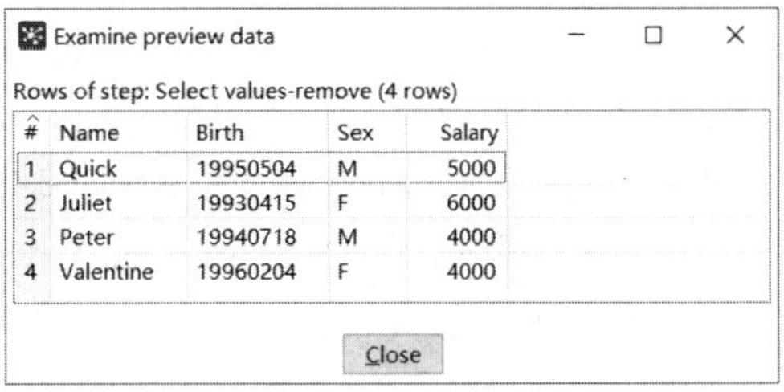

图 4-26　"Select values-remove"预览结果

　　需要注意的是，"Remove"选项卡的设置能顺利执行的前提是"Select & Alter"选项卡未做任何设置，或者"Remove"选项卡中的字段在"Select & Alter"选项卡中有选择并且没有重命名。本例在设置"Remove"选项卡时，未对"Select & Alter"选项卡做任何设置。

　　另外，这一步也可以用另外一种做法：只需要在"Select & Alter"选项卡中选中除"Age"字段之外的其他字段，读者可以自己去尝试一下，这里不做演示。

　　第二步，添加一个"Select/Rename values"步骤，修改步骤名为"Select values-meta"，打开"Meta-data"选项卡，对"Birth"字段，因为只改变数据形式，所以其 Type（数据类型）仍选择"Date"，只需要将 Format（格式）设置为"yyyy-MM-dd"即可；对"Salary"字段，将其数据类型更改为"Number"，并将其格式设置为"0.00"以保留两位小数，具体设置如图 4-27 所示。

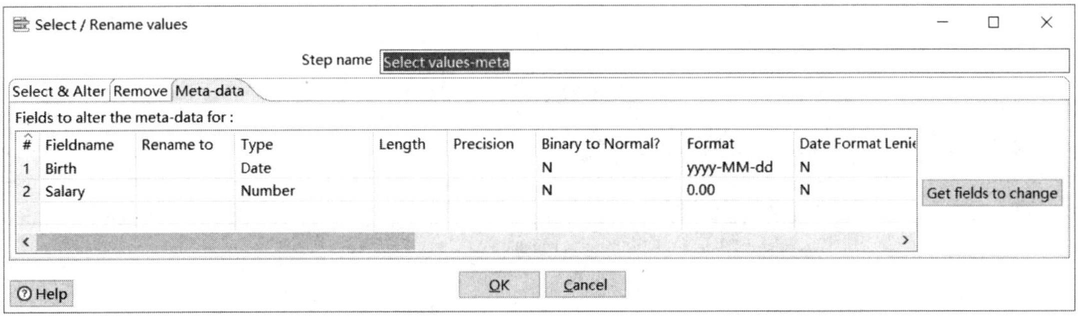

图 4-27　"Meta-data"选项卡的设置

　　预览该步骤，可以查看到如图 4-28 所示的结果。

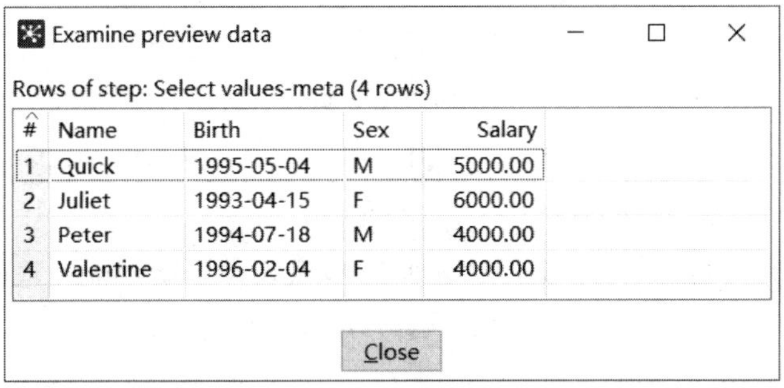

图 4-28　"Select values-meta"预览结果

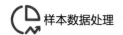

同样需要注意的是，"Meta-data"选项卡的设置能顺利执行的前提有两点："Select & Alter"选项卡未做任何设置，或者"Meta-data"选项卡中的字段在"Select & Alter"选项卡中有选择并且没有重命名；"Meta-data"选项卡中的字段不能在"Remove"选项卡中出现。

第三步，添加一个"Select/Rename values"步骤，修改步骤名为"Select values-alter"，在"Select & Alter"选项卡中，单击"Get fields to select"按钮，这时将自动添加输入该步骤的所有字段。只需要将"Sex"字段对应的"Rename to"选项设置成"Gender"，并选中该条设置，按 Ctrl+↑/↓组合键，将该字段的顺序移动至"Name"字段后就可以了，具体设置如图 4-29所示。

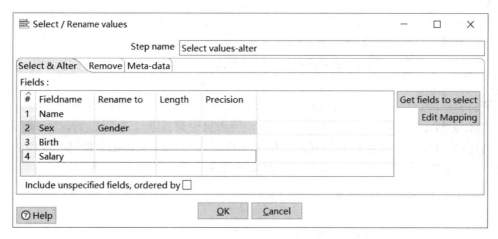

图 4-29　"Select & Alter"选项卡的设置

预览该步骤，可以查看到如图 4-30 所示的最终清理结果。

图 4-30　"Select values-alter"预览结果

本例分 3 步进行"Select values"步骤的操作，其实这些工作在一个步骤中就可以解决，读者自己可以尝试在一个步骤中完成上面的清理工作。

上面讲了字段清理的 4 个步骤，对其他的步骤如"Row Normaliser（行转列）""Row denormaliser（列转行）"等，读者可以结合官方示例进行学习。

4.1.4　使用参照表清理数据

在某些场合，我们无法直接从当前表中识别出数据的错误。例如，客户信息表包含客户的邮编、城市及其他信息，但录入时可能出现城市与邮编不一致的情况，这时就需要访问外部的一些参照数据来检查和修正这些错误。外部的参照数据里的信息是完整的、标准的，也称这些参照数据为主数据。外部的这些主数据从何而来？主数据一般都有相应的公司对其进行销售和维护，当然也有极少的主数据是可以免费下载的。

本节主要介绍参照表以下两个方面的用途：一是使用参照表校验数据的准确性；二是使用参照表使数据一致。

1. 使用参照表校验数据的准确性

参照表的用途很多，其中最常见的用法就是用参照表来做查询和校验。

现有一张客户信息表（见表 4-1），由于各种原因，这张客户信息表的邮编与城市存在错误信息，下面来设计一个转换，希望能有一个信息反映出邮编与城市的准确程度。

表 4-1 客户信息表

Name	Gender	Code	City
Quick	M	10000	BEIJING
Juliet	F	10001	CHONQING
Peter	M	10002	SHANTOU
Valentine	F	11004	TIANJIN

我们无法从这张表中直接计算出邮编与城市的准确程度，必须借助外部的一张参照表，希望通过 Code（邮编）查询这张参照表，返回对应的 City（城市）名，然后通过一个可以计算相似度的步骤，计算出原城市名和查询出来的城市名的相似度，这个相似度的值基本可以反映邮编与城市的准确程度。

有了上面的思路，现在来梳理一下转换的整体流程：第一步，设计两个输入，一个是客户信息表，也就是源数据表，另一个是参照数据，用于查询；第二步，添加一个查询步骤，它会根据邮编查找参照表里的城市名；第三步，对查询出来的城市名与原城市名做一个对比，计算相似度；第四步，这也是本例的最后一步，将最终的数据输出到一个表格，便于查看。转换中涉及一些新的步骤，如查询步骤、比较相似度的步骤，这些步骤将在具体实现中进行讲解。

需要注意的是，在实际情况中，我们可能还需要在查询之前做一些数据清洗的工作。例如，这张表的"Code"字段包含字母，"City"字段的大小写不统一，"City"字段前后有无效的空白字符等情况，这时可以自己结合前面学习的清理步骤，对数据做一些前期的清理工作。

现在，我们新建一个转换 ref_op，根据上面的整体流程来实现该转换。

第一步，输入。仍然使用"Data Grid"步骤进行数据输入，这里只输入几行数据做演示，读者可以采用其他的输入步骤来练习。新建一个客户信息表的步骤，命名为"Data Grid"，输入表 4-1 中的示例数据。新建一个参照数据的步骤，命名为"Data Grid Ref"。为了区分邮编字段与源数据里的邮编字段，这里特意将邮编字段设计成"CodeRef"，然后输入示例数据，如图 4-31 所示。

第二步，查询。这里要添加一个新的步骤——"Stream lookup（流查询）"。该步骤允许用户通过转换其他步骤中的信息来查询数据，主要有 3 个方面需要设置。

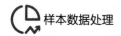
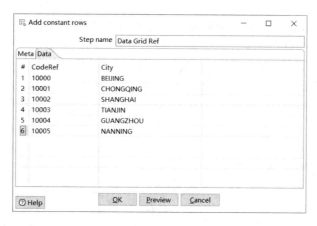

图 4-31　"Data"选项卡的设置

（1）查询步骤（Lookup step），即哪个步骤作为参照表进行查询，当设置成功后，查询步骤到该步骤的跳上会出现"i"字样。

（2）哪几个字段作为查询的 Key（The key(s) to look up the value(s)），"Field"设置源数据里的字段，"LookupField"设置参照表对应的字段。

（3）返回哪些字段（Specify the fields to retrieve）。这里设置参照表时，设置的是希望参照表返回的字段名（Field），还可以为返回的字段重新命名（New name），以及没查询到 Key 时返回的默认值（Default）。

本例中，我们需要将"Lookup step"设置成"Data Grid Ref"；将源数据里查询的 Key 字段设为"Code"，将参照数据里查询的 Key 字段设为"CodeRef"；将参照表返回的字段设为"City"，并将其重命名为"CityRef"作为返回字段名，返回字段的类型设为"String"，返回的默认值设为"******"。

需要注意的是，这里将返回的默认值设为"******"有两个目的：一方面，系统检查数据时很容易找到这些异常数据；另一方面，计算相似度时，该默认值不会与源数据有相似性。该步骤的具体设置如图 4-32 所示。

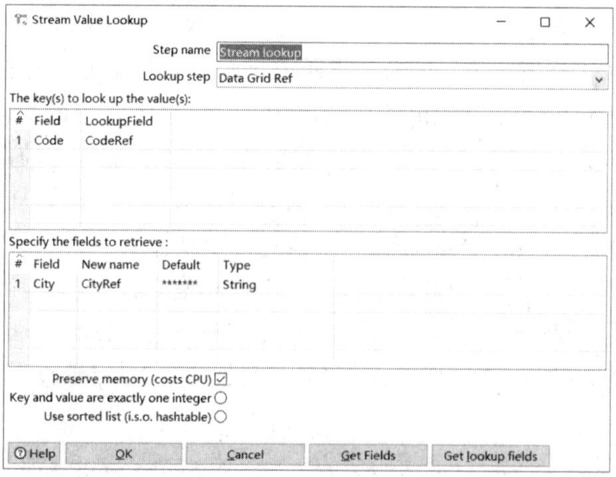

图 4-32　"Stream lookup"的具体设置

第三步，计算相似度。前面提到了"Calculator"是一个功能丰富的步骤，这里就用"Calculator"步骤来计算相似度。用法很简单，在"New field"字段添加一个记录相似度的字段"Score"，在"Calculation"字段里选择一种计算方式，这里选择"Jaro similitude between String A and String B"，然后在"Field A"和"Field B"字段里选择要比较的两个字段——"City"和"CityRef"，该步骤的具体设置如图 4-33 所示。

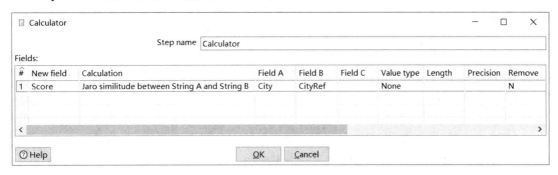

图 4-33　"Calculator"的具体设置

第四步，输出。为了方便演示，我们依旧将它输出到 Excel 中。具体的输出配置这里不再赘述。

到这里，整个转换已经设计完成，转换的流程如图 4-34 所示。执行转换后，打开输出的 Excel，可以看到如图 4-35 所示的结果。

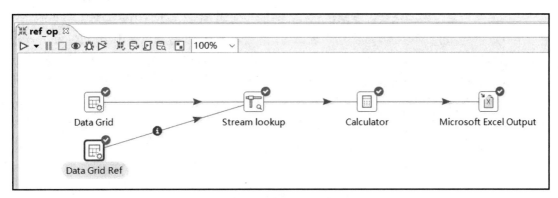

图 4-34　ref_op 转换的流程

Name	Gender	Code	City	CITY_Ref	Score
Quick	M	10000	BEIJING	BEIJING	1.00
Juliet	F	10001	CHONQING	CHONGQING	0.88
Peter	M	10002	SHANTOU	SHANGHAI	0.69
Valentine	F	11004	TIANJIN	*******	0.00

图 4-35　ref_op 转换的输出结果

示例中的第三步使用了"Calculator"步骤的 Jaro 算法来计算两个字符串的相似度。在 Kettle 里有两个步骤可以计算相似度，一个是"Calculator"，另一个是"Fuzzy match（模糊匹配）"。这两个步骤有很多算法几乎一致，但二者的工作方式不同："Calculator"步骤比较一行里的两个字段，而"Fuzzy match"步骤使用查询的方式，这一点从它所在的查询目录就可以看出，它从字典表中查询出相似度在一定范围内的记录。这里简单介绍一下这些算法。

（1）Levenshtein 和 Damerau-Levenshtein：根据编辑一个字符串到另一个字符串所需要的步骤数，来计算两个字符串之间的距离。两种算法的区别在于前一种算法的编辑步骤只包含插入、删除、更新字符，后一种算法的编辑步骤还包括调换字符位置的步骤。例如，"ACCEF"到"ABCEF"的距离为1（更新字符 C 为 B），而"ABCDE"到"*******"的距离为7（更新5个*，插入2个*）。

（2）Jaro 和 Jaro-Winkler：用于计算两个字符串的相似度，其为0～1的小数。值越大相似度越高，完全相同的两个字符串为1，无任何相似度时值为0。后一种算法是前一种算法的扩展，它给予起始部分就相同的字符串更高的分数。具体算法的内容请读者查阅相关书籍。

（3）Needleman-Wunsch：该算法以差异扣分的方式来计算距离，它主要应用于生物信息学领域。例如，"ACCEF"到"ABCEF"的距离为-1。

上面5种算法在这两个步骤里都有，此外，"Fuzzy match"步骤里还有其他几种算法：Pair letters Similarity（将两个字符串分割成多个字符对，然后比较这些字符对）、Metaphone、Double Metaphone、Soundex 和 RefinedSoundEx。后面4种算法都利用单词的发音来做匹配，也被称为语音算法。语音算法的缺陷是它以英语为基础，对其他语种不支持。

2．使用参照表使数据一致

不同的系统对性别的记录可能都不一样，有的系统用 M 表示男，用 F 表示女；有的系统用数字 0 表示男，用 1 表示女，或者用 1 表示男，用 2 表示女；而有的系统则用 Male 和 Female 分别表示男和女。对未知性别的表示也不尽相同，用 Unknown、0、NULL、U 等都可以表示。

当我们要将不同来源的数据整合到一起时，需要一张主表将不同的编码映射到规范的编码上。这就要求源系统中的每个可能值都要映射到唯一的一组值。以上面的性别为例，我们需要设计表 4-2，其中"REF_CODE"是我们需要的标准值（这里以用"F"表示女，用"M"表示男，用"U"表示未知性别），用"SRC_SYS"表示数据来源于哪个系统，用"SRC_CODE"包含源系统里的可能值。

表 4-2　性别参照表

ID	REF_CODE	SRC_SYS	SRC_CODE
0	F	SystemA	2
1	M	SystemA	1
2	U	SystemA	0
3	F	SystemB	female
4	M	SystemB	male
5	U	SystemB	unknown

由于源系统的数据可能没有"系统来源"参数，一种做法是使用"增加常量"步骤，在源数据记录里增加一个"系统来源"字段。为一个过滤条件来增加一个字段的做法显然不是很

好的，另一种更好的做法就是用参数来过滤参照表的数据。

现在假设有一源数据为 SystemB 系统的数据，我们想将该数据中的性别字段用统一的 F、M、U 来表示。

先来梳理一下本例的流程：第一步，设计两个输入，一个是姓名性别表，也就是源数据表，另一个是参照数据，用于查询；第二步，根据源数据来自哪个系统，过滤参照表的数据；第三步，添加一个查询步骤，它会根据源数据里的性别，查找经过第二步过滤后的参照数据；第四步，将最终的数据输出到一个 Excel 表格，便于查看。

接下来，根据上面的流程设计 ref_op_1 转换。

第一步，输入。仍然用"Data Grid"步骤作为输入，将源数据的步骤命名为"Data Grid"，将参照数据的步骤命名为"Data Grid Ref"。在"Data"选项卡中输入测试数据，如图 4-36 所示。根据表 4-2 输入参照数据。

图 4-36 输入测试数据

第二步，设置参照数据。对参照表的输入使用"Filter rows"步骤进行过滤，只需要将条件设置成"SRC_SYS = SystemB"即可，如图 4-37 所示。

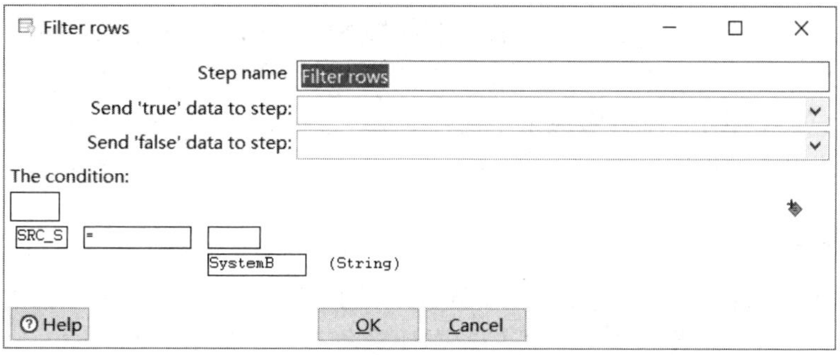

图 4-37 "Filter rows"的设置

第三步，查询主表。从"Data Grid"和"Filter rows"两个步骤分别创建一个跳到"Stream lookup"步骤，"Filter rows"创建的跳选择 Result is TRUE（结果为真）的方式。设置查询步骤为"Filter rows"；将源数据里的"Field"字段设为"GENDER"，将参照表的"LookupField"字段设为"SRC_CODE"；将返回数据里的"Field"字段设为"REF_CODE"，将"New name"字段设为"GenderRef"，将"Default"字段设为"U"，将"Type"字段设为"String"。具体设置如图 4-38 所示。

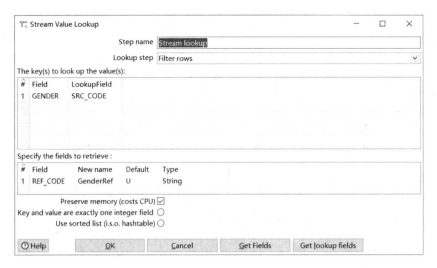

图 4-38　查询主表

第四步，输出。使用 Excel 输出，最终流程如图 4-39 所示。

执行转换，打开输出文件，可查看到如图 4-40 所示的结果。

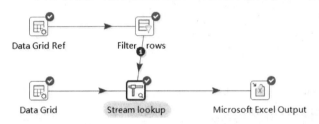

图 4-39　ref_op_1 转换的最终流程　　　　　　图 4-40　ref_op_1 转换的输出结果

这里有一点需要注意，那就是在主表中不要将 NULL 加到"SRC_CODE"字段，一个原因是很多的源系统中的 NULL 并不是一个真正的值，另一个原因是 NULL=NULL 这样的条件是不会通过的。如果 NULL 刚好对应未知性别 U 怎么办？其实只需要在使用"Stream lookup"步骤时设置一个默认的返回值 U。

4.1.5　数据校验

4.1.4 节讲了参照表的例子，数据必须是参照表里定义好的格式，所以基于参照表的数据校验会相对简单一些。但是很多的数据校验是比较复杂的，如电子邮箱的地址格式、输入数据必须大写或者小写、成绩分数不能大于 100 等，类似这样的例子还有很多。我们的任务就是依据预定义的业务规则，找出不符合规则的数据。

在 Kettle 7.1 中，校验目录下有以下 4 个步骤。

（1）数据校验（Data Validator）。

（2）信用卡校验（Credit Card Validator）。

（3）电子邮箱校验（Mail Validator）。

（4）XML 文件校验（XML Validator）。

后 3 个步骤都是功能相对"单一"的步骤。所谓单一，并不是指功能简单，而是指针对性很强。例如，"Mail Validator"步骤不仅可以用来验证字符串是否满足电子邮箱的规则，还可以检查邮箱的真实有效性。

相对于后 3 个步骤，"Data Validator"步骤的功能显得更全面，配置也相对丰富很多。该步骤可以被认为是一个高度可配置化的过滤器，当初次编辑这个步骤时，它为空。可以单击"New validation（新建校验）"按钮来创建一个校验条件，创建以后里面有很多选项，但并不是所有选项都需要配置。在这个步骤里，我们可以根据实际需要创建多条校验条件，并且条数不受限制。当创建的校验条件不再需要时，可以选中不需要的校验条件，单击"Remove validation（删除校验）"按钮进行删除。该步骤主要有以下几个特点。

（1）可以给一列设置多个约束：有的列可能需要多个约束，该步骤不会限制在同一列上设置几个约束。

（2）错误合并：将一行数据里的所有错误通过分隔符连接，合并成一个字符串，保存到错误描述字段中。

（3）校验数据类型：当输入的是日期类型的数据或者字符串格式的数值时非常有用，可以设置掩码，找到非法数据。

（4）约束条件参数化：几乎所有的约束条件都可以参数化。

（5）正则表达式：支持功能强大且灵活的正则匹配。

"Data Validator"步骤的配置选项很多，下面用一个示例来讲解该步骤。现有一组数据集，如图 4-41 所示，它未满足如下规则。

（1）所有字段值不能为 NULL。

（2）QQ 由 5～12 个数字组成。

（3）薪资为 4000～10000 元。

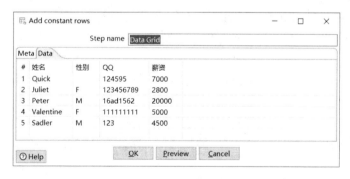

图 4-41　示例数据集

对第一条规则，可以为每个输入字段创建一个校验条件，只检测 NULL 值非常简单，不勾选"Null allowed?"复选框即可。这里以"姓名"字段为例进行设置，如图 4-42 所示。

注意图 4-42 中虚线框内的内容。

（1）"Report all errors, not only the first"：报告所有错误，不只报告第一个。一条记录里可能有多个校验条件，勾选这个复选框后，即使有一个校验条件未通过，该步骤还是会用其他校验条件继续校验该条数据。

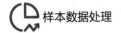

（2）"Output one row, concatenate errors with separator"：将所有错误用分隔符连接成一行进行输出。

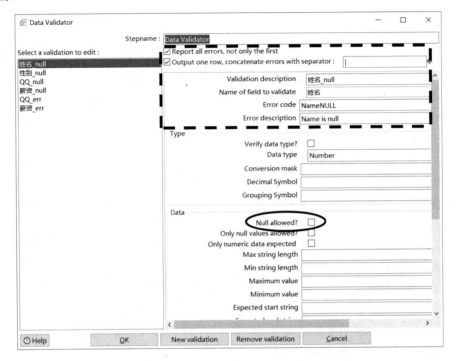

图 4-42　姓名字段不为 NULL 的校验条件的设置

（3）"Validation description"：设置本校验条件的一个描述，当有多个校验条件时，方便用户快速找到对应的校验条件。

（4）"Name of field to validate"：设置本校验条件的校验对象，即要校验的字段名。

（5）"Error code"：设置校验不通过时产生的错误代码。如果不设置，Kettle 会自动创建相关的错误代码。

（6）"Error description"：设置校验不通过时错误的具体描述。如果不设置，Kettle 会自动创建相关的错误描述。

上面（1）、（2）、（5）、（6）条中的设置主要影响校验不通过时的错误报告行为，本例的所有校验条件都会勾选（1）、（2）条中对应的复选框，并且都会配置（5）、（6）中对应的错误代码和错误描述。

其他字段不为 NULL 的校验条件的设置与图 4-42 类似，只需要修改（3）、（4）、（5）、（6）中对应的值。

对第二条规则，可以写一个正则表达式来匹配 QQ 字段的输入。需要设置数据类型为"String"，并将正则表达式设为"[0-9]{5,12}"或者"\d{5,12}"，详细设置如图 4-43 所示。

其中正则表达式"[0-9]{5,12}"或"\d{5,12}"都表示一个由 5～12 个数字组成的字符串。

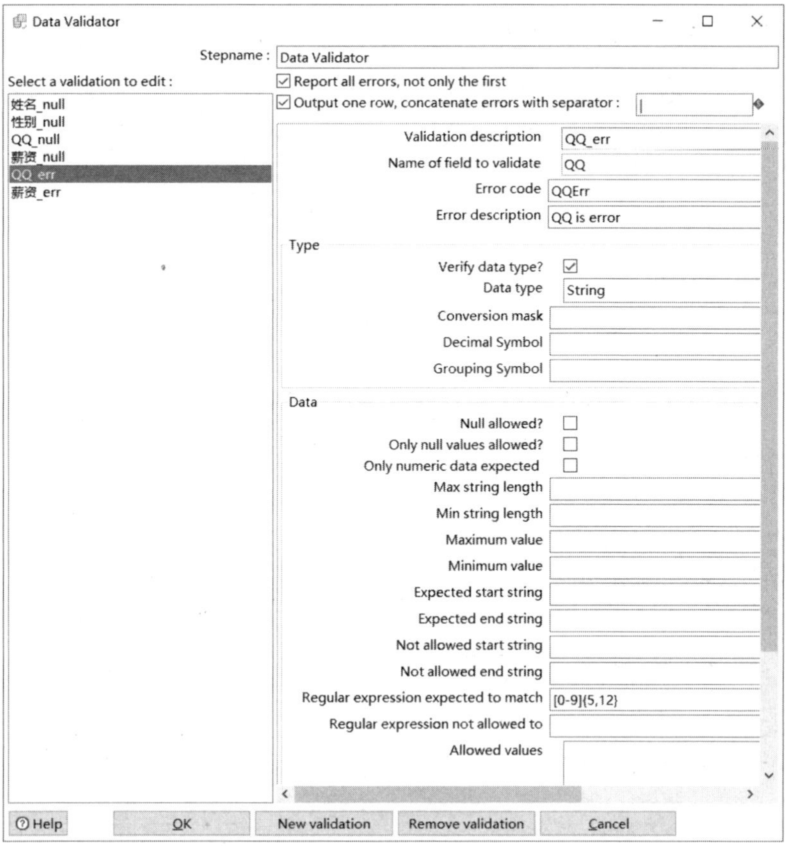

图 4-43　QQ 字段校验

对第三条规则，设置数据类型为"Number"，设置最大值为"10000"，设置最小值为"4000"即可。设置比较简单，这里不做展示。当然，图 4-42 虚线框中的（3）、（4）、（5）、（6）条肯定是需要相应配置的。

到此，"Data Validator"步骤的设置已经基本完成。如果用户想通过预览的方式查看校验通过的数据，系统这时会报错，因为有校验不通过的记录，用户必须指定一个该步骤的错误输出流才可以预览。

这时，创建一个"Dummy（do nothing）"步骤，并命名为"Dummy Output Err"，然后从"Data Validator"步骤创建一个跳到该步骤，并选择"Error handling of step"选项，用来指明该跳输出错误信息到步骤"Dummy Output Err"。此时 valid_op 转换的流程如图 4-44 所示。这时再来预览"Data Validator"步骤，会看到如图 4-45 所示的结果。

图 4-44　valid_op 转换的流程

接下来，我们来看如何设置"Data Validator"步骤的错误处理。在"Data Validator"步骤上单击鼠标右键，在弹出的快捷菜单中选择"Error Handling"命令，这时系统打开"Step error

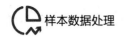

handling settings"对话框，按图 4-46 设置即可。

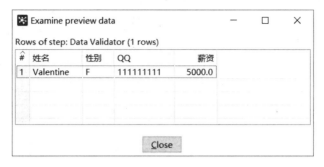

图 4-45　校验通过的记录

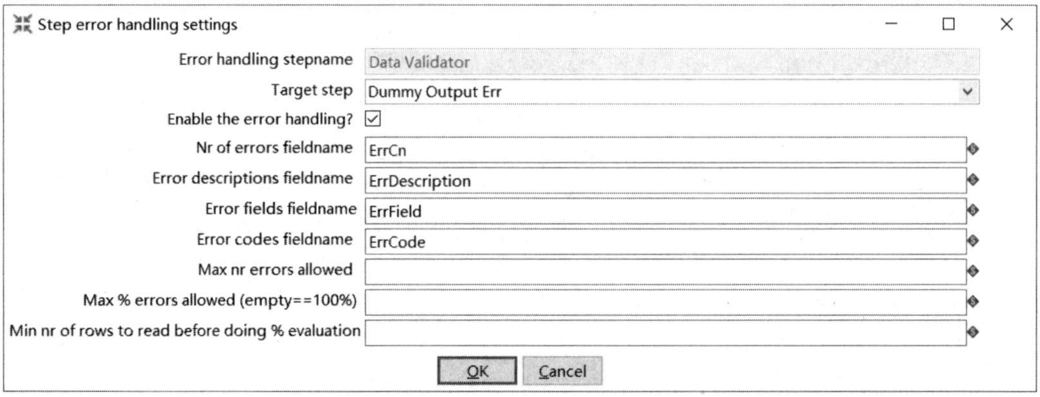

图 4-46　"Step error handling settings"对话框

现在对这些选项做简单的介绍。

（1）Target step（目标步骤）：指定出错时输出的步骤名。在创建跳的过程中，选择"Error handling of step"选项时，目标步骤就设定好了。

（2）Nr of errors fieldname（错误个数字段名）：设置一个字段名，用来保存错误的总个数，如果"Data Validator"步骤中没有勾选"Output one row, concatenate errors with separator"复选框，该字段的值始终为 1。

（3）Error descriptions fieldname（错误描述字段名）：设置一个字段名，用来保存"Data Validator"步骤中设置的错误描述。

（4）Error fields fieldname（记录出错字段的字段名）：设置一个字段名，用来保存记录中校验出错的字段。

（5）Error codes fieldname（错误代码字段名）：设置一个字段名，用来保存"Data Validator"步骤中设置的错误代码。

（6）Max nr errors allowed（允许最大的错误数）：如果设置了该值，一旦错误数达到了这个值，转换将会抛出异常终止。不设置该值表示对错误数没有限制。

（7）Max % errors allowed（允许最大的错误百分比）：与上一选项类似，只是使用百分比这种相对数字而已。不设置时表示对错误百分比没有限制。

（8）Min nr of rows to read before doing % evaluation（计算百分比前最少的读取量）：上一个选项的辅助，这个值要求至少读取了设定值的条数后才开始计算百分比，如百分比设成 20%，如果不设该值，那么前 5 条数据只要有 1 条出错，转换就会停止。

设置完上面的错误处理后，用户可以预览一下“Dummy Output Err”步骤，这时将看到校验出错的记录，以及相关的错误信息，如图 4-47 所示。

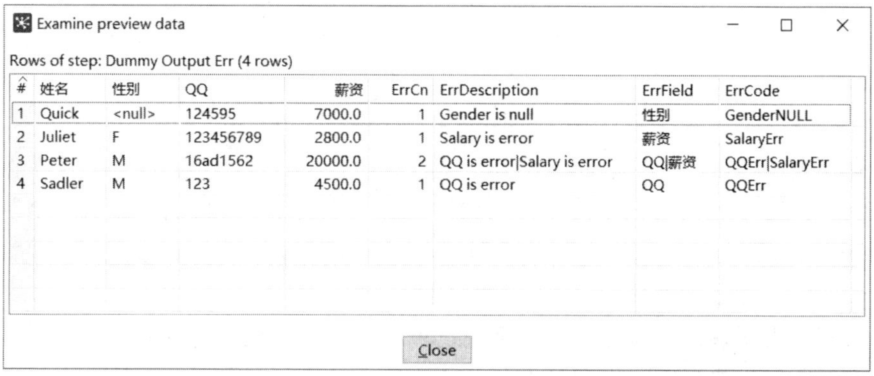

#	姓名	性别	QQ	薪资	ErrCn	ErrDescription	ErrField	ErrCode
1	Quick	<null>	124595	7000.0	1	Gender is null	性别	GenderNULL
2	Juliet	F	123456789	2800.0	1	Salary is error	薪资	SalaryErr
3	Peter	M	16ad1562	20000.0	2	QQ is error|Salary is error	QQ|薪资	QQErr|SalaryErr
4	Sadler	M	123	4500.0	1	QQ is error	QQ	QQErr

图 4-47　数据校验结果

本例到此结束，对第二条规则，我们只要求 QQ 是 5～12 位的数字，如果要求首位数字不能为 0，只需要将正则表达式改成“[1-9]\d{4-11}”即可。又如输入数据里有一个年龄的字段，要求根据年龄段匹配薪资，这时又该如何呢？请读者思考解决方法。

4.2　数据排重

在现实生活中，我们的很多数据是重复的，如一些呼叫中心的客服录入的客户资料，可能因为客服没有足够的时间检查打电话过来的客户是否已经存在，或因为拼写错误而错写了姓名或者住址，并保存在数据库中。

数据排重是一项具有挑战性的工作，没有一个软件或者方法可以百分之百地解决这个问题。数据排重首先要解决的问题是如何识别重复数据，其次是如何去除这些重复数据。

4.2.1　如何识别重复数据

现实世界中的一个实体，理论上在数据库或者数据仓库中应该只有一条与之对应的记录。很多原因（如数据录入出错、数据不完整、数据缩写，以及多个数据集成过程中不同系统对数据的表示不尽相同）会导致集成后同一实体对应多条记录。在数据清洗的过程中，重复记录的检测与清除是一项非常重要的工作。

重复数据分为两类，一类是完全重复数据，另一类是不完全重复数据。完全重复数据很好理解，就是两个数据行的数据完全一致，这类重复数据很好辨别，也很容易清除。

不完全重复数据是指客观上表示现实世界中的同一实体时，由于表达方式不同或拼写错误等原因，数据存在多条重复。例如，在表 4-3 中，虽然张姗与张珊这两条记录有两个字段不

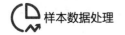

一样，但很容易看出这两条记录指向的是同一人。

表 4-3　学生登记表

姓　　名	性　　别	出 生 日 期	班　　级	邮　　箱
张姗	女	20000507	2018 级信管 3 班	123456789@qq.com
李四	男	19991220	2018 级物管 1 班	lisi@163.com
王二	男	20000409	2018 级信息 2 班	wanger@gmail.com
...				
张珊	女	20000507	2018 级信管 3 班	12345689@qq.com

对于完全重复数据，一个最简单的方式就是对数据集排序，然后通过比较相邻记录进行合并，Kettle 的"Sort rows（记录排序）"步骤可以用于排序。Kettle 有两个去除重复记录的步骤——"Unique rows（去除重复记录）"和"Unique rows(HashSet)（去除重复记录（哈希值））"。前一个步骤只能针对有序记录去重，后一个步骤不需要。

对于不完全重复数据，检查可能的重复记录需要保证有充足的计算能力，因为检查一条记录就需要遍历整个数据集，也就是说对整个数据集的检查需要在所有记录之间进行两两匹配，其计算复杂度为 $O(n^2)$。对可能重复记录的检测需要使用模糊匹配的逻辑，它可以计算字符串的相似度。首先通过模糊匹配找出疑似重复的数据，然后结合其他参考字段做数据排重。

4.2.2　去除完全重复数据

对完全重复数据排重相对容易很多，Kettle 提供的两个去除重复记录的步骤也非常易于使用，这两个步骤的工作方式类似，都会比较记录，如果发现有重复记录，那么保留其中的一条记录。下面比较这两个步骤。

1. 相同点

（1）"Redirect duplicate row"：选中该选项后，需要对该步骤进行错误处理，否则一旦有重复记录，系统将会以出错处理。

（2）"Fields to compare"：设置哪些字段参与比较。若留空，则表示整条记录参与比较。

2. 不同点

（1）"Compare using stored row values?"选项只在"Unique rows (HashSet)"步骤中有设置，选中该选项后，会附加比较存储在内存中的记录值，这样可以防止哈希碰撞冲突。

（2）"Unique rows (HashSet)"步骤会将所有记录的比较字段值存储在内存中。

（3）"Add counter to output"选项只在"Unique rows"步骤中有设置，选中该选项后，该步骤将对重复记录计数，并根据"Counter field"设置的字段名输出到下一个步骤。

（4）"Ignore case"选项只在"Unique rows"步骤中有设置，在添加要比较的字段后面，可以设置"Ignore case"为"Y"状态，从而在比较该字段时忽略大小写。

（5）"Unique rows"步骤要求输入的数据是事先排好序的，因为它是通过比较相邻记录的值来判断是否重复的；"Unique rows (HashSet)"步骤对记录的顺序没有要求，它可以在内存中操作。

现在结合一个例子，对其中的"Unique rows (HashSet)"步骤做介绍。新建一个 unique_smp 转换，添加一个"Data Grid"步骤，输入图 4-48 中的数据。

图 4-48 示例数据

不难看出第二条与第四条记录完全一样，虽然第一条与第三条记录的"Gender"字段不相同，但应该也是对应于同一个人的。要注意，这里的数据是无序的，故选择"Unique rows (HashSet)"来清除重复数据，当然，也可以用"Sort rows"步骤对这个无序数据排序后通过"Unique rows"步骤排重。另一个要注意的地方就是第三条记录的"Gender"字段与第一条的不一样，在排重时可以忽略该字段。

在"Unique rows (HashSet)"步骤设置界面，如果有多个字段需要添加比较，可以单击"Get"按钮来获取所有的字段，然后删除不需要参与比较的字段，该步骤在本例中的详细设置如图 4-49 所示。

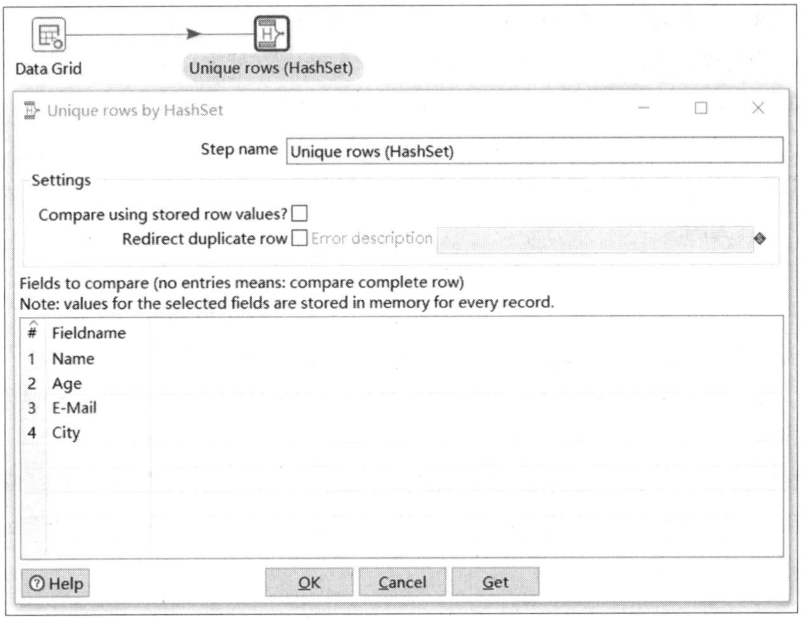

图 4-49 "Unique rows (HashSet)"的设置

预览"Unique rows(HashSet)"步骤,会看到结果里只有两条记录,读者可以试着将"Gender"字段加入比较后看一下结果如何,也可以尝试使用排序步骤对数据进行排序,然后使用"Unique rows"步骤去重。

需要注意的是,在实际应用中,在排重步骤之前可能要对数据做一系列的清理工作,如去除空白字符、提取数字等。

4.2.3 去除不完全重复数据

去除不完全重复数据是一项相对困难的工作,前面讲过对不完全重复数据去除的整体思路,本节将结合一个示例来讲解。示例数据如图 4-50 所示。

ID	Name	Gender	Age	E-mail	City
1	Jasson	M	20	Jasontest@gmail.com	Beijing
2	Quick	F	21	Quicktest@gmail.com	Chongqing
3	Peter	M	25	Petertest@gmail.com	Shanghai
4	Jason	M	20	Jasontest@gmail.com	Beijing
5	Peters	M	25	Peterstest@gmail.com	Shanghai

图 4-50　示例数据

如果单从"Name"字段看,数据没有重复,但有几个名字很相似,再结合其他字段不难看出,第一条记录与第四条记录很有可能是重复的;第三条与第五条记录虽然"Name"字段相似,但是结合"E-mail"字段发现,它们应该没有重复。

现在要设计一个转换来解决这个问题,思路如下:首先根据"Name"字段进行模糊查找,找出疑似重复数据的记录,然后根据参考字段"E-mail"进一步检测数据的重复性,最后去除或者合并这些极有可能重复的记录。本例分以下 5 步来完成这个转换。

第一步,输入。要使用"模糊匹配"步骤,需要有两个数据流:一个是主数据流(Main stream),另一个是查询数据流(Lookup stream)。这两个数据流都使用 Excel 输入,并且主数据流(命名为 Input)与查询数据流(命名为 InputRe)为同一个表格。

第二步,模糊匹配。前面提到过这个步骤,这里先了解"模糊匹配"步骤的工作方式:首先从数据流里读取输入字段,然后使用选中的一种模糊匹配算法查询另一数据流里的一个字段,最后返回匹配结果。

"模糊匹配"步骤的设置主要分如下两个方面。

(1)常规设置:这里要设置一个查询数据流的步骤(Lookup step)和字段(Lookup field),以及一个主数据流的字段(Main stream field),此外需要配置模糊匹配时所使用的算法(Algorithm)。关于该步骤的匹配算法,可参考 4.1.4 节的内容。本例的"General"选项卡的设置如图 4-51 所示。

(2)字段设置:这里设置的字段都是针对输出的,可以设置匹配字段名(Match field)、相似度字段名(Value field),以及匹配记录的其他相关字段。本例的"Fields"选项卡的设置如图 4-52 所示。

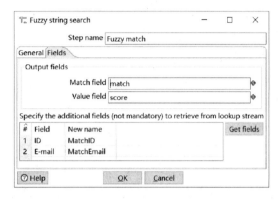

图 4-51　"General"选项卡的设置　　　　图 4-52　"Fields"选项卡的设置

由于后面要用到 E-mail 字段作为参考字段，在模糊查询时直接返回了 E-mail 字段。本例的模糊匹配算法选用 Jaro 算法。这里要特别注意一点，图 4-51 中勾选了"Get closer value"复选框，这一点非常重要，勾选"Get closer value"复选框后，可以只返回一个最相似的数值。如果不勾选"Get closer value"复选框，就会出现在相似度范围内的多个数值，多个数值由指定的分隔符（Values separator）连接在一起。

另外，Jaro 算法的相似度值介于 0 和 1 之间，1 表示完全匹配，0 表示无任何相似。但示例中设置的相似度最大值为什么不是 1 而是 0.99 呢？这是因为如果设置成 1，那么每条数据的匹配结果将极有可能是它自身，显然这样做是毫无意义的。

理解模糊匹配的设置后，更直观的是结合输出结果查看，这时可以预览该步骤的输出结果。如果设置没错，会看到如图 4-53 所示的结果。

图 4-53　预览结果

第三步，选出疑似的重复记录。模糊匹配算法选用的是 Jaro 算法，最小匹配值设为 0.8，这样就不会使所有记录都能找到相似的记录，无匹配记录时，返回的各字段都为 NULL。由于我们选用 E-mail 作为参考字段，不妨用"Filter rows"步骤，只需要将条件设置成"E-mail = MatchEmail"即可。另外，需要两个输出步骤的设置，一个是值为真的数据发送到的步骤，另一个是值为假的数据发送到的步骤。"Filter rows"可以不设置，在后面创建跳时选定即可。于是有如图 4-54 所示的设置。

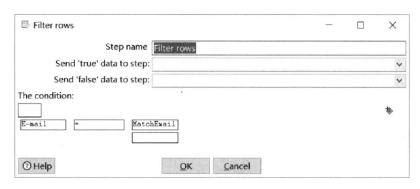

图 4-54　"Filter rows"的设置

第四步，去重。上一步已经把可能的重复记录过滤出来，如何将它们的重复数据去除呢？这里仍然采用"Filter rows"步骤去重，新建一个"Filter rows"步骤，命名为"Filter rows 2"，将上一个步骤建一个跳到该步骤，并选择结果为真（Result is TRUE）的方式。假设去重条件是"对有疑似重复的记录，保留 ID 值最小的"，只需要将条件设为"ID < MatchID"即可。

这里要注意，实际情况中的去重是一个非常复杂的问题：首先，如何设计查找疑似重复数据的方法。其次，对找出的疑似重复数据，如何确定以哪条数据为准，该以什么样的方式去合并这些疑似重复数据，这时需要结合多方面的因素去考虑，如对各个字段的相似度进行加权评估。

第五步，输出。新建一个 Excel 输出的步骤，命名为"Output"，对第三步的步骤创建一个跳到该输出步骤，并选择结果为假（Result is FALSE）的方式。对第四步的步骤创建一个跳到该输出步骤，并选择结果为真（Result is TRUE）的方式。"Output"步骤的输出字段可以只选择原始输入的几个字段。转换的最终流程如图 4-55 所示。打开"Output"步骤的输出，会看到如图 4-56 所示的结果。

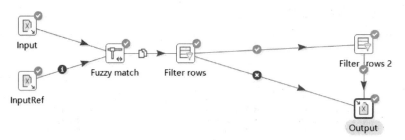

图 4-55　转换的最终流程

ID	Name	Gender	Age	E-mail	City
1	Jasson	M	20	Jasontest@gmail.com	Beijing
2	Quick	F	21	Quicktest@gmail.com	Chongqing
3	Peter	M	25	Petertest@gmail.com	Shanghai
5	Peters	M	25	Peterstest@gmail.com	Shanghai

图 4-56　去重转换的输出结果

4.3　使用脚本组件进行数据清洗

前面介绍了很多数据清洗步骤，但面对一些复杂的问题，这些数据清洗步骤就无能为力了，这时需要借助 Kettle 提供的脚本组件来解决问题。

对于 ETL 的开发，一方面，我们希望开发出一个不需要编写任何代码的 ETL 流程，以易于后期维护；另一方面，我们又不得不通过编写代码的方式解决一些复杂的问题。

随着 Kettle 的不断更新，很多以前需要使用脚本才能实现的功能，现在都变成了可以直接使用的步骤，但是这并不能满足用户所有的需求，所以脚本步骤总有需要的地方。考虑到后期的维护，我们在开发过程中应尽量避免使用脚本步骤。

在 Kettle 7.1 中的脚本目录下，目前有 9 个不同的脚本步骤，还有 1 个处于实验目录里的"Script（脚本）"步骤。本节主要介绍以下 5 个步骤："Modified Java Script Value（JavaScript 代码）""Regex Evaluation（正则表达式验证）""Formula（公式）""User Defined Java Expression（用户自定义 Java 表达式）""User Defined Java Class（用户自定义 Java 类）"。

（1）Modified Java Script Value：这个步骤提供了大量的关于字符串、数字、日期、逻辑、文件和一些特殊功能的函数以供用户创建自己的脚本。可以在这个步骤编写 JavaScript，访问 Java 包。它的功能非常丰富，如获取目录的文件名、连接数据库、类型转换、字符串拆分、获取环境变量等。

（2）Regex Evaluation：该步骤允许使用正则表达式来匹配输入字段的字符串，还可以使用该步骤从输入字符串中提取特定的子字符串，将捕获到的子字符串放到新的字段里。

（3）Formula：该步骤与前面讲到的"Calculator（计算器）"步骤是"近亲"关系，但该步骤能提供更灵活的公式。该步骤使用的公式语法与 OpenOffice 的公式语法相同，若用户使用过 OpenOffice 电子表格的公式，则使用该步骤会非常轻松。

（4）User Defined Java Expression：在该步骤里，可以直接写 Java 表达式，在转换启动后，这些表达式会被编译成 Java 代码。相对于"Modified Java Script Value"步骤，该步骤的性能更高。

（5）User Defined Java Class：该步骤允许用户创建一个自定义的 Java 类，以驱动该步骤完成特定的功能。换句话说，该步骤允许用户在一个步骤中编写自己的插件。

用户需要在开发速度、运行效率、易于使用等多个因素之间权衡，以选择合适的步骤。

4.3.1　使用 JavaScript 代码组件清理数据

前面已经简单介绍"Modified Java Script Value"步骤，本节用一个示例来看如何具体使用该步骤。现有一份图书馆的借阅信息（见图 4-57），其中有学生借/还书的日期，现有如下要求：对于借书时长为 1 周内的记录，将其状态标为"OK"；对于借书时长为 1～2 周的记录，将其状态标为"DELAYDE"；对于借书时长超过 2 周的记录，将其状态标为"LATE"。

首先需要获取借阅的周数，这需要用到 dateDiff 函数，如果不清楚怎么用这个函数，可以在该步骤左边的树状图中找到该函数。在该函数上单击鼠标右键，在弹出的快捷菜单中选择

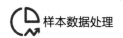

"Sample"命令，打开参考代码及说明，该函数位置为"Transform Functions（转换函数）/Date Functions（日期函数）/ dateDiff"。代码为：

```
var weeks = dateDiff(BorrowDate,ReturnDate,"w");
```

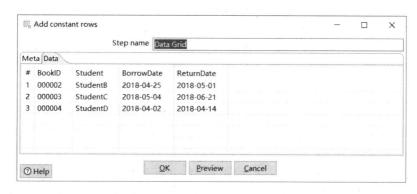

图 4-57　借阅信息示例数据

然后根据借阅的周数设定状态，并在该步骤下方的字段栏里填上返回的状态字段及类型。该步骤的具体设置如图 4-58 所示。

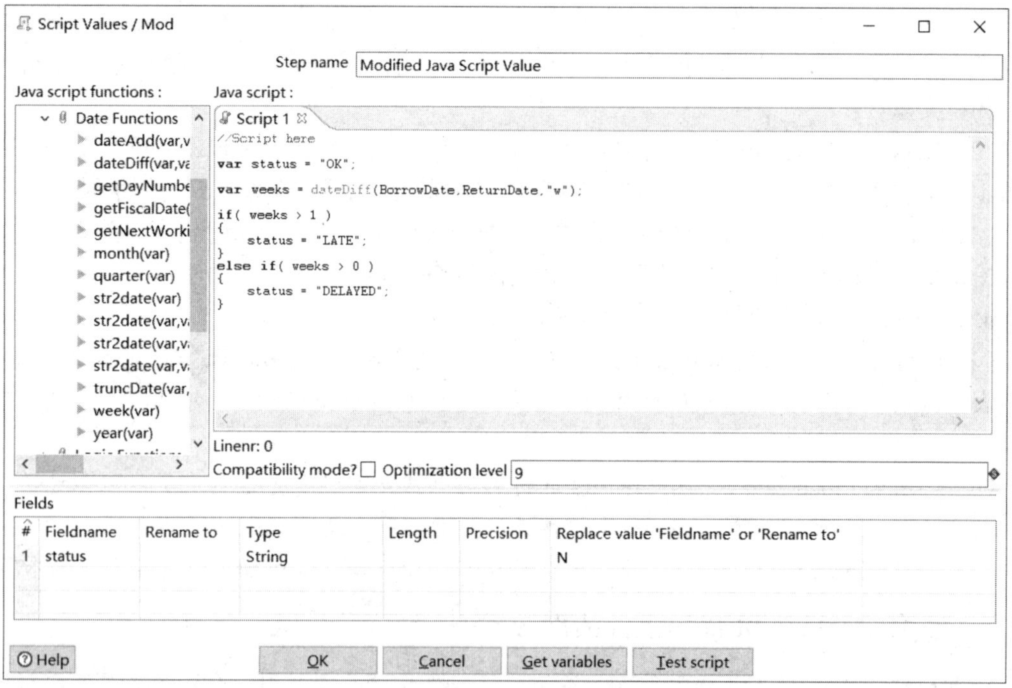

图 4-58　"Modified Java Script Value"的具体设置

通过预览"Modified Java Script Value"步骤，不难看到该转换的输出结果，如图 4-59 所示。

虽然"Modified Java Script Value"步骤已经做过改进，在性能和易用性上有很大的提高，但是要记住一点，该步骤是有性能缺陷的，因为 Modified Java Script Value 是解释编译 JavaScript 代码。

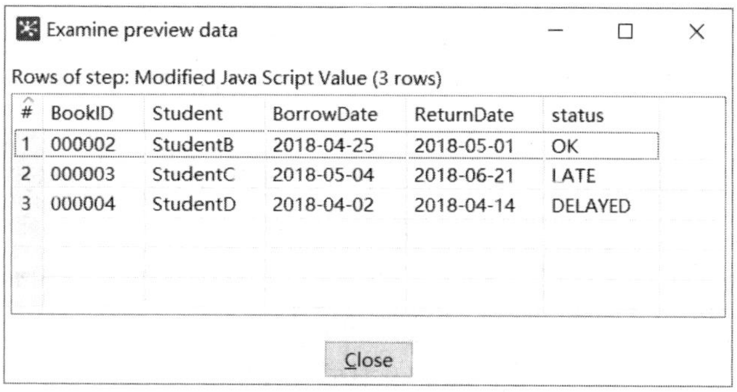

#	BookID	Student	BorrowDate	ReturnDate	status
1	000002	StudentB	2018-04-25	2018-05-01	OK
2	000003	StudentC	2018-05-04	2018-06-21	LATE
3	000004	StudentD	2018-04-02	2018-04-14	DELAYED

图 4-59　“Modified Java Script Value”步骤的预览结果

4.3.2　使用正则表达式组件清理数据

虽然“Replace in string（字符串替换）”“Data Validator（数据校验）”等步骤都用到了正则表达式，但正则表达式真正强大的功能却是通过“Regex Evaluation”步骤来体现的。

正则表达式是一个非常灵活且强大的工具，关于正则表达式的资料有很多，如《精通正则表达式》这本书就非常不错，它有中文版、英文版，当然，用户还可以访问正则表达式的权威网站进行学习。

如此强大的一个工具，自然可以解决一些“非凡”的问题。本章前面所讲的数据清洗，基本上都是基于表格的一些结构化数据的，本节将介绍如何利用“Regex Evaluation”步骤来解决一些复杂的数据问题。

在 Kettle 的官方示例中有一个关于用“Regex Evaluation”步骤处理复杂数据的例子，但鉴于该示例中的正则表达式比较复杂，这里不做介绍，如果感兴趣，用户可以在 Kettle 的示例目录下找到该例子。当然，在 samples 目录下还有很多其他示例，Kettle 里的绝大部分步骤在这里都有示例，因此可方便我们更好地学习这些步骤。

本节选一个稍微简单的例子来分析 Linux 的一个日志文件 secure-20180708，这是一台 CentOS 服务器的安全日志文件，日志片段如图 4-60 所示。

```
Jul  1 05:49:19 iZ23qc401m5Z sshd[1662]: pam_unix(sshd:auth): authentication failure; logname= uid=0
euid=0 tty=ssh ruser= rhost=211.252.84.107  user=root
Jul  1 05:49:21 iZ23qc401m5Z sshd[1662]: Failed password for root from 211.252.84.107 port 27913 ssh2
Jul  1 05:49:21 iZ23qc401m5Z sshd[1663]: Connection closed by 211.252.84.107
Jul  1 06:37:44 iZ23qc401m5Z sshd[1678]: Connection closed by 37.59.46.226
Jul  1 09:50:34 iZ23qc401m5Z sshd[1718]: Invalid user admin from 156.196.151.97
Jul  1 09:50:34 iZ23qc401m5Z sshd[1719]: input_userauth_request: invalid user admin
Jul  1 09:50:34 iZ23qc401m5Z sshd[1718]: pam_unix(sshd:auth): check pass; user unknown
Jul  1 09:50:34 iZ23qc401m5Z sshd[1718]: pam_unix(sshd:auth): authentication failure; logname= uid=0
euid=0 tty=ssh ruser= rhost=156.196.151.97
Jul  1 09:50:34 iZ23qc401m5Z sshd[1718]: pam_succeed_if(sshd:auth): error retrieving information about
user admin
Jul  1 09:50:36 iZ23qc401m5Z sshd[1718]: Failed password for invalid user admin from 156.196.151.97
port 37957 ssh2
Jul  1 09:50:36 iZ23qc401m5Z sshd[1719]: Connection closed by 156.196.151.97
Jul  1 09:50:39 iZ23qc401m5Z sshd[1720]: Invalid user admin from 115.84.91.167
Jul  1 09:50:39 iZ23qc401m5Z sshd[1721]: input_userauth_request: invalid user admin
Jul  1 09:50:39 iZ23qc401m5Z sshd[1720]: pam_unix(sshd:auth): check pass; user unknown
Jul  1 09:50:39 iZ23qc401m5Z sshd[1720]: pam_unix(sshd:auth): authentication failure; logname= uid=0
euid=0 tty=ssh ruser= rhost=115.84.91.167
Jul  1 09:50:39 iZ23qc401m5Z sshd[1720]: pam_succeed_if(sshd:auth): error retrieving information about
user admin
Jul  1 09:50:42 iZ23qc401m5Z sshd[1720]: Failed password for invalid user admin from 115.84.91.167
port 39327 ssh2
```

图 4-60　secure-20180708 日志片段

观察上面的日志片段，不难发现 sshd 有很多错误密码（Failed password）连接请求的信息。接下来需要设计一个转换，将有错误密码连接请求行的日期连接时所使用的账户名、IP和端口提取出来。

设计转换的思路：第一步，导入该日志文件，并使日志文件的每行日志成为一条记录；第二步，使用"Regex Evaluation"步骤，查找出具有错误密码连接请求的行，并捕获出匹配到的子字符串（日期、账户名、IP、端口）；第三步，根据"Regex Evaluation"步骤的验证结果，筛选出匹配到的记录；第四步，将匹配到的数据输出到文件中。

新建一个转换，命名为 regex_op，接下来根据上面的设计思路一步一步地完成整个转换。

第一步，导入日志文件。这里使用"Text file input"步骤作为输入，对该步骤做如下设置。

"File"选项卡：添加日志文件 secure-20180708。

"Content"选项卡：将行号设置为 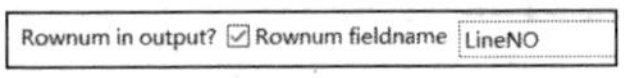 Rownum in output? ☑ Rownum fieldname LineNO ，将分隔符（Separator）设置为"\n"，将"Format"设置为"Unix"。

"Fields"选项卡：设置字段名为"Info"，其类型为"String"，该字段用来存储日志文件的每一行记录。

这时用户可以预览该步骤，并将"Number of rows to retrieve"设置为"10"，看看结果会是什么样子。

第二步，正则匹配。这是关键的一步，也是这个转换的重点。虽然本例的正则表达式不如官方示例中的复杂，但是，相对于本章前面所看到的正则表达式而言，完全可以用"复杂"二字来形容。对复杂的正则表达式，如果仍将它写成一行且不加注释，估计阅读和维护起来都不是一件容易的事情，这时就需要将正则表达式写成多行，并为每行增加注释。幸运的是，"Regex Evaluation"步骤的"Content"选项卡的确有这样的设置，用户只需要选中"Permit whitespace and comments in pattern"即可，即"允许空白和注释模式"。

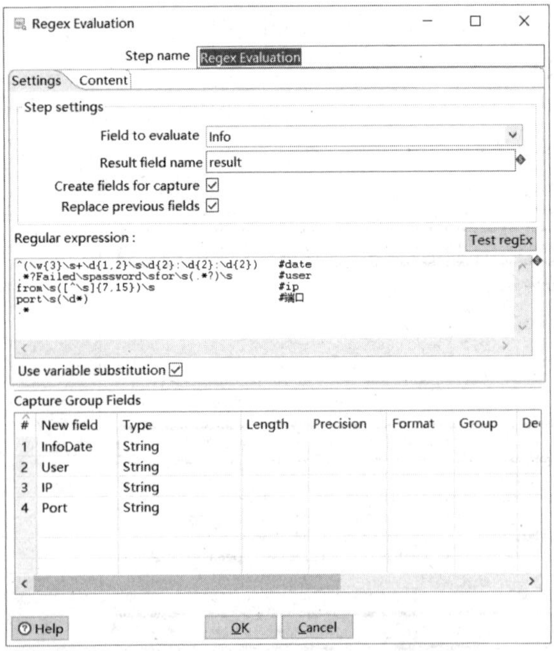

完成上面的设置后，就可以在"Settings"选项卡中输入想要的正则表达式。"Settings"选项卡的具体设置如图 4-61 所示。

如果不确定自己的正则表达式是否正确，可以打开"测试正则表达式"对话框（单击"Test regEx"按钮），然后从输入数据里复制几行进行测试。

下面来解释这个设置。

Create fields for capture（为捕获创建字段）：该选项为正则表达式捕获到的子字符串创建新的字段，新的字段在下方的捕获组字段（Capture Group Fields）里进行配置。所谓捕获，是指正则表达式中括号内的表

图 4-61　"Settings"选项卡的具体设置

达式，如 "(\w{3}\s+\d{1,2}\s\d{2}:\d{2}:\d{2})" "(.*?)" "([^\s]{7,15})" "(\d*)" 分别对应于字段 "InfoDate" "User" "IP" "Port"。

Use variable substitution（使用变量替换）：如果所写的正则表达式中引用了变量，需要选中此选项。

另外注意，原日志中的空白字符在正则表达式中全换成了 "\s"，一方面，因为前面设置了 "允许空白和注释模式" 选项，我们不得不用 "\s" 替换空白字符；另一方面，当输入文件的空白字符分不清是空格还是制表符时，用 "\s" 是更好的解决方法。此外，在不清楚究竟有几个空白字符时，使用 "\s+" 可能更好。

预览一下 "Regex Evaluation" 步骤，会看到如图 4-62 所示的结果。

#	Info	LineNO	result	InfoDate	User	IP	Port
1	Jul 1 05:49:21 iZ23qc401m5Z sshd...	1	Y	Jul 1 05:49:21	root	211.252.84.107	27913
2	Jul 1 05:49:21 iZ23qc401m5Z sshd...	2	N	<null>	<null>	<null>	<null>
3	Jul 1 06:37:44 iZ23qc401m5Z sshd...	3	N	<null>	<null>	<null>	<null>
4	Jul 1 09:50:34 iZ23qc401m5Z sshd...	4	N	<null>	<null>	<null>	<null>
5	Jul 1 09:50:34 iZ23qc401m5Z sshd...	5	N	<null>	<null>	<null>	<null>
6	Jul 1 09:50:34 iZ23qc401m5Z sshd...	6	N	<null>	<null>	<null>	<null>
7	Jul 1 09:50:34 iZ23qc401m5Z sshd...	7	N	<null>	<null>	<null>	<null>
8	Jul 1 09:50:34 iZ23qc401m5Z sshd...	8	N	<null>	<null>	<null>	<null>
9	Jul 1 09:50:36 iZ23qc401m5Z sshd...	9	Y	Jul 1 09:50:36	invalid user admin	156.196.151.97	37957
1..	Jul 1 09:50:36 iZ23qc401m5Z sshd...	10	N	<null>	<null>	<null>	<null>
1..	Jul 1 09:50:39 iZ23qc401m5Z sshd...	11	N	<null>	<null>	<null>	<null>

Close Stop Get more rows

图 4-62 "Regex Evaluation" 预览结果

第三步，筛选匹配记录。由上一步的预览结果可以看到，匹配到的行返回的字段 "result" 为 "Y"，这时可以用 "Filter rows" 步骤来筛选正则表达式匹配到的记录，只需要将条件设置成 "result = Y" 即可。

第四步，输出。示例选用 Excel 输出。输出字段选择 "LineNO" "InfoDate" "User" "IP" "Port"。regex_op 转换的最终流程如图 4-63 所示，regex_op 转换的输出结果如图 4-64 所示。

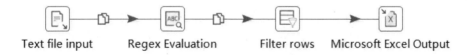

Text file input   Regex Evaluation   Filter rows   Microsoft Excel Output

图 4-63 regex_op 转换的最终流程

LineNO	InfoDate	User	IP	Port
1	Jul 1 05:49:21	root	211.252.84.107	27913
9	Jul 1 09:50:36	invalid user admin	156.196.151.97	37957
16	Jul 1 09:50:42	invalid user admin	115.84.91.167	39327
23	Jul 1 09:50:51	invalid user admin	103.216.172.35	40847
31	Jul 1 12:02:39	root	36.111.38.63	62985
40	Jul 1 19:15:56	root	104.160.185.192	59243
43	Jul 1 19:16:23	root	104.160.185.192	35585
50	Jul 1 22:06:16	invalid user admin	186.47.173.46	55793
57	Jul 1 22:06:33	invalid user admin	85.156.170.22	34645

图 4-64 regex_op 转换的输出结果

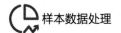

到这里，相信读者对"Regex Evaluation"步骤已经有了一定的了解，如果想通过上面的示例查找是否有 IP 对服务器进行攻击，可以自行完善该示例。

4.3.3 使用其他脚本组件清理数据

前面已经讲解了 JavaScript 代码组件和正则表达式组件对数据的清理，其实 Kettle 的脚本步骤还有很多，本节简单介绍下"Formula""User Defined Java Expression"和"User Defined Java Class"这 3 个步骤，读者可以通过下面的示例学习这些步骤。

现有产品销售数据如图 4-65 所示，现在希望计算产品的销售额，但是由于产品有促销活动，单价高于 100 元的产品打九折。接下来分别用 3 个步骤来计算各个产品的销售额。

1."Formula"步骤

"Formula"步骤的公式语法与 OpenOffice 的公式语法相同，需要注意的是，要引用输入字段的值，比如"Price"字段，只需要写成"[Price]"形式即可。在"Formula"步骤的面板上新加字段后，编辑公式时系统会打开一个编辑面板。面板的左侧已经列出了所需的公式，单击某个公式，右侧会显示该公式的具体说明及样例。图 4-66 所示为单击了"Logical"目录下的"IF"函数后显示的结果。

图 4-65　现有产品销售数据

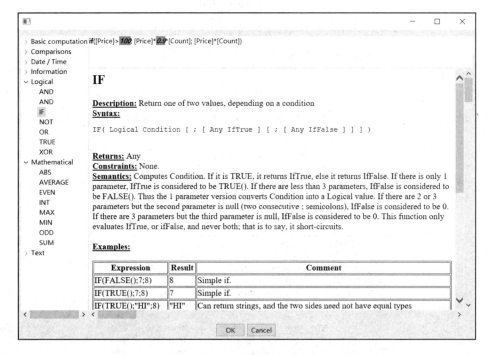

图 4-66　单击了"Logical"目录下的"IF"函数后显示的结果

公式的编辑栏在界面的上方，当用户的输入有语法错误时，Kettle 会标红相应位置，并在下方给出错误说明，这十分有利于用户使用这个步骤。编辑完成单击"OK"按钮后，会回到"Formula"步骤的配置界面，该步骤的最终设置如图 4-67 所示。预览该步骤，可以看到如图 4-68 所示的结果。

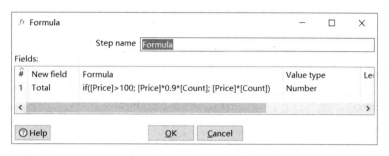

图 4-67　"Formula"的最终设置

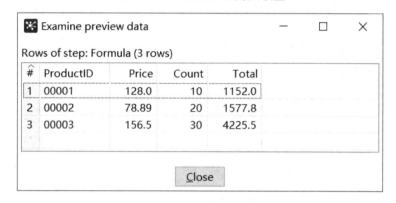

图 4-68　"Formula"的预览结果

2. "User Defined Java Expression"步骤

该步骤允许用户直接输入 Java 表达式，如输入字段"Name"的内容为"john doe"，现希望将每个单词的首字母大写，只需要将 Java 表达式写成"org.pentaho.di.core.Const. initCap (Name)"。

在本示例中需要用到条件表达式，该步骤的具体设置如图 4-69 所示。预览该步骤，会看到与图 4-68 一样的结果。

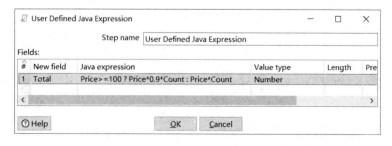

图 4-69　"User Defined Java Expression"具体的设置

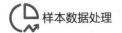

3. "User Defined Java Class"步骤

Kettle 中的"User Defined Java Class"步骤，有时也简称为"UDJC"步骤，该步骤的功能非常强大，允许用户输入自定义的类，在该步骤上实现自己的一个插件。这里的 Java 类并不需要一个完整的类，只需要类的主体：需要的导入、构造函数和方法。

用户自定义的 Java 类是从 org.pentaho.di.trans.steps.userdefinedjavaclass.TransformClassBase 继承的，读者可以去官网下载 Kettle 的源码进行查看，这有助于更好地理解该步骤。该类是一个通用步骤插件类，有一些方便的公共方法。Kettle 默认添加了如下导入：org.pentaho.di.trans.steps. userdefinedjavaclass.*；org.pentaho.di.trans.step.*；org.pentaho.di.core. row.*；org.pentaho.di.core.*；org. pentaho.di.core.exception.*。

回到示例来，先看一下以下代码。

```
//------------------BEGIN CODE--------------------------------
01  private int priceIdx;
02  private int countIdx;
03
04  public boolean processRow(StepMetaInterface smi, StepDataInterface sdi)
    throws KettleException
05  {
06    // 第一步，从默认输入获取一行数据
07    Object[] r = getRow();
08
09    // 若获得的行数据为空，则处理结束
10    if (r == null)
11    {
12      setOutputDone();
13      return false;
14    }
15
16    // 出于性能原因只能查询一次参数
17    if (first)
18    {
19      priceIdx = getInputRowMeta().indexOfValue(getParameter("PRICE_FIELD"));
20      if (priceIdx<0)
21      {
22        throw new KettleException("Price field not found in the input
          row, check parameter 'PRICE_FIELD'\!");
23      }
24
25      countIdx = getInputRowMeta().indexOfValue(getParameter("COUNT_FIELD"));
26      if (countIdx<0)
27      {
28        throw new KettleException("Count field not found in the input
          row, check parameter 'COUNT_FIELD'\!");
29      }
```

```
30
31      first=false;
32    }
33
34    // 获取并处理输入字段
35    Double price = getInputRowMeta().getNumber(r, priceIdx);
36    Long count = getInputRowMeta().getInteger(r, countIdx);
37    double total = price * count;
38    if(price >=100)
39    {
40      total *= 0.9;
41    }
42
43    // 调用 createOutputRow()函数是最安全的，它可以确保输出行的 Object[]足够大，
44    // 也可以处理在此步骤中创建的任何新字段
45    Object[] outputRowData = RowDataUtil.resizeArray(r, data.outputRowMeta.
      size());
46    outputRowData[getInputRowMeta().size()] = total;
47
48    // putRow()函数将把数据发送到默认的输出程序中
49    putRow(data.outputRowMeta, outputRowData);
50
51    return true;
52  }
//----------------END CODE----------------
```

Kettle 的"User Defined Java Class"步骤调用 processRow()方法处理一个输入行，若返回 true，则继续准备处理另一个输入行，若没有数据处理，则返回 false。

getRow()是阻塞调用的，它等待前一步骤提供一行数据，若还有数据没被读取，则它返回一个对象数组来表示该条数据；否则，返回 null，表示输入数据已经读取完毕。

代码行 7～14：根据 getRow()的返回值判断数据是否处理完成，若无数据需要处理，则结束该步骤。

代码行 17～32：要获取数据，需要查询字段名，但是查询字段名很慢，如果每条记录都去查询的话，那么既重复工作，又很影响性能。其实查询字段只需要执行一次就可以了。注意这里有个布尔变量 first（父类变量），通过它可以方便地标识是否正在处理第一行数据，当有些工作仅仅需要执行一次时，就可以将这些代码放在这个代码块里执行。

代码行 35～41：获取输入字段，并且根据业务要求处理相关字段。

代码行 45～46：添加输出字段，最安全的做法是调用 createOutputRow()，以确保行数组足够大，能够容纳增加的输出字段。

代码行 49：调用 putRow()将记录发送到默认的输出跳（Hop）。

另外，getParameter()方法是返回如图 4-70 所示的选项卡所定义的参数对应的值，当然，参数也可以是 Kettle 的变量。在本示例中，如果不定义参数，直接使用字段名的值也是可以的。

在"Fields"选项卡中，设置增加的"Fieldname"字段为"Total"，"Type"字段为"Number"，

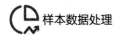

具体设置如图 4-71 所示。预览该步骤，我们会看到与图 4-68 一样的结果。

图 4-70　"Parameters"选项卡的设置

图 4-71　"User Defined Java Class"的设置

本章习题

（1）数据清洗的主要目的是什么？

（2）使用 Kettle 进行数据清洗常用的步骤有哪些？请简要描述。

（3）简单描述如何去除不完全重复的数据。

（4）在 Kettle 中，当有些任务可以使用脚本进行数据清洗，也可以使用其他步骤进行数据清洗时，该如何选择，请简述原因。

第5章

数据标注

随着人工智能技术的发展，数据标注也随之成为一门新兴产业。数据标注与人工智能相伴相生，为人工智能的运作提供数据基础。人工智能前期发展起起伏伏，未能真正深入人们的生活，其中一个原因是当时的数据和硬件支持的量级都比较小，人工智能训练的数据集主要由研究的工程师人工完成，数据标注也还不能称为一个职业。近年来，随着人工智能第三次浪潮的到来，训练数据的量级需求猛增，数据标注的需求随之大幅增长，2011 年数据标注的外包市场开始兴起，2017 年真正爆发，数据标注开始慢慢进入人们的视野。

本章将从以下几个方面介绍数据标注的内容。

（1）数据标注简介。

（2）数据标注分类。

（3）数据标注质量检验。

（4）图像数据标注实战。

5.1 数据标注简介

5.1.1 数据标注是什么

举个简单的例子，当我们给孩子介绍汽车时，把对应的图片展示在孩子面前，让他记住汽车是有 4 个轮子、有不同的颜色，能在路上行驶的一种交通工具，当孩子下次在大街上遇到真正的汽车时，也能认识到这是"汽车"。

在机器学习中，如果想让机器获得同样的认知能力，我们也需要帮助机器识得相应特征，如形状、颜色、标志等。两者的不同点在于，对于人类来说，一般一次就能记住，下次遇到就能准确辨别；但对于机器来说，需要我们为其提供大量带有汽车特征的图片，使其反复学习，并通过测试集进行检查与巩固，逐步提高识别汽车的准确率。图片训练集越多，越完善，通过合适的训练之后，最终得到的机器模型识别的效果越好，而这些带有汽车特征的图片都由数据标注工程师通过标注得到。

简而言之，数据标注工作就是通过分类、画框、标注、注释等方法，对图片、语音、文本等数据进行处理，标记对象的特征，以作为机器学习的基础素材。由于机器学习需要大量的

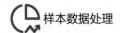

素材并反复学习来训练模型和提高精度，同时无人驾驶、智慧医疗、语音交互等各大应用场景都需要标注数据提供素材支持，因此标注工程师的岗位应运而生。

5.1.2　数据标注分类简介

数据标注按照不同的分类标准，可以有不同的划分方式。这里以标注对象作为分类依据，将数据标注细化为图像标注、语音标注及文本标注。

1．图像标注

提到数据标注，人们最直观的印象就是图像标注。在人工智能与各行各业应用相结合的研究过程中，图像标注扮演着重要的角色，如通过对马路图片中的汽车和行人进行筛选、分类、标框等（见图 5-1），可以提供给安防摄像头及无人驾驶平台使用，提高它们的识别能力；通过对医疗影像中的骨骼进行描点，特别是对病理切片进行标注分析，能够帮助人工智能提前在一定程度上预测各种疾病。

图 5-1　路况图像汽车标注

2．语音标注

目前，在人工智能研究中，语音应答交互系统是一个重要分支，其中聊天机器人最为热门，苹果的 Siri、小米的小爱同学等应用已经深入人们的日常生活。在此类虚拟助理的研发过程中，基于语音识别、声纹识别、语音合成等建模与测试需要，需要对数据进行发音人角色标注、环境情景标注、多语种标注、ToBI（Tones and Break Indisces）韵律标注体系标注、噪声标注等，如图 5-2 所示。

3．文本标注

自然语言处理是人工智能的一门分支学科，为了满足自然语言处理不同层次的需要，对文本数据进行标注是其中一个关键的环节。具体而言，通过语句分词标注、语义判定标注、文本翻译标注、情感色彩标注、拼音标注、多音字标注、数字符号标注等，可提供准确率高的文本语料。图 5-3 所示为语义角色标注的示例。

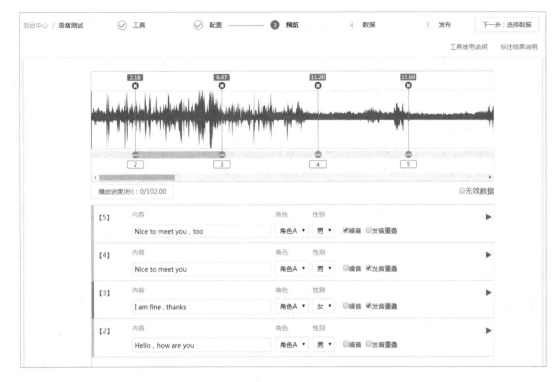

图 5-2　语音标注

输入序列	小明	昨天	晚上	在	公园	遇到	了	小红	。
语块	B-NP	B-NP	I-NP	B-PP	B-NP	B-VP		B-NP	
标注序列	B-Agent	B-Time	I-Time	O	B-Location	B-Predicate	O	B-Patient	O
角色	Agent	Time	Time		Location	Predicate	O	Patient	

图 5-3　语义角色标注的示例

5.1.3　数据标注流程简介

数据标注的质量直接关系到模型训练的效果,因此数据标注有一套标准的数据标注流程,以对图像、语音、文本等进行有序而有效的标注。数据标注流程如图 5-4 所示。

图 5-4　数据标注流程

1. 数据采集

数据采集是整个数据标注流程的首要环节。目前对于数据标注平台而言,其数据主要来自提出标注需求的人工智能相关企业。企业一般通过互联网获取公开数据集和专业数据集。公开数据集是政府、科研机构等对外开放的资源,获取比较简便,而专业数据集往往更耗费人力物力,有时需要通过购买获得,或者通过拍摄、截屏等自主整理获得。此外,对于百度等科技巨头而言，其本身就是一个巨大的数据资源库。

至于具体的数据获取方式，既可以通过内部数据库，进行数据库管理工作，如以 SQL 查询来完成数据提取等，也可下载政府、科研机构、企业开放的公开数据集。此外，还可编写网页爬虫，在合法范围内收集互联网上多种多样的数据，如爬取知乎、豆瓣、微博等相关公开的数据。

需要注意的是，在采集数据时，需要考虑的有采集的规模、预算，同时还要注重数据的多样性，以及对不同场景的实用性。另外，数据采集应该通过正当的方式获取，不能侵犯个人隐私及肖像权等个人权利，合法合理是数据采集的前提。

2．数据清洗

获取数据后，并不是所有数据都能够直接使用，有些数据是不完整、不一致、有噪声的脏数据，经过数据预处理之后，才能真正投入问题的分析研究中。在预处理的过程中，旨在把脏数据排除的数据清洗是重要的一环。

尤其是对一些爬虫程序获取的数据及视频监控数据，在数据清洗中，应对所有采集的数据进行筛检，去掉重复的、无关的内容，对异常值与缺失值进行查漏补缺，同时平滑噪声数据，最大限度地纠正数据的不一致性和不完整性，将数据统一成适合标注且与主体密切相关的标准格式，以帮助训练更为精确的数据模型和算法。

3．数据标注

数据经过清洗后，就进入数据标注的核心环节。一般在正式标注前，会进行试标，即由需求方的工程师给出标注样板，并为具体标注人员详细阐述标注需求与标注规则，经过充分讨论与沟通，确保最终数据输出的格式和质量符合要求。

试标后，标注工程师将按照此前沟通确认的规则进行数据标注，具体工作就是通过对图像、视频、语音、文本等素材进行细致的分类、标框、描点等操作，并打上不同的标签，以满足不同的人工智能应用需要。

4．数据质检

由于数据标注是人工处理的过程，所以它并不能保证完全准确。为了提高输出数据的准确率，还需要数据质检，而最终通过质检环节的数据才可以真正投入使用。

数据质检的方式有排查和抽查。检查时，一般设有多名专职的审核员，对数据质量进行层层把关，一旦发现不合格的标注数据，将直接交由数据标注人员返工，直至最终通过审核为止。

5.2 数据标注分类

目前，数据行业的标注对象主要有图像、语音、文本等类型。本节将介绍一下这 3 种数据标注类型的应用领域和标注规范。

5.2.1 图像标注

图像标注是数据标注的重要类型之一，也是最广泛、最普遍的一种数据标注类型。图像标注问题的本质是把视觉转换成语言的问题，通俗来说，就是"看图说话"。同理，我们希望算法能够根据图像的特征，得出描述其内容含义的自然语句和自然语言。这对于人类来说不算什么，但是对于计算机来说，却是一个不小的挑战。因为图像标注问题需要在图像信息和文本信息这两种不同形式的类型之间进行"翻译"。

1．图像标注的原理

理解图像标注，首先要理解机器学习。机器要想完成图像识别，必须通过大量的数据做训练学习，所以需要在训练前通过标注准备大量的数据。对于计算机来说，图像就相当于一连串代表着每个像素颜色的数字。机器学习的神经网络模型会把图像当成数字来输入。

比如，我们把一张 28 像素×28 像素的有一个"9"字的图像转换成一列 784 个数字的数列之后，就可以把它输入神经网络。对应图像数据，神经网络可以有 784 个输入节点，2 个输出节点。第一个输出预测图像是"9"的概率，第二个则输出预测图像不是"9"的概率。也就是说，可以依据多种不同的输出，使用神经网络把要识别的图像进行分组。

接下来训练神经网络，先对大批的"9"和非"9"的图像进行标注，相当于明确告诉它我们判定为"9"的图像是"9"的概率是 100%，不是"9"的图像其概率为 0；对应的非"9"的图像，明确告诉它我们输入的图像是"9"的概率为 0，不是"9"的概率是 100%。

计算机使用输入的数据训练得到对应的模型之后，便可以得到一个能判别图像是否为"9"的神经网络。

2．图像标注的应用领域

如今，图像标注主流的应用领域有车辆识别标注、人像识别标注、医疗影像标注、机械影像标注等领域，具体如下。

1）车辆识别标注

在处理车辆图像标注时，需要大量含有汽车的图像数据，机器在大批数据的学习中，会对这些对象的高维特征进行总结，若数据集较大、涵盖图像的种类越全，则总结出的特征就会具有更高的准确率和普适性。在识别新图像时，可以通过自己总结的高维特征对新的图像进行标注，对每一种可能出现的结果给出一个概率，这将为自动驾驶等领域提供很大的支持。

车辆图像的标注方式主要有两种，其一为拉框标注，其二为精细的切割标注。

拉框标注指在进行标注时，要将框的边缘紧贴车辆的边缘，同时在标注软件中注明每一个框的属性，如图 5-5 所示。对于算法来讲，每一个框都是一个小图，每一个小图都对应一种车辆。

切割标注指在进行标注时，标注的边框需要与车辆的边缘相切，如图 5-6 所示，如果不相切，把不属于车辆的部分框选了进来，后面机器在学习时，会把框选进来的非车辆部分也识别为车辆，从而造成机器识别不准确甚至是识别错误的情况；框选属性时也是如此，如果本来是汽车，却标记成了卡车，这就相当于在告诉机器这辆汽车是卡车的概率是 100%，机器学习之后，预测的结果可能出现很大的偏差。

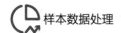

图 5-5　拉框标注

图 5-6　切割标注

2）人像识别标注

人像识别标注所应用的原理与其他图像标注不同。通常是在人脸上定位多个标志点，即人脸关键点的标注，每一个点都对应一个特征位置，少则最基础的五点标注，多则几百点标注均有可能，如图 5-7 所示。

图 5-7　人像识别标注（扫二维码）

在五点标注中，每一个点都代表一个关键点位，分别对应了五官的一个关键位置，连起来之后就形成人的五官。点位较多的有数百个点的人脸关键点位标注，它包含人的脸部轮廓、唇形轮廓、鼻形轮廓、眼轮廓及眉轮廓等，从而形成一张完整的人脸关键点位分布图，如图 5-8 所示。

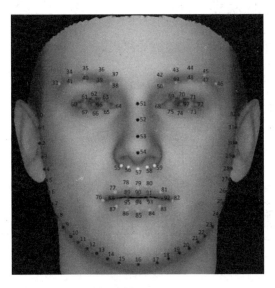

图 5-8　人脸关键点位分布图（扫二维码）

3）医疗影像标注

在医疗行业应用较多的则是医疗影像标注。目前医疗影像技术门槛比较高，发展也还不够成熟。所以，做医疗影像标注的多为专业医生。医疗影像标注与车辆的拉框标注所采用的方法比较类似，但是标注过程需要严谨的专业医学知识，所以对标注准确性的要求极高，如果标注错误，会产生非常严重的医疗事故。这就要求医疗影像标注只能是一些医学领域的专业人才来做，如在职医生和医学研究生。而面对一些比较复杂的医疗影像，则需要更为精深的医学研究人员才能完成。

智慧医疗尚处于起步阶段，只有将专业技术与现有成熟的商业模式完美结合，才能实施落地。

4）机械影像标注

机械图样绘制同样是一个专业而严谨的过程。机械图样是设计、加工制造、装配使用、检验检测及维修等活动的重要技术参考，更是工程技术人员交流的工具。在机械影像标注领域，涉及的主要有尺寸标注和表面粗糙度标注两种。

尺寸标注直接关系到产品的质量，对产品的实用性有关键影响。相关人员在进行尺寸标注时，要尽最大的可能认真、精确地标注。在进行实际标注时，要明确其基本的要求，更要熟悉国家标准和相关规定。要选择尺寸基准，分别对各部分形体进行标注，以及标注出各部分形体间的定位尺寸和总体尺寸等，标注完成后再次进行检查核对，确保其完整性和正确性。

表面粗糙度标注与机械零件表面加工质量密切相关，它是机械图样中广泛使用的一种标注方法。在进行实际标注时，做好表面粗糙度的标注工作，首先要明确国家标准对表面粗糙度的要求，从表面粗糙度符号的回执、标注位置和方向，以及表面粗糙度数值的注写出发。

机械影像标注如图 5-9 所示。

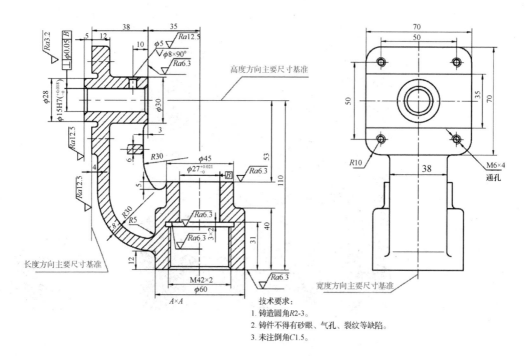

图 5-9　机械影像标注

5.2.2　文本标注

标注问题实质上是输入一个观测序列，输出一个标记序列或者状态序列。标注问题的目的是学习模型，使该模型能够对观测序列给出标记序列作为预测。需要注意的是，标记个数是有限的，但其组合所成的标记序列的个数是依照序列长度呈指数级增长的。

文本标注也是最常见的数据标注类型之一，是指将文字、符号在内的文本进行标注，让计算机能够读懂识别其句法含义，从而应用于人类的生产生活领域。

文本标注在我们的生活中的应用范围比较广泛。具体来说，文本标注应用比较多的行业有客服行业、金融行业、医疗行业等。应用类型主要有数据清洗、语义识别、实体识别、场景识别、情绪识别、应答识别等。

1．客服行业

在客服行业，文本标注主要应用于场景识别和应答识别。以不少电商平台的智能客服机器人为例，当用户在购物遇到问题，与机器人沟通交流时，人工智能先根据用户的咨询内容切入对应的场景里，然后让用户选择更细分的应答模型，再定位到用户的实际场景中，最后根据用户的具体问题，给出对应的回答。整个过程就好比是把用户的问题用筛子过滤一遍。

在初期建立应答体系时，需要对海量用户咨询语言所生成的文字材料进行分类，把对应的用户咨询的问题事先标记好，然后放进对应的模型中。例如，"我看的这台计算机的 CPU 是什么型号"，具体如图 5-10 所示。

图 5-10　客服行业文本标注

在这一步中，数据标注的具体工作就是给句子的场景打标记，将用户的问题细分到对应的场景中。在进行这种标注时，需要非常熟悉本行业的业务逻辑树，其实质就是建立机器人的应答知识库。机器人在收到用户发出的指令时，首先识别这些指令和哪个细分问题的拟合度最高，然后选取那个问题的答案作为给用户的答案。

2．金融行业

线上平台标注和线下表格标注是金融行业文本标注主要的标注形式，下面以金融行业企业标注的线下标注内容举例。

尽管人工智能会整理好大量语料，面对问题时尽量穷举出对应场景和模型的应答知识库，但是用户提问的方式通常具有多样性，有时还需要根据上下文和其应用场景才能做到充分理解，再加上机器的识别存在概率性，最终识别成什么问题，以及最终给出什么答案都存在阈值，所以出现识别错误情况也难以避免。

一般，出现错误的情况被称作 badcase。这时，需要数据标注人员对原始的聊天数据进行重现，看机器人的回答是否正确。如果不正确，就必须分析出现的问题是哪一种，是一级分类错误还是二级分类错误，或是回答的内容不够合适和完整，不能表达用户的需求。

打个比方，当用户问信用卡怎么办理时，机器人回复的却是储蓄卡的办理流程，这就是出现了 badcase。这是因为，机器人把问题分进了错误的分类，从而出现回答错误答案的现象。标注人员需要将出现的错误筛选出来，并根据业务逻辑树重新分类，标记完之后由专人对应答情况进行检查调优。

3．医疗行业

在医疗行业，对自然语言进行标记处理，对专业度要求比较高，需要资深医学研究者才能进行标注。

医疗行业标注的对象通常是从病例中获取的内容。例如，病历中的体查项和既往病史是有模板的，直接识别可替换项的结果就可以，这种往往是比较容易的。但是，关于病情的描述，患者主诉和医生对患者的描述通常会有所差异，加大了标注的难度。

在做标注时可以这样处理：首先明确每个词的属性，即每个词在这种语境下具备怎样的属性，然后标注每个词在句子中的作用。举个例子，患者主诉为：腰痛 2 年，伴左下肢放射痛 10 日余，如图 5-11 所示。

这种标注的目的在于通过大量的已标注数据的训练，让机器去识别患者主诉中的每个词，对语句进行拆词，进而判断

腰痛2年，伴左下肢放射痛10日余		
分词	属性	位置
腰	器官	主
痛	症状	谓
2	时间	宾
年	时间	宾
，	–	–
伴	–	–
左	方位	主
下	方位	主
肢	器官	主
放射	修饰属性	谓
痛	症状	谓
10	时间	宾
日	时间	宾
余	时间	宾

图 5-11　医疗行业文本标注

每个词具备怎样的属性，在句子中有什么作用，在这种语境下扮演什么角色，从而识别出有用信息。

5.2.3 语音标注

语音标注与我们生活的众多方面都息息相关。例如，我们使用的聊天软件可以将语音转换成文字；地图 App 上的语音问路功能，或者购物网站的智能客服，直接对它说出问题，智能客服就会给出对应的回答。这些场景前期都需要大量的标注语料，去标记这些"说出的话"所对应的"文字"，再一点点去修正语音和文字间的误差。这就是语音标注。

生活中，语音标注最典型的应用是客服录音数据标注。客服录音数据标注有严格的质量要求，具体标准采用文字错误率和其他错误率。文字错误率是指语音内容方面的标注错误。只要有一个字错了，该条语音就算错，一般要控制在 3%以内。其他错误率是指除语音内容以外的其他标注项错误；只要有一项错了，该条语音也算错，一般要控制在 5%以内。下面是客服录音数据标注规范，具体可以从以下 6 个步骤入手。

（1）确定是否包含无效语音。

无效语音，即不包含有效语音的数据。例如，由于某些问题文件无法播放；音频全部是静音或者噪声；语言不通或口音很重，造成听不清或听不懂；两个人谈话，听不清楚内容，少于 3 个明确字；音频中无人说话，只有背景噪声或音乐；音频背景噪声过大，影响说话内容的识别；语音音量过小或发音模糊，无法确定语音内容；语音只有"嗯""啊""呃"的语气词等。

（2）确定语音的噪声情况。

常见噪声包括但不限于主体人物以外其他人的说话声、咳嗽声。此外，雨声、动物叫声、背景音乐声、骑车滴答声、明显的电流声也包括在内。若能听到明显的噪声，则选择"含噪声"；若听不到噪声，则选择"安静"。

（3）确定说话人数量。

标注出语音内容是由几个人说出的。对于客服录音来说，一般都是两个人的说话声。

（4）确定说话人性别。

如果在该语音中，有多个人说话，标注出第一个说话人的性别。

（5）确定是否包含口音。

在语音标注过程中，如果有多个人说话，需要标注出第一个说话人是否有口音。"否"代表无口音，"是"代表有口音。常见有口音的普通话有 h 和 f 不分、1 和 n 不分、n 和 ng 不分、e 和 uo 不分，以及分不清前后鼻音、平翘舌等情况。

（6）语音内容方面。

假如两个人同时说话，则以主体说话人声音较大的为标准来转写文字。假如一条语音，有两个人同时说出了低于 3 个字的话，且听不清，将听不清的部分用 d 表示。假如一条语音中，低于 3 个字的部分噪声太大，盖住说话人的声音导致听不清的，用 n 表示。

另外，文字转写也有一些要求，具体如下。

（1）文字转写结果需要用汉字表示，常用词语要保证汉字准确，若遇到不确定的字，比如不确定人名使用的是哪个汉字，则用常见的同音字表示，如"陈红/陈宏"，都是可以的。

（2）转写内容需要与实际发音内容完全一致，不允许修改与删减，即使发音中出现了重复或者不通顺等情况，也要根据发音内容给出准确的对应文本。比如发音为"我我好热"，"我"出现了重复，则依然转写为"我我好热"。

然而对于因为口音或个人习惯造成的某些汉字发音改变，则需要按照原内容改写。比如由于口音，某些音发不清楚，音量读成了"yin1 niang4"则仍然标注为"音量"，不能标注为"音酿"；对于有人习惯性读错的某些汉字，如将"教室"读成"jiao4 shi3"，则需要标注为"教室"，不能标注为"教使"。

（3）遇到网络用语，如实际发音为"孩纸""灰常""童鞋"，则应该根据发音标注为"孩纸""灰常""童鞋"，不能标注为"孩子""非常""同学"。

（4）转写时对于语音中正常的停顿，可以标注常规的标点符号（如逗号、句号、感叹号），详细标注规则可以根据实际情况自行判断，不做强制要求。

（5）遇到数字，根据数字具体的读法标注为汉字形式，不能出现阿拉伯数字形式的标注。如"321"，允许的标注为"三二一""三二幺""三百二十一"等，禁止标注为"321"

（6）对于儿化音，根据音频中说话人的实际发音情况进行标注，如"玩"，读出了儿化音则标注为"玩儿"，没有读出儿化音则标注为"玩"。

（7）对于说话人清楚讲出的语气词，如"啊""嗯""哎"等，需要根据其真实发音进行转写。

（8）关于语音中夹杂英文的情况，应按以下方式进行处理。

① 若英文的实际发音为每个字母的拼读形式，则以大写字母形式去标注每个拼出的字母，字母之间加空格，如"W T O""C C T V"等。

② 假如出现的是英文单词或短语，对于常用的专有词汇，在可以准确确定英文内容的情况下，可以以小写字母的形式标注每个单词，单词与单词之间以空格分隔，如"gmail dot com"；在其他情况下直接抛弃。标注工作主要针对中文普通话，因此除了一些常见的专有词汇，如网址、品牌名称外，其他英文词汇直接抛弃即可。

5.3　数据标注质量检验

什么是质量？质量可以理解为对用户需求的满足。生产者需要根据客户需求制定产品要求，而产品要求既需要考虑用户需求，还需要考虑用户能够接受的价格，而数据标注的质量同样适用上述观点。

5.3.1　数据标注质量的影响

机器学习是一种从数据中自动训练获得规律，并利用得到的规律对未知数据进行处理的过程。要让机器学习从数据中更准确有效地获得规律，就需要数据标注提供准确、高质量的学习素材。虽然机器学习领域在算法上取得了重大突破，由浅层学习转变为深度学习，但高质量的标注数据集依然是影响深度学习发展的一个重要因素。

机器学习的训练效果的基础是高质量的数据集，如果训练中使用的标注数据集存在大量噪声，将会导致机器学习的训练效果较差，无法获得规律，这样在训练效果验证时会出现与目标存在较大偏差，无法正确识别的情况。

图 5-12 所示为非专业标注人员标注的细胞核，可以看出细胞核的标注轮廓不准确且杂乱，存在大量噪声。图 5-13 中的紫色线条是非专业标注人员标注的共识轮廓，可以当作使用机器学习训练后的模型验证得到的训练效果。图 5-13 中的绿色线条是专家标注结果，作为数据集的理想识别效果。

可以看出，机器通过对非专业标注数据的学习后，只能识别出一部分目标，而且目标轮廓发生偏移，这是因为机器学习训练时采用的数据集不准确造成的。

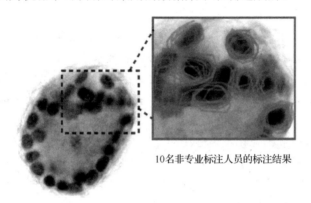

10名非专业标注人员的标注结果

图 5-12 非专业标注人员标注的细胞核（扫二维码）

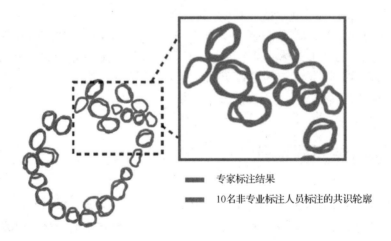

专家标注结果
10名非专业标注人员标注的共识轮廓

图 5-13 机器学习后验证的训练效果（扫二维码）

数据标注质量与机器学习的训练效果的关系曲线图如图 5-14 所示。

在图 5-14 中，当数据集的整体标注质量只有 80%时，机器学习的训练效果只有 30%～40%，随着数据标注质量逐步提高，机器学习的训练效果也突飞猛进。当数据标注质量达到 98%时，机器学习的训练效果约为 80%，但如果数据标注质量再往上提升，机器学习的训练效果的提升不明显。

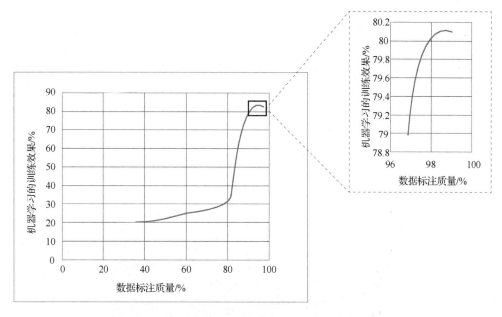

图 5-14　数据标注质量与机器学习的训练效果的关系曲线图

5.3.2　数据标注的质量标准

产品的质量标准是在产品生产和检验的过程中判定其质量是否合格的根据。对于数据标注行业而言，数据标注的质量标准就是标注的准确性。本节将对图像标注、语音标注、文本标注 3 种标注方式的质量标准分别进行介绍。

1．图像标注的质量标准

对比人眼所见的图像而言，计算机所见的图像是一堆数字，如图 5-15 所示。图像标注就是根据需求将这一堆数字划分区域，让计算机在划分出来的区域中找寻数字的规律。

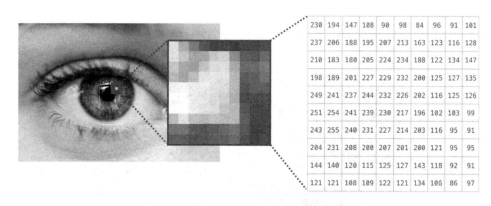

图 5-15　人眼所见的图像和计算机所见的图像

机器学习训练图像识别是根据像素点进行的，所以对于图像标注的质量标准也是根据像素点位判定的，即标注像素点越接近于标注物的边缘像素点，标注的质量越高，相对的标注难度越大。由于原始图像质量的原因，标注物的边缘可能存在一定数量与实际边缘像素点灰

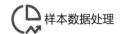

度相似的像素点，这部分像素点会对图像标注产生干扰。按照 100%准确度的图像标注要求，标注像素点与标注物的边缘像素点的误差需要在 1 个像素以内。不同的图像标注类型适合不同的检验方式，下面对常用的图像标注方式的检验进行详细说明。

1）标框标注

对于标框标注，需要先对标注物最边缘像素点进行判断，然后检验标框的四周边框是否与标注物最边缘像素点的误差在 1 个像素以内。

如图 5-16 所示，标框标注的上下左右边框均与图中汽车最边缘像素点的误差在 1 个像素以内，所以这是一张合格的标框标注图片。

图 5-16　标框标注图片

2）区域标注

与标框标注相比，区域标注质量检验的难度在于区域标注需要对标注物的每个边缘像素点进行检验。

如图 5-17 所示，区域标注像素点与汽车边缘像素点的误差在 1 个像素以内，所以这是一张合格的区域标注图片。

图 5-17　区域标注图片

在区域标注质量检验中需要特别注意检验转折拐角，因为在图像中转折拐角的边缘像素点噪声最大，最容易产生标注误差。

3）其他图像标注

其他图像标注的质量标准需要结合实际的算法制定，质检员首先要理解算法的标注要求，然后按照严格的质量标准对标注成品进行检验。

2．语音标注的质量标准

语音标注在质量检验时需要在比较安静的独立环境中进行，在语音标注的质量检验中，质检员需要做到眼耳并用，时刻关注语音数据发音的时间轴与标注区域的音标是否相符，如图 5-18 所示，检验每个字的标注是否与语音数据发音的时间轴保持一致。

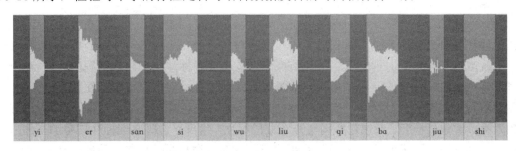

图 5-18　语音标注图片

语音标注的质量标准是标注与发音时间轴误差在 1 个语音帧以内，在日常对话中，字的发音间隔往往会很短，尤其是在语速比较快的情况下，如果语音标注的误差超过 1 个语音帧，很容易标注到下一个发音，使语音数据集中存在更多噪声，从而影响最终的机器学习训练效果。

3．文本标注的质量标准

文本标注是一类较为特殊的标注，不仅有基础的标框标注，还需要根据不同需求进行多音字标注、语义标注等。

多音字标注的质量标准就是标注一个字的全部读音，这需要借助字典等专业性工具进行检验。以"和"字为例，"和"有 6 种读音，"和"（he 二声）：和平，"和"（he 四声）：和诗，"和"（hu 二声）和牌，"和"（huo 二声）：和面，"和"（huo 四声）：和药，"和"（huo 轻声）：暖和，如果加上各地区方言发音，那么"和"可能存在更多读音，所以多音字标注在质量检验时一定要借助专业性工具进行。

语义标注的质量标准是标注词语或语句的语义，在检验中分为 3 种情况：针对单独词语或语句进行检验；针对上下文的情景环境进行检验；针对语音数据中的语音语调进行检验。3 种语义标注检验除了需要借助字典等专业性工具，还需要理解上下文的情景环境及语音语调。以"东西"为例："他还很小，经常分不清东西"。"西"（xi 一声），这里的"东西"代表方向。"她正走在路上，忽然有什么东西落到了脚边"。"西"（xi 轻声），这里的"东西"代表物品。如果根据上下文情景环境及语音语调的不同，"东西"这个词可能还会另带他意。所以语义标注检验除了需要借助专业性工具，还需要对上下文的情景环境及语音语调进行理解。

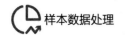

5.3.3　数据标注质量检验方法

质量检验就是采用一定检验测试手段和检查方法测定产品的质量，一般的产品检验方法分为全样检验和抽样检验，但在数据标注中，会根据实际情况加入实时检验的环节来减少数据标注过程中出现重复的错误问题。本节将对实时检验、全样检验和抽样检验 3 种质量检验方法进行介绍。

1．实时检验

实时检验是现场检验和流动检验的一种方式，一般安排在数据标注任务进行过程中，从而能够及时发现问题并解决问题。一般情况下，一名质检员需要负责实时检验 5～10 名标注员的数据标注工作。

数据标注的任务会以分组的形式完成，如 1 名质检员同 5～10 名标注员分为一组，一个数据标注任务会分配给若干小组完成，质检员会对自己所在小组的标注员的标注方法、熟练度、准确度进行现场实时检验，当标注员操作过程中或者标注结果出现问题时，质检员可以及时发现，及时反馈修改。为了使实时检验更有效地进行，除了对数据标注任务划分小组，还需要将数据集进行分段标注，当标注员完成一个阶段的标注任务后，质检员就可以对此阶段的数据标注进行检验。通过对数据集进行分段标注，也可以实时掌握标注任务的工作进度。

如图 5-19 所示，标注员在对分段数据进行标注时，质检员可以实时检验，当一个阶段的分段数据标注完成后，质检员将对该阶段数据标注结果进行检验，如果标注合格，可以放入该标注员已完成的数据集中；如果标注不合格，可以立即让标注员进行返工改正标注。

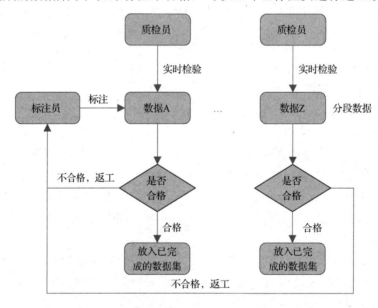

图 5-19　实时检验流程图

如果标注员对标注存在疑问或者对需求不够理解，可以由质检员进行现场沟通与指导，及时发现问题并解决问题。如果在后续标注中同样的问题仍然存在，质检员可能就需要安排该名标注员重新参加数据标注任务培训。

实时检验方法的优点如下。

（1）能够及时发现问题并解决问题。

（2）能够有效减少标注过程中重复错误的重复出现。

（3）能够保证整体标注任务的流畅性。

（4）能够实时掌握数据标注的任务进度。

实时检验方法的缺点是对人员的配备及管理要求较高。

2．全样检验

全样检验是数据标注任务完成交付前必不可少的过程，没有经过全样检验的数据标注是无法交付的。全样检验需要质检员对已完成标注的数据集进行集中全样检验，严格按照数据标注的质量标准进行检验，并对整个数据标注任务的合格情况进行判定。

如图 5-20 所示，全样检验是质检员对全部已完成标注的数据集进行全样检验，通过全样检验合格的数据标注存放到已合格数据集中等待交付。而对于不合格的数据标注，需要标注员进行返工改正标注。

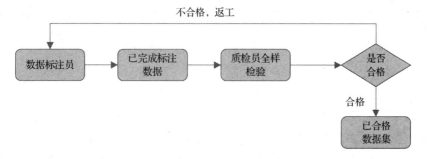

图 5-20 全样检验流程图

全样检验方法的优点如下。

（1）能够对数据集做到无遗漏检验。

（2）可以对数据集进行准确率评估。

全样检验方法的缺点是耗费大量的人力与精力。

3．抽样检验

抽样检验是产品生产中一种辅助性检验方法。在数据标注中，为了保证数据标注的准确性，将抽样检验方法进行叠加，形成多重抽样检验方法，此方法可以辅助实时检验和全样检验，以提高数据标注质量检验的准确性。

1）辅助实时检验

当数据标注任务需要采用实时检验方法，但质检员与标注员比例失衡，标注员过多时，可以采用多重抽样检验辅助实时检验。这种方法可以减少质检员对质量相对达标的标注员的实时检验时间，合理地调配质检员的工作重心。

如图 5-21 所示，当标注员完成第一阶段数据标注任务后，质检员会对其第一阶段标注的数据进行检验，若标注数据全部合格，则如图中标注员 A 与标注员 B 所示，在第二阶段实时检验时，质检员只需对标注员 A 与标注员 B 标注的数据的 50% 进行检验；若不合格，则如图中标注员 C 与标注员 D 所示，在第二阶段实时检验时，质检员仍然需要对标注员 C 与标注员 D 标注的数据进行全样检验。

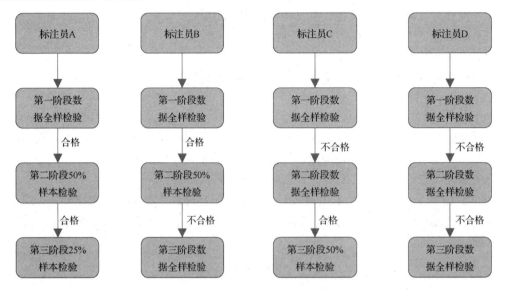

图 5-21　多重抽样检验辅助实时检验

在第二阶段的实时检验中，标注员 A 依然全部合格，则第三阶段实时检验的标注数据较第二阶段减少 50%。标注员 B 在第二阶段的实时检验中发现存在不合格的标注，则在第三阶段的实时检验中对其标注的数据全部检验。标注员 C 在第二阶段的实时检验中全部合格，则第三阶段实时检验的标注数据较第二阶段减少 50%。标注员 D 在第二阶段的实时检验中仍存在不合格的标注，则第三阶段实时检验中对其标注的数据仍需要全部检验，并且可能需要安排标注员 D 重新参加项目的标注培训。

多重抽样检验辅助实时检验可以让质检员将重点放在检验那些合格率低的标注员，而不会在检验高合格率标注员的工作上消耗太多精力，通过此检验方法能够合理分配质检员的工作重心，让数据标注项目即使在质检员人数不充足的情况下，也仍然能够进行实时检验方法。

2）辅助全样检验

多重抽样检验辅助全样检验是在全样检验完成后的一种补充检验方法，主要作用是减少全样检验中的疏漏，提高数据标注的准确率。

如图 5-22 所示，在全样检验完成后，要对标注员 A 与标注员 B 的标注数据先进行第一次抽样检验，如果全部检验合格，就如同标注员 A，在第二次抽样检验中检验的标注数据较第一次减少 50%。如果在第一次抽样检验中发现存在不合格的标注，就如同标注员 B，在第二次抽样检验中检验的标注数据较第一次增加 1 倍。

在多次的抽样检验中，若同一标注员发现有两次抽样检验存在不合格的标注，则认定此标注员标注的数据集不合格，需要重新进行全样检验，并对不合格的标注进行返工，改正标注。若标注员没有或只有一次的抽样检验存在不合格的标注，则认定此标注员标注的数据集合格，该标注员只需改正检验中发现的不合格标注即可。

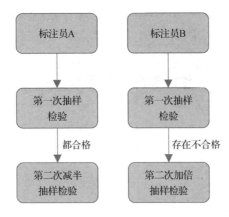

图 5-22　多重抽样检验辅助全样检验

多重抽样检验方法的优点如下。

（1）能够合理调配质检员的工作重心。

（2）有效地弥补其他检验方法的疏漏。

（3）提高数据标注质量检验的准确性。

多重抽样检验方法的缺点是只能辅助其他检验方法，如果单独实施，会出现疏漏。

5.4　图像数据标注实战

本节将通过一款图像标注软件——Infinity Data Lasbeling 数据标注平台（简称 Dlabel）进行图像数据标注，该平台需要在 Linux 环境下运行。图像数据标注包括车辆车牌标注、遥感影像标注、医疗影像标注、行人数据标注等不同场景，下面将依次进行标注操作。

5.4.1　车辆车牌标注

车牌识别在生活中有广泛的应用场景。例如，对公路上的违章拍照，识别车牌，在车辆管理系统中自动寻找对应车辆和车主，减少交警的工作负担；在大型停车场内对不同车位上车辆的车牌进行拍照识别，并记录到车辆查找系统中，车主在寻找自己的车辆时只需要在车辆查找系统的终端中输入自己的车牌号就能获取到车辆停放的位置。而这一切应用都需要一个巨大且优质的车牌标注数据集对模型进行训练。

车牌标注属于 OCR 的范畴，首先需要对车牌的位置进行标注，其次需要对车牌中的文本信息进行标注。车牌位置标注就是在图片中标注车牌所在的位置，为模型在图片中识别车牌所在位置提供信息。车牌文本信息标注就是对车牌中的文字进行标注，标注出文字在车牌中的位置及文字内容，为模型识别车牌号提供信息。

1．准备数据源和输出目录

准备数张待标注的图片，图片中包含能看到车牌的汽车，将图片放在同一个目录下，这里我们将待标注的图片放在/home/ubuntu/dl_pic/plate/source 目录下，如图 5-23 所示。

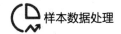

图 5-23　汽车图片存放位置

建立一个目录用于导出标注结果，这里创建目录/home/ubuntu/dl_pic/plate/target 用于保存标注结果。

2．打开数据标注平台

在已经安装 Dlabel 的 Linux 环境中打开命令行，输入"dlabel"并按 Enter 键，打开数据标注平台，Dlabel 主界面如图 5-24 所示。

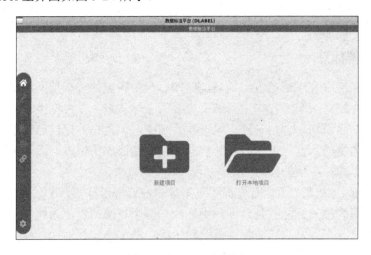

图 5-24　Dlabel 主界面

3．在数据标注平台中创建资源链接

打开数据标注平台，进入链接列表页面，单击链接列表右侧的加号按钮进入链接设置，如图 5-25 所示，在链接"名称"文本框中填写"车牌"，设置"链接源"为"本地文件系

统"，"文件夹路径"指向/home/ubuntu/dl_pic/plate/source 目录。

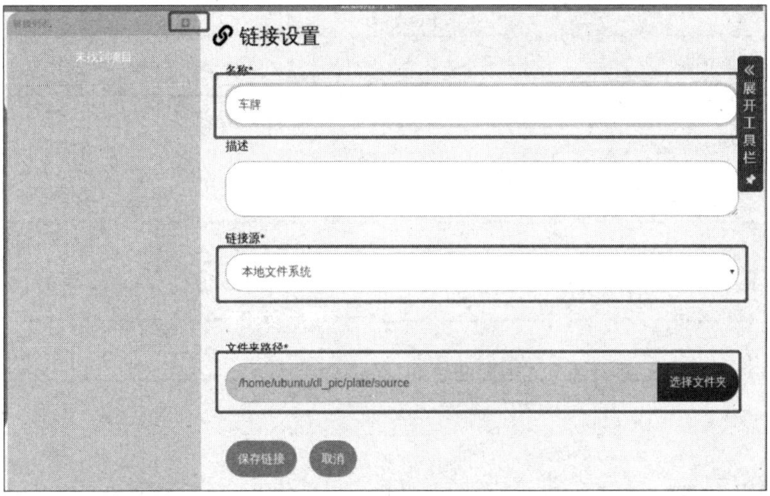

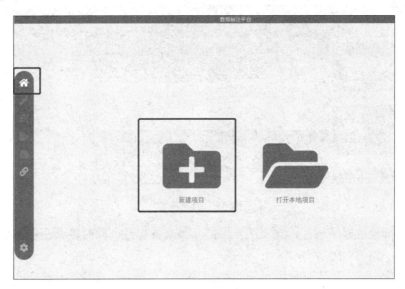

图 5-25　创建链接

单击"保存链接"按钮后，链接将被添加至链接列表。同理创建名为"输出目录（车牌）"
的链接，文件夹路径指向/home/ubuntu/dl_pic/plate/target 目录。

4．创建标注项目

在主页（见图 5-26）单击"新建项目"按钮跳转至项目设置页面，如图 5-27 所示，在项
目"名称"文本框中填写"车牌标注"；设置"安全令牌"为"创建新的安全令牌"，生成新的
安全令牌；设置"数据源链接"为先前创建的"车牌"，"输出目录链接"为先前创建的"输出
目录（车牌）"。

图 5-26　新建项目

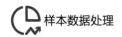

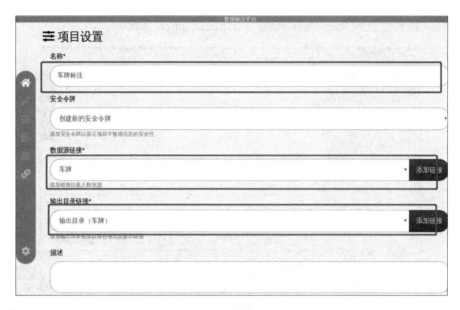

图 5-27　项目设置页面

完成配置后单击"保存项目"按钮，将直接跳转至标签编辑页面。

5．创建标签并标注

单击图 5-28 右侧标签工具栏中的加号按钮，进入标签创建模式，在弹出的标签输入框中输入"车牌"后，按 Enter 键确认创建标签。完成标签创建后，按 Esc 键退出标签创建。同理创建表示车牌中 0～9 各数字的标签，A～Z 各字母的标签，以及各行政区简称如"京""粤""琼"等的标签。

图 5-28　创建标签

首先对车牌位置进行标注，选择图像中的车牌进行标注，同时需要注意标注边框是否与车牌边缘贴合，如图 5-29 所示。

然后对车牌中的文字进行标注。如图 5-30 所示，在图片中创建标框覆盖车牌中的文字，并为其标注相应的文字标签，同样地需要标框边缘与文字边缘贴合。需要注意的是，在标框内无法直接创建另一个标框，可以在空白处创建新的标框后拖动至目标位置并调整大小。

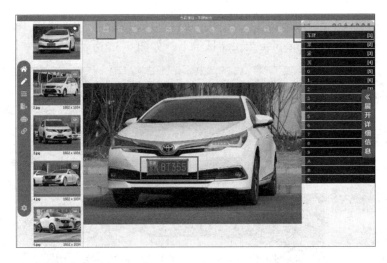

图 5-29　车牌标注

图 5-30　车牌文字标注

6. 配置导出格式并导出标注结果

如图 5-31 所示，单击导航栏中的"导出"标签进入导出设置页面，选择导出格式及相关配置。这里设置"输出格式"为"Tensorflow Records"，"数据资产状态"为"仅选择已查看过的数据资产"。完成后单击"保存导出设置"按钮，将保存配置并返回标注页面。

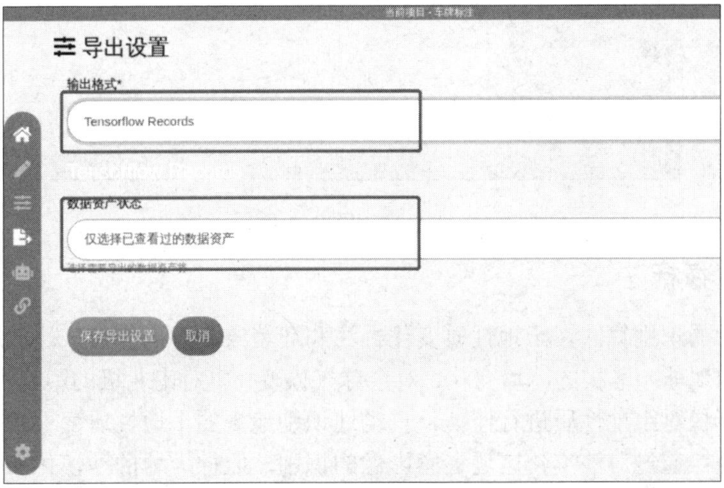

图 5-31　导出设置页面

如图 5-32 所示，单击"导出项目"按钮，包含标注结果的文件夹将以 Tensorflow Records 格式保存至/home/ubuntu/dl_pic/plate/target 目录下，如图 5-33 所示。

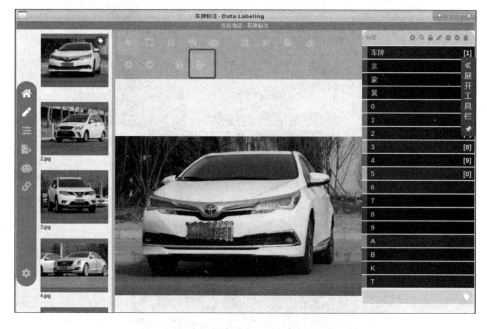

图 5-32　导出

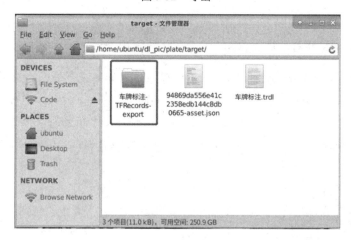

图 5-33　导出结果

5.4.2　遥感影像标注

对遥感影像的识别算法在土地性质变化标注和环境监测方面有着广泛的应用。例如，通过卫星影像监控地球南北极的冰盖变化，对全球气候变化、对南北极的影响进行记录和监控；政府通过卫星影像对土地性质进行监控，自动地识别违规的土地性质变更和使用，如违规砍伐森林开垦耕地；通过对沙漠化区域遥感影像的识别，监控土地的沙漠化和治理沙漠化的效果。对于这些应用，需要对大量的遥感影像进行标注，为模型训练提供数据集。

本实验使用数据标注平台对遥感影像进行标注，由于土地形状大都是不规则的多边形，因此首先需要使用多边形区域标注工具对土地区域的位置和边界信息进行标注，其次需要标注出土地的性质。

准备待标注的卫星地形监控图片，这里我们将图片放在/home/ubuntu/dl_pic/remote/source 目录下，如图 5-34 所示。

图 5-34　卫星地形监控图片存放位置

打开 Dlabel，创建资源链接，步骤与上个例子相同。创建链接的配置示例如图 5-35 所示。

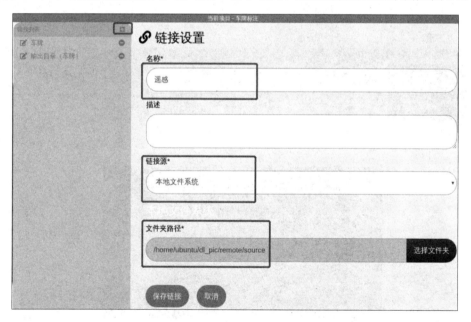

图 5-35　创建链接的配置示例

单击"保存链接"按钮后，链接将被添加至链接列表。同理创建名为"输出目录（遥感）"的链接，文件夹路径指向/home/ubuntu/dl_pic/remote/target 目录。

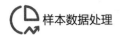

　　新建一个项目并进行设置，如图 5-36 所示，步骤与上个例子相同，在项目"名称"文本框中填写"遥感图片标注"；设置"安全令牌"为"创建新的安全令牌"，生成新的安全令牌；设置"数据源链接"为先前创建的"遥感"，"输出目录链接"为先前创建的"输出目录（遥感）"。

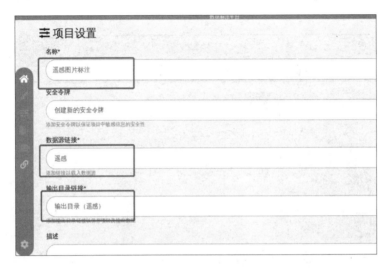

图 5-36　项目设置

　　如图 5-37 所示，单击右侧标签工具栏中的加号按钮，进入标签创建模式，在弹出的标签输入框中输入"农作物"后，按 Enter 键确认创建标签。完成标签创建后，按 Esc 键退出标签创建。

图 5-37　创建标签

　　同理创建土地属性标签"森林""住宅""道路""积水区"等。
　　选择"绘制多边形区域"工具，在土地区域的各个顶点单击创建多边形顶点，在最后一个顶点双击生成多边形标注区域，如图 5-38 所示。标注区域确认后，单击之前创建的标签，为选中的区域添加相应的土地属性标记。注意在标注时需要确保标框边缘与土地区域边缘贴合，可以拖动标框的顶点调整多边形形状。同理对图片中的所有对象和所有图片进行标注。

图 5-38 标注对象（扫二维码）

导出标注结果，导出设置如图 5-39 所示。

图 5-39 导出设置

单击如图 5-40 所示的"导出项目"按钮，包含标注结果的文件夹将以 Tensorflow Records 格式保存至/home/ubuntu/dl_pic/remote/target 目录下，如图 5-41 所示。

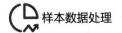

图 5-40   导出（扫二维码）

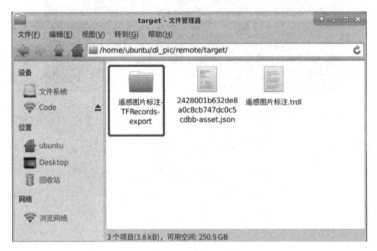

图 5-41   导出结果

5.4.3   医疗影像标注

在医疗行业中，图像识别算法可以在智能诊疗、医疗影像识别等方面提供辅助功能。在智能诊疗方面，可以通过医疗影像对病人的症状进行初步诊断和分类，进行自动分诊和初步诊断，提高医院的运行效率，减轻医生的工作负担；在医疗影像识别方面，可以解决优秀的医疗影像专业医生培养周期长、培养成本高，以及人工读片时主观性和工作状态会一定程度上影响判断结论的问题。为了在医疗场景中能准确地对图像信息进行识别和判断，就需要大量的精准标注数据进行机器学习。

在医疗影像标注过程中，首先需要在图片中标注识别对象的位置，然后对标注对象添加描述标签。需要注意的是，在医疗影像中，通常会出现标注对象重叠遮挡的现象，这就需要对标注对象被遮挡的位置进行判断，将被遮挡部分也包含进标框中。

准备待标注的细胞图片，这里我们将图片放在/home/ubuntu/dl_pic/medical/source 目录下，如图 5-42 所示。

图 5-42 细胞图片存放位置

打开 Dlabel，创建资源链接，如图 5-43 所示。

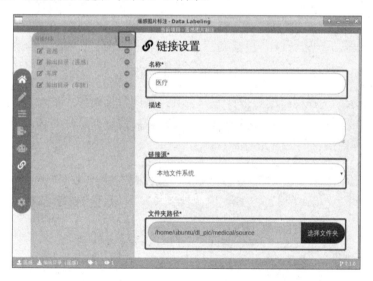

图 5-43 创建链接

单击"保存链接"按钮后，链接将被添加至链接列表。同理创建名为"输出目录（医疗）"的链接，文件夹路径指向/home/ubuntu/dl_pic/medical/target 目录。

新建一个项目并进行设置，如图 5-44 所示，在项目"名称"文本框中填写"医疗影像标注"；设置"安全令牌"为"创建新的安全令牌"，生成新的安全令牌；设置"数据源链接"为先前创建的"医疗"，"输出目录链接"为先前创建的"输出目录（医疗）"。

单击图 5-45 右侧标签工具栏中的加号按钮，进入标签创建模式，在弹出的标签输入框中输入"细胞"后，按 Enter 键确认创建标签。完成标签创建后，按 Esc 键退出标签创建。

图 5-44　项目设置

图 5-45　创建标签

　　如图 5-46 所示，选择"绘制矩形区域"工具，在图像上对单个的细胞添加标框。单击之前创建的"细胞"标签，将选中的区域标记为"细胞"。注意在标注时需要确保标框边缘与细胞边缘贴合。同理对所有的图片进行标注。

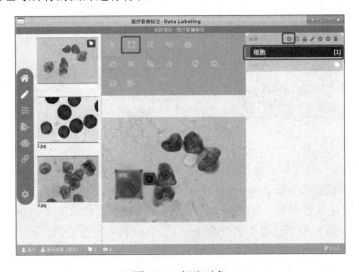

图 5-46　标注对象

　　导出标注结果，导出设置如图 5-47 所示。

图 5-47　导出设置

标注完成后，单击"导出项目"按钮，如图 5-48 所示，包含标注结果的文件夹将以 Tensorflow Records 格式保存至/home/ubuntu/dl_pic/medical/target 目录下，如图 5-49 所示。

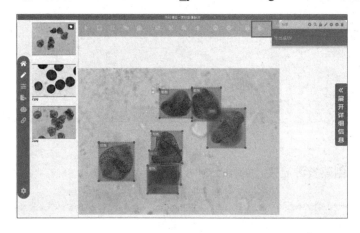

图 5-48　导出

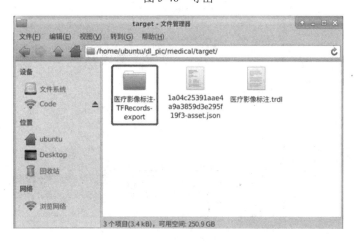

图 5-49　导出结果

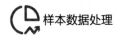

5.4.4 行人数据标注

在图像和视频中标注行人，应用于人工智能系统、车辆辅助驾驶系统、智能机器人、智能视频监控、人体行为分析、智能交通等领域。

行人兼具刚性和柔性物体的特性，外观易受穿着、尺度、遮挡、姿态和视角等影响，使得行人检测成为计算机视觉领域中一个既具有研究价值同时又极具挑战性的热门课题。

准备待标注的包含行人的图片，如图 5-50 所示，这里我们将图片放在/home/ubuntu/dl_pic/human/source 目录下。

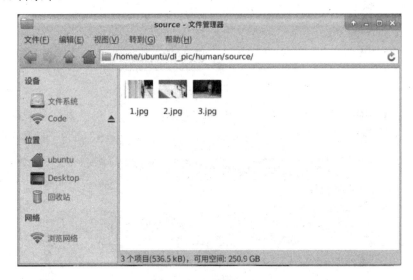

图 5-50　行人图片存放位置

打开 Dlabel，创建资源链接，如图 5-51 所示。

图 5-51　创建资源链接

单击"保存链接"按钮后，链接将被添加至链接列表。同理创建名为"输出目录（行人）"的链接，文件夹路径指向/home/ubuntu/dl_pic/human/target 目录。

新建一个项目并进行设置，如图 5-52 所示，在项目"名称"文本框中填写"行人标注"；设置"安全令牌"为"创建新的安全令牌"，生成新的安全令牌；设置"数据源链接"为先前创建的"行人"，"输出目录链接"为先前创建的"输出目录（行人）"。

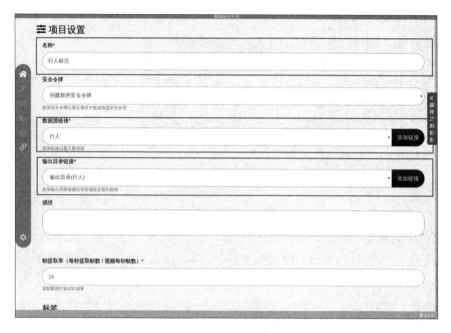

图 5-52　项目设置

单击图 5-53 右侧标签工具栏中的加号按钮，进入标签创建模式，在弹出的标签输入框中输入"行人"后，按 Enter 键确认创建标签。完成标签创建后，按 Esc 键退出标签创建。

图 5-53　创建标签

选择"绘制矩形区域"工具，在图像上选择包含行人的矩形区域。单击之前创建的"行人"标签，将选中的区域标记为"行人"。注意在标注时需要确保标框边缘与行人边缘贴合，如图 5-54 所示。

图 5-54　标注对象

依照之前创建标签的方式，创建性别特征、年龄段特征标签。单击标框使其被选中，随后单击对应的行人属性，为该标框增加属性标签。标签成功添加后，标框上方会显示与标签颜色相同的小方块，如图 5-55 所示。

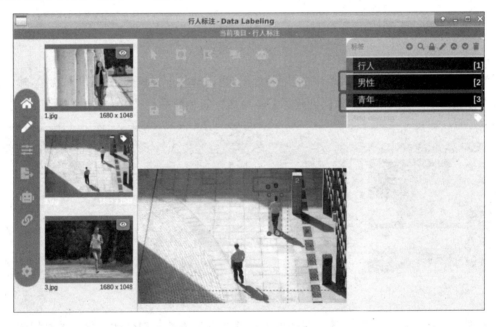

图 5-55　添加属性标签

接下来对行人服饰进行标注。首先定义服装的属性，然后在图片中选择标框，最后单击标签设置标签，如图 5-56 所示。标框边缘必须与服装边缘贴合。需要注意的是，在标框内无法直接创建另一个标框，可以在空白处创建新的标框后拖动至目标位置并调整大小。

导出标注结果，导出设置如图 5-57 所示。

图 5-56 行人服饰标注   图 5-57 导出设置

单击图 5-58 中的"导出项目"按钮，包含标注结果的文件夹将以 Tensorflow Records 格式保存至/home/ubuntu/dl_pic/human/target 目录下，如图 5-59 所示。

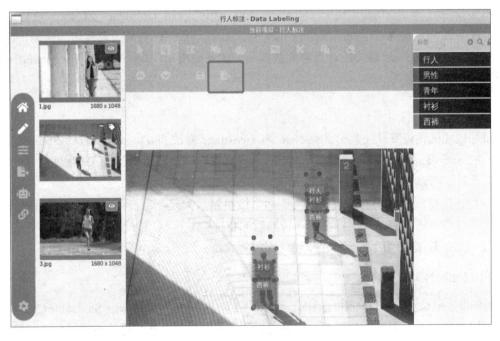

图 5-58 导出

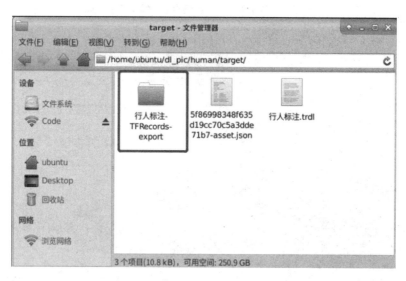

图 5-59　导出结果

5.4.5　基于行人标注数据集的行人检测

数据标注是一项烦琐且枯燥的工作，数据标注平台提供了基于预训练模型的自动标注功能。在进行标注工作时，可以使用预训练模型先行标注，再人工修正和细化，从而节省大量的时间和精力。

本实验使用 Tensorflow Object Detection API 对模型 ssd_mobilenet_v1_coco 进行训练，ssd_mobilenet_v1_coco 是以 MobileNet v1 为 Backbone，以 SSD 为分类器构造的模型。数据集使用 Tensorflow Records 格式的行人检测数据集。训练完成后使用 tensorflowjs_converter 将训练结果转换为 tfjs 格式。

1．SSD 算法

目标检测的主流算法主要分为两种类型：two-stage 算法和 one-stage 算法。SSD 算法是一种经典的 one-stage 算法，它先通过 RPN 网络得到候选框，然后进行分类与回归。SSD 算法相比其他算法有以下两大重要改变。

（1）SSD 算法提取了不同尺度的特征图来做检测，大尺度特征图（较靠前的特征图）可以用来检测小物体，而小尺度特征图（较靠后的特征图）可以用来检测大物体。

（2）SSD 算法采用了不同尺度和长宽比的先验框。

2．MobileNet v1

MobileNet（这里称为 MobileNet v1，简称 v1）中使用的 Depthwise Separable Convolution 是模型压缩的一个最为经典的策略，它是通过将跨通道的 33 卷积换成单通道的 33 卷积+跨通道的 1*1 卷积来达到此目的的。

MobileNet v1 的网络架构如表 5-1 所示。

表 5-1 MobileNet v1 的网络架构

Filter Shape	Type/Stride	Input Size
3 * 3 * 3 * 32	Conv / s2	224 * 224 * 3
3 * 3 * 32 dw	Conv dw / s1	112 * 112 * 32
1 * 1 * 32 * 64	Conv / s1	112 * 112 * 32
3 * 3 * 64 dw	Conv dw / s2	112 * 112 * 64
1 * 1 * 64 * 128	Conv / s1	56 * 56 * 64
3 * 3 * 128 dw	Conv dw / s1	56 * 56 * 128
1 * 1 * 128* 128	Conv / s1	56 * 56 * 128
3 * 3 * 256 dw	Conv dw / s2	56 * 56 * 128
1 * 1 * 128* 256	Conv / s1	56 * 56 * 128
3 * 3 * 256 dw	Conv dw / s1	28 * 28 * 256
1 * 1 * 256* 256	Conv / s1	28 * 28 * 256
3 * 3 * 256 dw	Conv dw / s2	28 * 28 * 256
1 * 1 * 256* 512	Conv / s1	14 * 14 * 256
3 * 3 * 512 dw	5 * Conv dw / s1	14 * 14 * 512
3 * 3 * 512 dw	Conv dw / s2	14 * 14 * 512
1 * 1 * 512* 1024	Conv / s1	7 * 7 * 512
3 * 3 * 1024 dw	Conv dw / s2	7 * 7 * 1024
1 * 1 * 1024* 1024	Conv / s1	7 * 7 * 1024
Pool 7 * 7	Avg Pool / s1	7 * 7 * 1024
1024 * 1000	FC / s1	1 * 1 * 1024
Classifier	Softmax / s1	1 * 1 * 1000

本实验使用数据标注平台产生的标注结果进行模型训练，再将模型的训练结果导入自动标注平台进行自动标注，步骤如下。

（1）将 Tensorflow Object Detection API 添加到当前 shell 的环境变量。

进入工作目录：

```
cd /home/ubuntu/models/research
```

将 Tensorflow Object Detection API 添加到当前 shell 的环境变量（若退出了当前 shell 重新打开，则需要重复该步骤）：

```
export PYTHONPATH=$PYTHONPATH:`pwd`:`pwd`/slim
```

可以使用以下命令验证 Tensorflow Object Detection API 是否可用：

```
python object_detection/builders/model_builder_tf1_test.py
```

当 Tensorflow Object Detection API 正确安装时，可以看到如图 5-60 所示的输出结果。

```
[ RUN      ] ModelBuilderTF1Test.test_invalid_faster_rcnn_batchnorm_update
[       OK ] ModelBuilderTF1Test.test_invalid_faster_rcnn_batchnorm_update
[ RUN      ] ModelBuilderTF1Test.test_invalid_first_stage_nms_iou_threshold
[       OK ] ModelBuilderTF1Test.test_invalid_first_stage_nms_iou_threshold
[ RUN      ] ModelBuilderTF1Test.test_invalid_model_config_proto
[       OK ] ModelBuilderTF1Test.test_invalid_model_config_proto
[ RUN      ] ModelBuilderTF1Test.test_invalid_second_stage_batch_size
[       OK ] ModelBuilderTF1Test.test_invalid_second_stage_batch_size
[ RUN      ] ModelBuilderTF1Test.test_session
[  SKIPPED ] ModelBuilderTF1Test.test_session
[ RUN      ] ModelBuilderTF1Test.test_unknown_faster_rcnn_feature_extractor
[       OK ] ModelBuilderTF1Test.test_unknown_faster_rcnn_feature_extractor
[ RUN      ] ModelBuilderTF1Test.test_unknown_meta_architecture
[       OK ] ModelBuilderTF1Test.test_unknown_meta_architecture
[ RUN      ] ModelBuilderTF1Test.test_unknown_ssd_feature_extractor
[       OK ] ModelBuilderTF1Test.test_unknown_ssd_feature_extractor
----------------------------------------------------------------------
Ran 21 tests in 0.209s

OK (skipped=1)
```

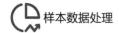

图 5-60　Tensorflow Object Detection API 正确安装的效果

（2）准备训练所需的文件和数据。

首先准备训练所需的模型文件、数据集和导出目录。在本实验中，这些数据都已经预置在实验机的/home/ubuntu/data 目录下，该目录下的文件内容如图 5-61 所示。

```
(tf_115) root@477fa2d5a370:/home/ubuntu/data# ll
总用量 20
drwxr-xr-x 5 root   root   4096 Dec 28 10:49 ./
drwxr-xr-x 1 ubuntu ubuntu 4096 Dec 28 10:42 ../
drwxr-xr-x 2 root   root   4096 Dec 28 10:49 result/
drwxr-xr-x 3 345018   5000 4096 Feb  2  2018 ssd_mobilenet_v1_coco_2018_01_28/
drwxr-xr-x 2 root   root   4096 Dec 28 10:43 TFRecords-export/
```

图 5-61　/home/ubuntu/data 目录下的文件内容

图 5-61 中，TFRecords-export 是存放数据集的目录，这里的数据集是使用数据标注平台进行标注，并导出为 Tensorflow Records 格式得到的。ssd_mobilenet_v1_coco_2018_01_28 是存放 ssd_mobilenet_v1_coco 模型的目录。result 是一个空目录，用来存放训练的结果。

（3）配置训练参数。

进入存储 ssd_mobilenet_v1_coco 模型的目录，使用文本编辑器打开 pipeline.config 文件，将文本第 3 行的 num_classes 根据数据集的实际情况修改为 1，如图 5-62 所示。

```
2  ssd {
3    num_classes: 1
4    image_resizer {
```

图 5-62　num_classes

由于实验机的性能限制，我们需要缩减图片 resize 之后的大小。在这里修改第 6、7 行的 height 和 width 均为 33，如图 5-63 所示。

```
5      fixed_shape_resizer {
6        height: 33
7        width: 33
8      }
```

图 5-63　height 和 width

修改第 134 行的 batch size，这里为了加快训练，设置为 1，如图 5-64 所示。

```
132 }
133 train_config {
134   batch_size: 1
135   data_augmentation_options {
```

图 5-64　batch size

删除第 157 行及 158 行的代码使训练过程从零开始，如图 5-65 所示。

```
156   }
157   fine_tune_checkpoint: "PATH_TO_BE_CONFIGURED/model.ckpt"
158   from_detection_checkpoint: true
159   num_steps: 200000
160 }
```

图 5-65　设置训练过程从零开始

由于在这里我们只是为了观察这个过程及实验机的性能限制，因此只对模型进行一次迭代优化，我们将原本在第 159 行，现在变更为第 157 行的迭代步数 num_steps 设置为 1，如图 5-66 所示。

```
156   }
157   num_steps: 1
158 }
159 train_input_reader {
```

图 5-66　num_steps

修改第 160 行的 label_map_path 为/home/ubuntu/data/TFRecords-export/tf_label_map.pbtxt（次路径为训练数据集中的 tf_label_map.pbtxt 文件的路径），修改第 162 行的 input_path 为/home/ubuntu/data/TFRecords-export/*.tfrecord。

这里/data/TFRecords-export/是训练数据集的路径，*.tfrecord 表示匹配所有扩展名为 tfrecord 的文件。

由于本次使用同一份数据集同时作为训练集和测试集，因此修改第 171 行的 label_map_path 为/home/ubuntu/data/TFRecords-export/tf_label_map.pbtxt，修改第 175 行的 input_path 为/home/ubuntu/data/TFRecords-export/*.tfrecord，与训练参数相应配置项相同，如图 5-67 所示。

```
159 train_input_reader {
160   label_map_path: "/home/ubuntu/data/TFRecords-export/tf_label_map.pbtxt"
161   tf_record_input_reader {
162     input_path: "/home/ubuntu/data/TFRecords-export/*.tfrecord"
163   }
164 }
165 eval_config {
166   num_examples: 8000
167   max_evals: 10
168   use_moving_averages: false
169 }
170 eval_input_reader {
171   label_map_path: "/home/ubuntu/data/TFRecords-export/tf_label_map.pbtxt"
172   shuffle: false
173   num_readers: 1
174   tf_record_input_reader {
175     input_path: "/home/ubuntu/data/TFRecords-export/*.tfrecord"
176   }
177 }
```

图 5-67　测试数据集配置

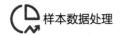

（4）训练。

完成配置文件工作后，进入/home/ubuntu/models/research/object_detection/legacy 目录，这里/models 是搭建 Tensorflow Object Detection API 时存放相关代码的目录。

```
cd /home/ubuntu/models/research/object_detection/legacy
```

使用命令：

```
python train.py --train_dir=/home/ubuntu/data/result \
--pipeline_config_path=/home/ubuntu/data/ssd_mobilenet_v1_coco_2018_01_28/
pipeline.config
```

启动模型训练，这里的 pipeline_config_path 指向上一步编写的配置文件。训练完成后（见图 5-68），结果将被存放在 train_dir 参数中设定的目录下，这里是/home/ubuntu/data/result 目录。

```
INFO:tensorflow:global_step/sec: 0
I1228 15:46:36.699136 139939723327232 supervisor.py:1099] global_step/sec: 0
INFO:tensorflow:global step 1: loss = 16.8086 (26.346 sec/step)
I1228 15:46:40.912665 139943999690496 learning.py:512] global step 1: loss = 16.
8086 (26.346 sec/step)
INFO:tensorflow:Stopping Training.
I1228 15:46:42.360823 139943999690496 learning.py:769] Stopping Training.
INFO:tensorflow:Finished training! Saving model to disk.
I1228 15:46:42.362366 139943999690496 learning.py:777] Finished training! Saving
 model to disk.
OMP: Info #252: KMP_AFFINITY: pid 31158 tid 31238 thread 3 bound to OS proc set
3
OMP: Info #252: KMP_AFFINITY: pid 31158 tid 31240 thread 3 bound to OS proc set
3
/root/anaconda3/envs/tf_115/lib/python3.6/site-packages/tensorflow_core/python/s
ummary/writer/writer.py:386: UserWarning: Attempting to use a closed FileWriter.
 The operation will be a noop unless the FileWriter is explicitly reopened.
  warnings.warn("Attempting to use a closed FileWriter. "
```

图 5-68　模型存储

（5）将训练结果转换为 tfjs 格式。

首先进入/home/ubuntu/models/research/object_detection 目录：

```
cd /home/ubuntu/models/research/object_detection
```

使用命令：

```
python export_inference_graph.py --input_type=image_tensor \
--pipeline_config_path=/home/ubuntu/data/result/pipeline.config \
--trained_checkpoint_prefix=/home/ubuntu/data/result/model.ckpt-1 \
--output_directory=/home/ubuntu/data/tf_saved_model
```

将训练结果转换为 tf_saved_model 格式并保存至/home/ubuntu/data/tf_saved_model 目录下，保存后的文件目录如图 5-69 所示。

```
(tf_115) root@477fa2d5a370:/home/ubuntu/data/tf_saved_model# ll
总用量 44848
drwxr-xr-x 3 root root       4096 Dec 28 15:58 ./
drwxr-xr-x 6 root root       4096 Dec 28 15:58 ../
-rw-r--r-- 1 root root         77 Dec 28 15:58 checkpoint
-rw-r--r-- 1 root root   22656594 Dec 28 15:58 frozen_inference_graph.pb
-rw-r--r-- 1 root root   22174240 Dec 28 15:58 model.ckpt.data-00000-of-00001
-rw-r--r-- 1 root root       8873 Dec 28 15:58 model.ckpt.index
-rw-r--r-- 1 root root    1053770 Dec 28 15:58 model.ckpt.meta
-rw-r--r-- 1 root root       3870 Dec 28 15:58 pipeline.config
drwxr-xr-x 3 root root       4096 Dec 28 15:58 saved_model/
```

图 5-69　/home/ubuntu/data/tf_saved_model 目录所有文件

使用如下命令，将 tf_saved_model 转换为 tfjs 格式并保存至/home/ubuntu/data/tfjs_model 目录下。

```
tensorflowjs_converter --output_json=true \
--output_node_names='Postprocessor/ExpandDims_1,Postprocessor/Slice' \
/home/ubuntu/data/tf_saved_model/saved_model /home/ubuntu/data/tfjs_model
```

在这里参数 output_node_names 的赋值'Postprocessor/ExpandDims_1,Postprocessor/Slice'是 ssd_mobilenet_v1_coco 模型的输出节点，该值需要根据模型的实际情况进行修改。

转换完成后，在/home/ubuntu/data/tfjs_model 目录下有如图 5-70 所示的文件。

```
root@0a57f3deaa0a:/home/ubuntu/data/tfjs_model# ll
总用量 21648
drwxr-xr-x 2 root   root      4096 Jan 29 09:54 ./
drwxrwxr-x 7 ubuntu ubuntu    4096 Jan 29 09:52 ../
-rw-r--r-- 1 root   root   4194304 Jan 29 09:54 group1-shard1of6
-rw-r--r-- 1 root   root   4194304 Jan 29 09:54 group1-shard2of6
-rw-r--r-- 1 root   root   4194304 Jan 29 09:54 group1-shard3of6
-rw-r--r-- 1 root   root   4194304 Jan 29 09:54 group1-shard4of6
-rw-r--r-- 1 root   root   4194304 Jan 29 09:54 group1-shard5of6
-rw-r--r-- 1 root   root   1067332 Jan 29 09:54 group1-shard6of6
-rw-r--r-- 1 root   root    115976 Jan 29 09:54 model.json
```

图 5-70　转换后的训练结果

转换完成后，还需要在 tfjs 模型目录下添加类别信息文件，这里为方便起见文件中仅有一个空元组，这样虽然所有对象均被识别为未知，但是 tfjs 模型文件可以正常使用。

首先执行命令：

```
cd /home/ubuntu/data/tfjs_model
vim classes.json!
```

进入存放 tfjs 模型文件的目录，并新建类别信息文件 classes.json，在文件中输入空元组"[]"后保存并退出，classes.json 的内容如图 5-71 所示。

图 5-71　classes.json 的内容

（6）配置自动标注模型。

在终端中以 ubuntu 用户身份执行命令：

```
dlabel
```

打开数据标注平台，首先在主页进入一个标注项目，或创建一个新的标注项目，进入项目的自动标注配置页面，如图 5-72 所示，在"选择模型"下拉列表中选择"本地导入"，选择文件夹路径为存放转换后的 tfjs 模型的路径。在这里是/home/ubuntu/data/tfjs_model。设置完成后，单击"保存项目"按钮载入自动标注模型。

197

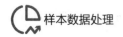

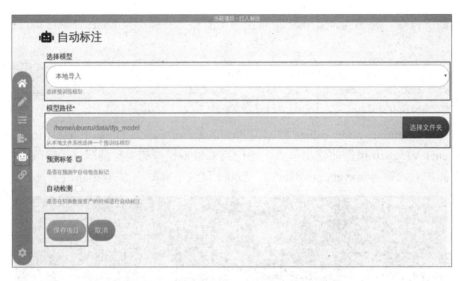

图 5-72　载入自动标注模型

（7）自动标注。

配置完成后，进入标注编辑器，单击"自动标注功能"按钮，标注平台将基于设置的预训练模型对图片进行对象识别和自动标注，如图 5-73 所示。

图 5-73　自动标注

5.5　文本标注实战

文本标注是指将文字、符号在内的文本进行标注，使其可以被计算机识别和运算，从而应用于人类的生产生活领域。文本标注在我们的生活中有广泛的应用。客服、金融、医疗等行业都对标注文本数据集有大量的需求。例如，在客服行业，不少电商已经将智能客服机器人实用化，当用户在购物中遇到问题时，人工智能可以将用户的咨询诉求切分并判断对应场景，给出对应的回答。

在本实验中，我们使用 brat 对文本进行标注。brat 是 brat rapid annotation tool 的递归缩写，它是一个容易定制的、轻量级的文本标注工具，可以自定义标注实体、事件、关系、属性等，以及对 txt 文本文档进行标注并导出 .ann 格式的标注结果文件。

文本标注的内容包括分词与词性标注、依存句法标注等。

分词与词性标注分为两步，第一步为文本分词，第二步为文本词性标注。

分词的一般原则如下。

（1）分词尽可能与中国国家标准 GB/T 13715《信息处理用现代汉语分词规范》保持一致。

（2）一般以词语、结合紧密程度、使用稳定的词组，以及在某些特殊情况下可能出现在切分序列中的孤立的语素或非语素作为分词单位。

（3）分词时应充分考虑形式与意义的统一。形式上要考虑一个结构体的组成成分是否能单独使用、结构体是否能扩展、组成成分的结果关系，以及结构体的音节结构；意义上要看结构体的整体意义是否有组合性。

（4）分词应既要适应语言信息处理及语料库语言学研究的需要，也要与传统的语言学研究成果保持一致；既要适合计算机自动处理，也要便于人工校对。

（5）分词时遵循从大到小的原则逐层顺序切分。对于难以判定是否切分的结构体，暂时不切分。

词性标注的一般原则如下。

（1）语法功能原则。语法功能是词类划分的主要依据，词的意义不作为划分词类的主要依据，它们更多起参考作用。

（2）允许兼有类。根据各种统计学研究，现代汉语的某些词具有多种语法功能，但多种功能的分布概率不同。在信息处理用现代汉语词类体系中，各词类的确立要根据词的主要语法功能。

（3）词类加工规范的标记集中的大类应当可以覆盖现代汉语的全部词。

本实验采用 GB/T 13715《信息处理用现代汉语分词规范》的大类，并添加部分细类作为词类标记集。

```
- 名词(n)
  - 普通名词(n)
  - 时间名词(nt)
  - 方位名词(nd)
  - 处所名词(nl)
  - 人名(nh)
    - 汉族或类汉族人名(人名:nhh,姓:nhf,名:nhg)
    - 音译或类音译名(nhy)
    - 日本人名(nhr)
    - 其他(nhw):绰号,笔名,尊称等
```

- 地名(ns)
- 族名(nn)
- 团体机构名(ni)
- 其他专有名词(nz)
- 动词(v)
  - 普通动词(v)
  - 能愿动词(vu)
  - 趋向动词(vd)
  - 系动词(vl)
- 形容词(a)
  - 性质形容词(aq)
  - 状态形容词(as)
- 区别词(f)
- 数词(m)
- 量词(q)
- 副词(d)
- 代词(r)
- 介词(p)
- 连词(c)
- 助词(u)
- 叹词(e)
- 拟声词(o)
- 习用语(i)
  - 名词性习用语(in)
  - 动词性习用语(iv)
  - 形容词性习用语(ia)
  - 连词性习用语(ic)
- 简称和略称(j)
  - 名词性简称和略称(jn)
  - 动词性简称和略称(jv)
  - 形容词性简称和略称(jc)
- 前接成分(h)
- 后接成分(k)
- 语素词(g)
- 非语素词(x)
- 其他(w)
  - 标点符号(wp)
  - 非汉字字符串(ws)
  - 其他未知符号(wu)

　　句法分析（Syntactic Parsing）是自然语言处理中的关键技术之一，它是对输入的文本句子进行分析以得到句子的句法结构的处理过程。对句法结构进行分析，一方面是语言理解的自身需求，句法分析是语言理解的重要一环，另一方面也为其他自然语言处理任务提供支持。例如，句法驱动的统计机器翻译需要对源语言或目标语言（或者同时两种语言）进行句法分析。语义分析通常以句法分析的输出结果作为输入以便获得更多的指示信息。

依存句法是由法国语言学家 L.Tesniere 最先提出的，它将句子分析成一棵依存句法树，描述出了各个词语之间的依存关系，也指出了词语之间在句法上的搭配关系，这种搭配关系是和语义相关联的。

例如，"会议宣布了首批资深院士名单"这句话对应的依存句法树如图 5-74 所示。

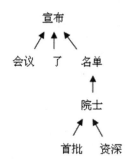

图 5-74　"会议宣布了首批资深院士名单"这句话对应的依存句法树

依存句法的定理如下。

（1）一个句子中存在一个成分，称为根（root），这个成分不依存于其他成分。

（2）其他成分直接依存于某一成分。

（3）任何一个成分都不能依存于两个或两个以上的成分。

（4）如果 A 成分直接依存于 B 成分，而 C 成分在句中位于 A 成分和 B 成分之间，那么 C 成分直接依存于 B 成分，或者直接依存于 A 成分和 B 成分之间的某一成分。

（5）中心成分左右两面的其他成分相互不发生关系。

依存句法分析的两个重要概念如下。

（1）谓语是一个句子的中心，句子中的其他成分与谓语有直接或间接的关系。体现在依存句法树上就是每个句子中的 root 就是句子中的谓语动词，句子中的所有词语都有一条路径直接或间接地与其相连。

（2）依存是词与词之间支配与被支配的关系，这种关系是不对等的，也就是说依存关系是存在方向的，并且不可互相依存。体现在依存句法树上就是依存句法树本身是一个有向图，表示依存关系的边是有方向的，并且在依存句法树中不存在 loop。

在本实验中，我们依照哈尔滨工业大学的 LTP，使用表 5-2 的词性标注集和表 5-3 的依存句法关系。

表 5-2　词性标注集

标签	标签描述	标签	标签描述	标签	标签描述
a	adjective	b	other noun-modifier	c	conjunction
d	adverb	e	exclamation	g	morpheme
h	prefix	i	idiom	j	abbreviation
k	suffix	m	number	n	general noun
nd	direction noun	nh	person name	ni	organization name
nl	location noun	ns	geographical name	nt	temporal noun

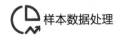

续表

标签	标签描述	标签	标签描述	标签	标签描述
nz	other proper noun	o	onomatopoeia	p	preposition
q	quantity	r	pronoun	u	auxiliary
v	verb	wp	punctuation	ws	foreign words
x	non-lexeme				

表 5-3　依存句法关系

关系类型	标签	关系类型	标签	关系类型	标签
主谓关系	SBV	动宾关系	VOB	间宾关系	IOB
前置宾语	FOB	兼语	DBL	定中关系	ATT
状中结构	ADV	动补结构	CMP	并列关系	COO
介宾关系	POB	左附加关系	LAD	右附加关系	RAD
独立结构	IS	核心关系	HED		

下面是使用 brat 进行文本标注的具体步骤。

1．分词与词性标注

（1）配置标注项目。

首先进入 brat 的项目目录，这里是/home/ubuntu/brat。在该目录下的 data/目录下的每个目录都将被读取为一个 brat 的标注项目。这里我们创建分词与词性标注项目的目录 seg_anno，如图 5-75 所示。

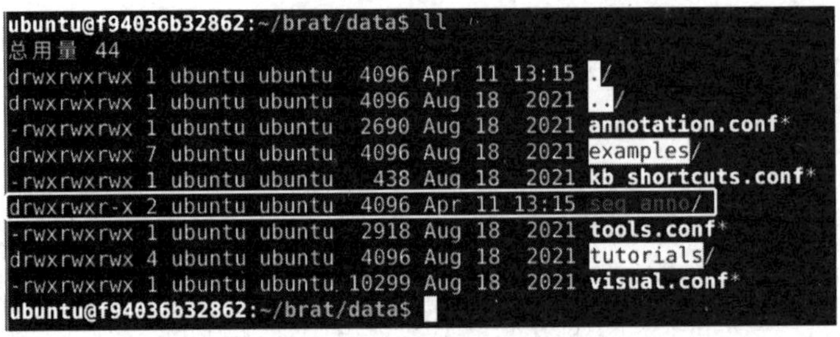

图 5-75　创建分词与词性标注项目的目录 seg_anno

进入 seg_anno 目录，创建 txt 文件 text.txt，在该文本文件中输入中文文本内容"Python是一门非常实用的语言。"

下载分词与词性标注的标注配置与显示配置文件（可在书本所附地址中下载），如图 5-76所示。

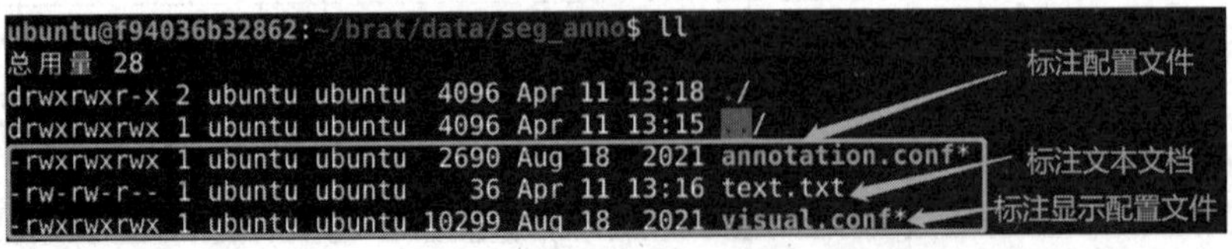

图 5-76　分词与词性标注的标注配置与显示配置文件

配置文件 annotation.conf 为标注配置文件，其中设置了该标注项目的标注实体列表 [entities]、事件列表[events]、关系列表[relations]和属性列表[attributes]。在分词与词性标注中我们只配置标注实体列表[entities]，其他 3 项都可以配置为空。

配置文件 visual.conf 为标注显示配置文件，可以在其中的[drawing] 和[labels]中设定标注的颜色和样式，以及更改标注标签的显示名称。这里在 visual.conf 中为各标签配置了中文名称，以方便标注。

当项目中不存在这两个配置文件时，将默认使用/home/ubuntu/brat/data 目录下的 annotation.conf 和 visual.conf 中规定的标注配置。需要注意的是，配置文件的各项可以为空，但必须存在。

（2）启动及访问 brat。

进入 brat 项目目录/home/ubuntu/brat，并调用文件 standalone.py 启动 brat 服务，如图 5-77 所示。

```
cd /home/ubuntu/brat
python standalone.py
```

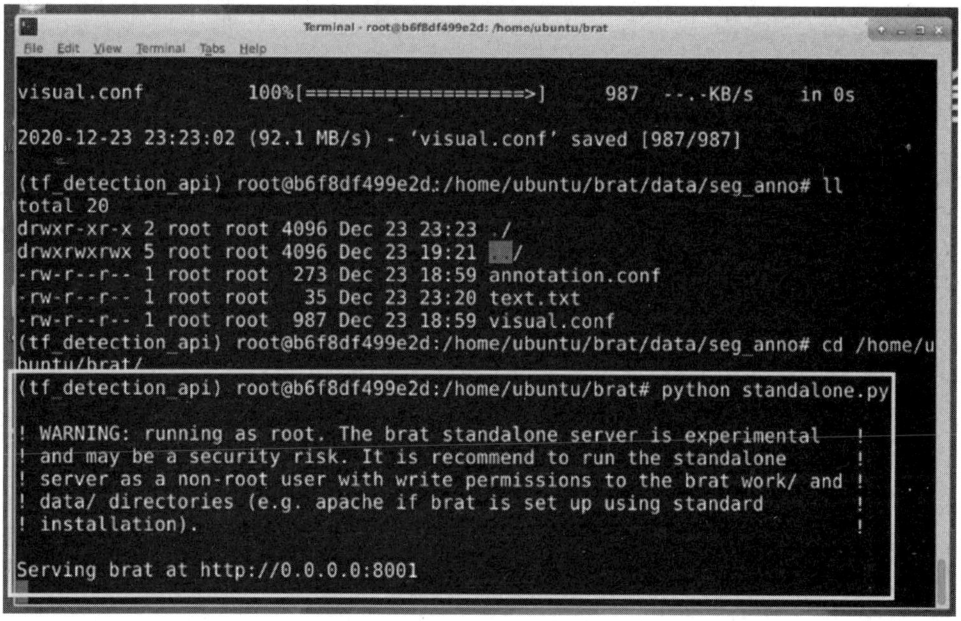

图 5-77　启动 brat 服务

服务默认启动在本地的 8001 端口。打开浏览器输入 localhost:8001 地址访问 brat 服务。

（3）标注。

在浏览器中访问 brat 服务后，在欢迎及引导信息之后将弹出标注文件选择器。在弹出的标注文件选择器中选择先前创建的 text.txt 文件，如图 5-78 所示，进入该文件的标注页面。

将光标移至页面右上角 brat 同一行的区域激活工具栏，如图 5-79 所示，单击"Login"按钮，在弹出的登录页面中输入账号和密码登录 brat。这里预先创建的账号和密码均为 test。

登录后，在文本上拖动光标选中语素，将弹出标注标签选择框，如图 5-80 所示。

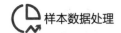
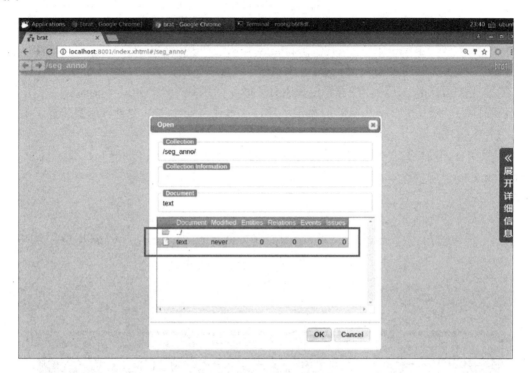

图 5-78　标注文件选择器的设置

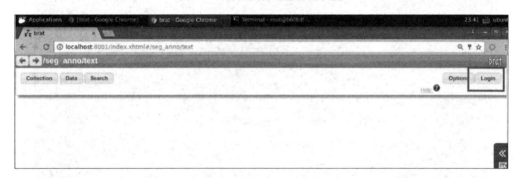

图 5-79　登录 brat

图 5-80　标注标签选择框

如图 5-81 所示，在标注标签选择框中选择相应标签并单击"OK"按钮后，就完成了对该语素的标注。

同理对句子中的所有语素进行标注。在这里由于我们做的是中文标注，"Python"被认为是非语素词，最终标注结果如图 5-82 所示。

图 5-81 确认标注

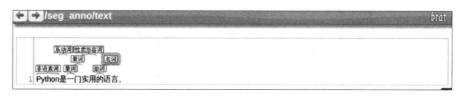

图 5-82 最终标注结果

（4）导出标注结果。

标注完成后，将光标移至页面右上角 brat 同一行的区域激活工具栏，单击其中的"Data"按钮，弹出标注结果导出配置页面，如图 5-83 所示。

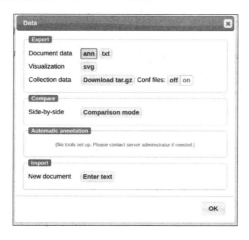

图 5-83 标注结果导出配置页面

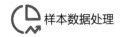

在该页面单击"OK"按钮后,在标注项目目录/home/ubuntu/brat/data/seg_anno 下生成.ann格式的与标注原文文件同名的标注结果文件 text.ann,如图 5-84 所示。

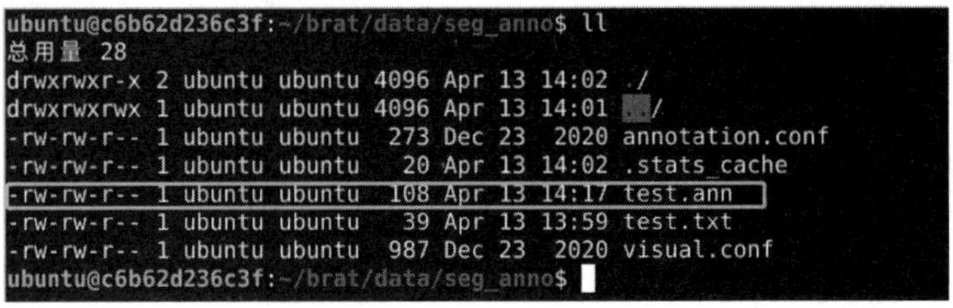

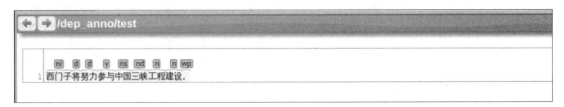

图 5-84 标注结果文件

2. 依存句法标注

依存句法标注与分词与词性标注的过程大致相似。

(1)配置标注项目。

在 brat 的项目目录的 data/目录下创建依存句法标注项目的目录 dep_anno。进入 dep_anno目录,创建 txt 文件 text.txt,在该文本文件中输入中文文本内容:"西门子将努力参与中国三峡工程建设。"。

下载依存句法标注配置文件。

(2)启动及访问 brat。

进入 brat 项目目录/home/ubuntu/brat,并调用文件 standalone.py 启动 brat 服务。

```
cd /home/ubuntu/brat
python standalone.py
```

服务默认启动在本地的 8001 端口。打开浏览器输入 localhost:8001 地址访问 brat 服务。

(3)标注。

在浏览器中访问 brat 服务后,在欢迎及引导信息之后弹出标注文件选择器。在弹出的标注文件选择器中选择先前在 dep_anno 目录下创建的 text.txt 文件,进入该文件的标注页面。

首先对语素属性进行标注。与分词与词性标注时一样,选中语素后,在弹出的标注标签选择框中选择相应的语素属性标签,完成对句子语素属性的标注,如图 5-85 所示。

图 5-85 语素属性标注

完成语素标注后在标签上单击并拖动连线,对语素之间的依存关系进行标注,如图 5-86所示。

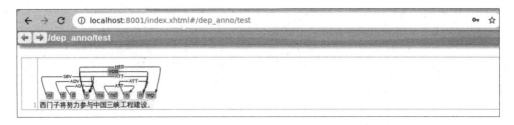

图 5-86　依存关系标注

（4）导出标注结果。

标注完成后，将光标移至页面右上角 brat 同一行的区域激活工具栏，单击其中的"Data"按钮，弹出标注结果导出配置页面。在该页面单击"OK"按钮后，在标注项目目录/home/ubuntu/brat/data/ dep_anno 下生成.ann 格式的标注结果文件 text.ann。

本章习题

（1）简要概括数据标注的几个基本流程。

（2）列出数据标注的几个分类及它们的应用领域。

（3）简要描述图像标注的主要问题和目的。

（4）简要描述如何使用拉框标注来标注车辆图片。

（5）简要描述文本标注的主要问题和目的。

（6）简要概括客服录音数据的标注规范的几个步骤。

（7）简述数据标注质量检验中的实时检验的优缺点。

（8）简述数据标注质量检验中的全样检验的优缺点。

（9）使用多重抽样检验辅助实时检验和全样检验的主要目的是什么？

（10）文本标注的内容主要有哪几个方面？

第6章

Kettle 作业设计

Spoon 是 Kettle 的集成开发环境，它基于标准部件工具包（Standard Widget Toolkit，SWT）提供了图形化的用户接口，主要用于 ETL 的设计。在 Kettle 安装目录下，有启动 Spoon 的脚本，如 Windows 下的 spoon.bat、类 UNIX 操作系统下的 spoon.sh。Windows 用户还可以通过执行 Kettle.exe 启动 Spoon。

Kettle 的设计原则如下。

（1）易于开发：作为一个数据仓库和 ETL 的开发设计者，创建商务智能系统解决方案是其最终目的，而任何软件工具的安装、配置都非常耗费时间。Kettle 就避免了这类问题的发生。

（2）避免自定义开发：我们只用 ETL 工具，目的当然是使复杂的事情变简单，使简单的事情更简单。Kettle 提供了标准化的构建组件来实现设计者不断重复的需求。虽然 Java 代码和 JavaScript 脚本功能强大，但是每增加一行代码都将增加项目的复杂度和维护成本。因此，我们应尽量使用已提供的各种组件的组合来完成任务，尽量避免手动开发。

（3）用户界面完成所有功能：在 Kettle 里，功能的开发通过可视化界面实现，通过对话框设置组件的属性，大大缩短了开发周期。当然也有几个例外，如 kettle.properties 和 shared.xml 文件需要手动修改配置文件。

（4）命名不限制：作业、转换、步骤的名称都可以自描述，减少文档的需求。

（5）运行状态透明化：了解 ETL 过程的各个部分的运行状态很重要，可加快开发速度，减少维护成本。

（6）数据通道灵活：Kettle 里数据的发送、接收方式比较灵活，可以从文本、Web、数据库等不同目标之间复制和分发数据，还可以合并来自不同数据源的数据。

（7）只映射需要映射的字段：Kettle 的一个重要核心原则就是在 ETL 流动中所有未指定的字段自动被传递到下一个组件，无须一一设置输入和输出映射，输入的字段自动出现在输出中，除非中间过程特别设置了终止某个字段的传递。

本章主要内容如下。

（1）作业的概念及组成。

（2）作业的执行方式。

（3）作业的创建及常用作业项。

（4）变量。

（5）监控。

（6）命令行启动。

（7）作业实验。

6.1　作业的概念及组成

一个作业包含一个或多个作业项，这些作业项以某种顺序来执行。作业执行顺序由作业项之间的跳（Hop）和每个作业项的执行结果来决定，图 6-1 显示了一个典型的加载数据仓库作业。当然，和转换一样，作业也包括注释。

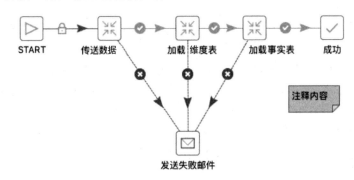

图 6-1　典型的加载数据仓库作业

6.1.1　作业项

作业项是作业的基本构成部分，如同转换的步骤，作业项也可以使用图标的方式图形化展示。

与转换的步骤相比，作业项有如下 3 点不同。

（1）有影子复制。转换中步骤的名字都是唯一的，但作业项可以有影子复制。这样可以把作业项放在多个不同的位置。这些影子复制里的信息都是相同的，编辑了一个复制，其他复制也随之修改。

影子复制步骤：在主对象树中的作业项目中选中需要复制的作业项，单击鼠标右键，在弹出的快捷菜单中选择"Duplicate"命令即可。

（2）作业项之间传递一个结果对象。这个结果对象里包含数据行，它们不是以流的方式传递的，而是等作业项完成了，再将结果对象传递给下一个作业项。

（3）可以并行执行。在默认情况下，所有的作业项都是以串行方式执行的，只是在特殊的情况下，以并行方式执行。

作业项执行后会返回一个结果。作业项执行结果不仅决定了作业的执行路径，而且向下一个作业项传递了一个结果对象。结果对象包含以下一些信息。

（1）一组数据行：在转换里使用"复制行到结果"步骤可以设置这组数据行。与之对应的

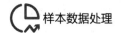

"从结果获取行"步骤可以获取这组数据行。

（2）一组文件名：在作业项的执行过程中可以获取一些文件名（通过步骤的选项"添加到结果文件"），这组文件名是所有与作业项发生过交互的文件的名称；还能获取文件类型，"一般"类型指所有的输入/输出文件，"日志"类型指 Kettle 日志文件。

（3）读、写、输入、输出、更新、删除、拒绝的行数和转换里的错误数。

（4）脚本作业项的退出状态：根据脚本执行后的状态码，判断脚本的运行状态，执行不同的作业流程。

JavaScript 作业项是一个功能强大的作业项，可以实现更高级的流程处理。

6.1.2 跳

作业的跳是作业项之间的连接线，它定义了作业的执行路径。作业里的每个作业项的不同运行结果决定了作业的不同执行路径。

（1）无条件的：不论上一个作业项执行成功还是失败，下一个作业项都会执行。这是一种蓝色的连接线，上面有一个锁的图标。

（2）当结果为真时继续下一步：当上一个作业项的执行结果为真时，执行下一个作业项。通常在需要无错误执行的情况下使用。这是一种绿色的连接线，上面有一个对钩的图标。

（3）当结果为假时继续下一步：当上一个作业项的执行结果为假时，执行下一个作业项。这是一种红色的连接线，上面有一个红色的叉图标。

跳还有两种状态——Enabled 和 Disabled，即可用与不可用状态。

6.1.3 注释

注释是一个特殊的存在，不参与程序的处理，它以文本描述的方式呈现在作业中，只为增强流程的可读性。当然它的重要性也是毋庸置疑的，必要的注释可大大减小维护成本。

6.2 作业的执行方式

6.2.1 回溯

Kettle 使用一种回溯算法来执行作业里的所有作业项，而且作业项运行结果（真或假）也决定路径。回溯算法就是假设执行到一条路径的某个节点，要依次执行这个节点的所有子路径，直到没有可执行的子路径时返回上一个节点，再反复这个过程。回溯算法的执行流程如图 6-2 所示。

图 6-2 中的"A""B"两个作业项的执行顺序如下。

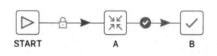

图 6-2　回溯算法的执行流程

（1）"START"搜索所有下一个节点的作业项，找到了"A"。

（2）执行"A"。

（3）搜索"A"后面的作业项，发现了"B"。

（4）执行"B"。

（5）搜索"B"后面的作业项，没有找到任何作业项。

（6）回到"A"，也没发现其他作业项。

（7）回到"START"，没有找到任何作业项。

（8）作业结束。

6.2.2　多路径和回溯

图 6-3 中的"A""B""C"3 个作业项的执行顺序如下。

（1）"START"搜索所有下一个节点的作业项，找到
了"A"和"C"。

（2）执行"A"。

（3）搜索"A"后面的作业项，发现了"B"。

（4）执行"B"。

（5）搜索"B"后面的作业项，没有找到任何作业项。

（6）回到"A"，也没发现其他作业项。

（7）回到"START"，发现另一个要执行的作业项
"C"。

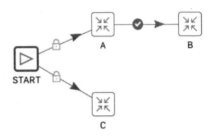

图 6-3　多路径和回溯

（8）执行"C"。

（9）搜索"C"后面的作业项，没有找到任何作业项。

（10）回到"START"，没有找到任何作业项。

（11）作业结束。

因为没有定义执行顺序，所以上述例子的执行顺序除了"A"→"B"→"C"，还可以是
"C"→"A"→"B"。这种回溯算法有以下两个重要特征。

（1）作业运行结果不是唯一的。作业项是可以嵌套的，除了作业项有运行结果，作业也
需要一个运行结果，因为一个作业可以是另一个作业的作业项。一个作业的运行结果，来自
它最后一个执行的作业项。上述例子的执行顺序可以是"A"→"B"→"C"，也可以是"C"
→"A"→"B"，所以不能保证作业项"C"的结果就是作业的结果。

（2）运行结果保存在内存里。在作业里创建了一个循环（作业里允许循环），一个作业项
就会被执行多次，作业项的多次运行结果会被保存在内存里，便于以后使用。

6.2.3　并行执行

有时候需要将作业项并行执行，这种执行也是可以的。一个作业可以并发地执行它后面
的所有作业项。

在图 6-4 的示例中，作业项"A"和"C"几乎同时启动，而且"A"和"C"独立运行于
两个线程中，互不影响。

需要注意的是，如果"A"和"C"都是顺序执行的多个作业项，那么这两组作业项也是
并行执行的。

图 6-5 展示了两组作业项，这两组作业项也是在两个线程里并行执行的，而组内则是串
行执行的。通常设计者也希望以这样的方式执行。

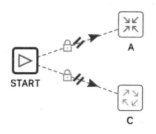

图 6-4　并行执行的作业项

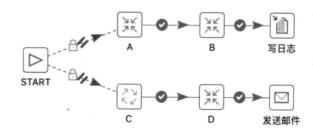

图 6-5　两组同时执行的作业项

但有时，设计者希望一部分作业项并行，然后串行执行其他作业项。这就需要把"并行作业"放在一个行的作业里，然后作为另一个作业的作业项，如图 6-6 所示。

图 6-6　"并行作业"作为另一个作业的作业项

6.3　作业的创建及常用作业项

如同转换中的步骤一样，作业项是作业的基本组成部分。

启动 Spoon，可以看到如图 6-7 所示的主窗口。

图 6-7　Spoon 主窗口

主窗口左侧是主对象树列表，右侧是欢迎界面。

下面开始创建第一个作业。

6.3.1　创建作业

以创建及保存"第一个作业"为例，介绍其具体的操作步骤。

（1）单击 ▣ 按钮，在弹出的菜单中选择"作业"命令；或者在主对象树中的"作业"上单击鼠标右键，在弹出的快捷菜单中选择"新建"命令。

（2）创建作业后，单击 ▣ 按钮，命名并保存作业。

在保存作业的文件夹下，可以看到"第一个作业.kjb"文件。

作业是*.kjb 文件类型的，而转换是*.ktr 文件类型的，请注意区分。

6.3.2　"START"作业项

"START"作业项是一个特殊的作业项。因为作业是顺序地执行作业项的，所以必须定义一个起点。"START"作业项就定义了这个起点，要注意的是，一个作业必须且只能定义一个"START"作业项。

组件路径："核心对象"→"通用"，如图 6-8 所示。

"START"作业项的属性如图 6-9 所示。

图 6-8　"START"作业项的组件路径　　　　图 6-9　"START"作业项的属性

"START"作业项的属性用来设置作业的定时调度。勾选"重复"复选框，并设置重复时间，作业就可以按照我们的要求重复执行了。重复间隔可以按照类型（包括不需要定时，时间间隔：天、周、月）设置。设置我们需要的间隔段，如以秒或分钟为单位的间隔，或者按天、周、月为单位以固定的时间定时。

6.3.3　"作业"作业项

"作业"是一个在作业中经常使用的作业项。

功能：用来执行已经定义好的作业。

目的：将一个功能复杂的作业进行功能分割，使其成为多个功能单一、易于管理的单元，而且能重复使用。

图标： 作业 。

组件路径："核心对象"→"通用"。

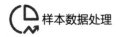

作业属性：

（1）主属性：设置"作业项名称"和"Job"，如图 6-10 所示。"Job"设置的是预定义的作业，可通过单击"浏览"按钮查找。

图 6-10　设置主属性

（2）Options：设置调用的资源类型和执行方式，包括本地或服务器资源，以及是否执行每一个输入行，如图 6-11 所示。

图 6-11　"Options"选项卡

（3）设置日志：用于自定义日志文件，如图 6-12 所示。勾选"指定日志文件？"复选框后，可设置日志信息，包括日志文件名、日志文件后缀名和日志级别。

图 6-12　"设置日志"选项卡

（4）Arguments：可设置位置参数，复制上一步结果到位置参数，如图 6-13 所示。

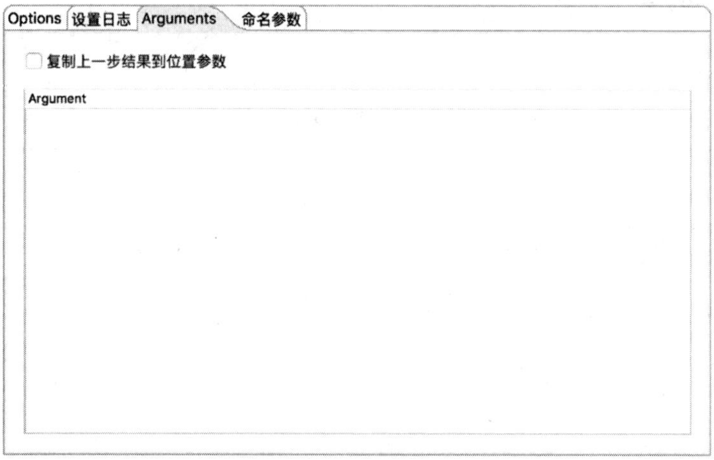

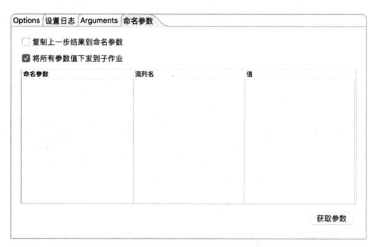

图 6-13　"Arguments"选项卡

（5）命名参数：可设置命名参数，复制上一步结果到命名参数，还可以将所有参数值下发到子作业，如图 6-14 所示。

图 6-14　"命名参数"选项卡

6.3.4　"转换"作业项

"转换"作业项和"作业"作业项一样，也是调用频率较高的作业项之一。

功能：用来执行已经定义好的转换。

图标： 转换 。

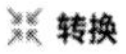

组件路径："核心对象"→"通用"。

转换属性：

（1）主属性：设置"作业项名称"和"Transformation"，如图 6-15 所示。"Transformation"设置的是预定义的转换，可通过单击"浏览"按钮查找。

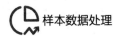

图 6-15　设置主属性

（2）Options：设置调用的运行配置和执行方式，如图 6-16 所示。

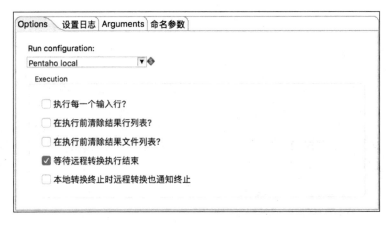

图 6-16　"Options"选项卡

（3）设置日志：用于自定义日志文件，如图 6-12 所示。勾选"指定日志文件？"复选框后，可设置日志信息，包括日志文件名、日志文件后缀名和日志级别。

（4）Arguments：可设置位置参数，复制上一步结果到位置参数，如图 6-13 所示。

（5）命名参数：可设置命名参数，复制上一步结果到命名参数，还可以将所有参数值下发到子作业，如图 6-14 所示。

6.4　变量

变量是一个任意长度的字符串值，它有自己的作用范围。

ETL 工具对变量的引入是至关重要的，变量可以使作业变得更加可维护。例如，我们可以把数据仓库根目录的位置放在一个变量中，然后各个组件都可以通过这个变量引入数据仓库根目录的位置。

6.4.1　定义变量

定义变量有两种方式，即系统变量和用户自定义变量。

（1）系统变量包括 Java 虚拟机（如${java.io.tmpdir}，它表示系统临时文件的目录）和 Kettle 的内部变量（如${Internal.Job.Filename.Directory}，它表示当前作业的路径）。

（2）用户自定义变量有很多种方式，最常用的方式如下。

① 使用 kettle.properties 文件。文件存放在${KETTLE_HOME}/.kettle 文件夹下，可打开文件直接编辑。变量是以键值对（"变量名=变量值"）的格式设置的，等号左边是变量名，右边是变量值。如图 6-17 所示，kettle.properties 文件中设置了两个变量，变量名分别是"db_ip"和"db_name"，对应的变量值是"localhost"和"kettle_demo"。还可以通过选择"编辑"→"编辑 kettle.properties 文件"命令进行编辑。

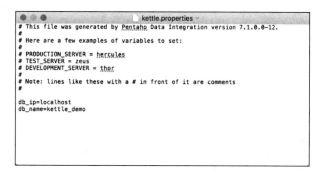

图 6-17　kettle.properties 文件

② 在"设置变量"中设置作业项的属性，如图 6-18 所示。

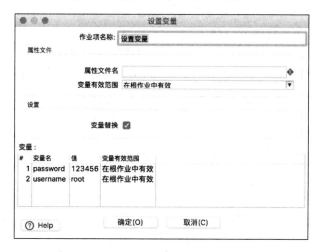

图 6-18　设置作业项的属性

③ 获取属性文件中的变量。这和 kettle.properties 文件的设置类似，只是 kettle.properties 文件是系统提供的属性文件，而这里我们可以自定义属性文件，包括文件的名称和存放的路径。然后可以指定变量的有效范围，主要有以下 3 种方法。

第一种方法：直接在"变量"列表中设置变量，输入"变量名"、"值"和"变量有效范围"。变量有效范围包括在 JVM（Java Virtual Machine，Java 虚拟机）中有效、在当前作业中有效、在父作业中有效、在根作业中有效。

第二种方法：命名参数。打开"作业属性"，在"命名参数"选项卡中设置参数，如图 6-19 所示。

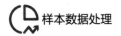

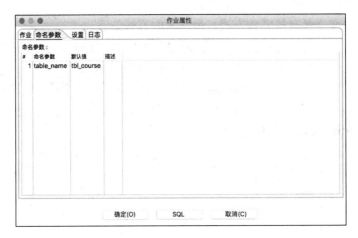

图 6-19　设置命名参数的示例

第三种方法：在转换中获取设置变量。这里需要注意的是，转换中"设置变量"步骤定义的变量在当前转换中是无法使用的。

6.4.2　使用变量

变量使用"${}"或者"%%%%"来引用，格式为"${变量名}"或者"%%变量名%%"。所有可使用变量的文本输入框都有菱形符号的标记，按"Ctrl+Alt+Space"组合键来显示所有变量的列表。

如图 6-20 所示，以创建 MySQL 数据库连接为例，在数据库配置部分可以使用对应的变量，若密码部分使用变量，则需勾选"Use Result Streaming Cursor"复选框。

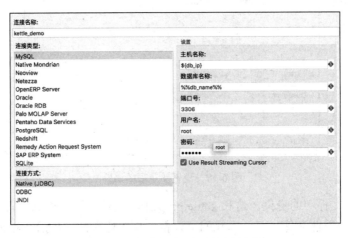

图 6-20　使用变量设置数据库连接

6.5　监控

Kettle 作业的监控方式有两种，即日志和邮件。当然，转换也是如此。

6.5.1　日志

日志是针对运行过程的信息反馈，这对程序监控和调试是非常有用的。

在 Spoon 中，日志在工作区域下方的执行结果窗口中显示，如图 6-21 所示。

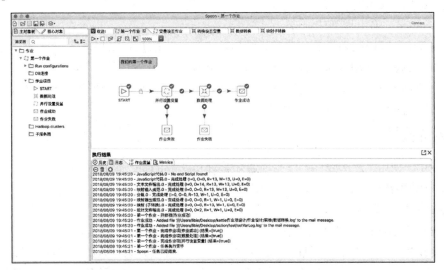

图 6-21　查看日志

执行结果窗口中的日志在开发和测试阶段是非常有用的，它记录程序执行的步骤及每个步骤的相关信息，如步骤名称，输入、输出、读、写的记录数，读取或输出的文件名称等执行结果。在生产环境下，我们可以通过使用 Logfile 参数配置日志存放路径。需要注意的是，若想给作业项单独配置日志，则需要在作业项的"设置日志"选项卡中单独配置，如图 6-22 所示。

图 6-22　"设置日志"选项卡

Kettle 支持很多种日志级别来控制日志的复杂程度。从高到低依次如下。

（1）Nothing：不显示任何输出，基本不用。

（2）Error：只显示错误，一般在生产环境中使用，要求作业或转换在非常短的时间内运行。

（3）Minimal：只使用最少的记录。

（4）Basic：这是默认的基本日志记录级别，一般也用于生产环境中，对时间要求不太严格，如定期输出已处理的行数。

（5）Detailed：输出详细的日志。

（6）Debug：以调试为目的，非常详细地输出每一步的执行结果。

（7）Rowlevel：使用行级记录，会产生大量的数据，一般在开发和测试阶段使用。

日志会消耗系统的性能，所以日志输出越多，系统性能下降越严重，我们不能只为了系统的安全而输出最详细的日志，需合理选择日志级别。

6.5.2　邮件通知

在作业中，使用"发送邮件"作业项通知管理员作业的执行情况（如作业完成、作业失败等），也是一种不错的监控手段。

"发送邮件"的设置如下。

（1）设置"邮件作业名称"。

（2）设置"地址"选项卡（见图6-23）：收件人地址设置为收件人邮箱地址；抄送和暗送按需求设置，这里不设置；发件人信息在这里只设置了发件人地址、联系人，其他按需求设置。

图 6-23　"地址"选项卡

（3）设置"服务器"选项卡（见图6-24）：在"邮件服务器"选区中设置SMTP服务器及端口号；在"验证"选区中设置邮箱用户名及密码；安全验证按需选择。

（4）设置"邮件消息"选项卡（见图6-25）：消息设置按需求勾选，消息主题和注释要标题明确，内容清晰，方便维护。

图 6-24　"服务器"选项卡

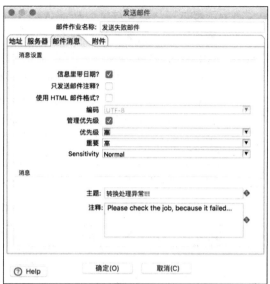
图 6-25　"邮件消息"选项卡

（5）设置"附件"选项卡（见图 6-26）：若需要发送附件，则勾选"带附件？"复选框；设置文件类型；确定文件是否压缩；还可以内嵌自定义图片等。

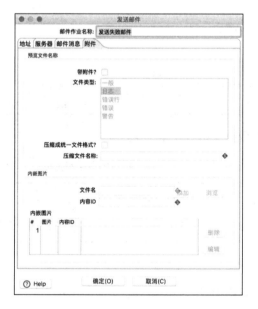
图 6-26　"附件"选项卡

6.6　命令行启动

作业和转换可以在图形化界面里执行，但这只是在开发、测试和调试阶段。在开发完成

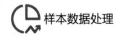
后，需要部署到实际运行环境，在部署阶段，Spoon 就很少用到了。

在部署阶段，一般需要通过命令行执行。需要将命令行输入执行脚本中，并定时调度这个脚本。Kitchen 和 Pan 在概念和用法上都非常接近，这两个命令的参数也基本一样。唯一不同的是，Kitchen 用于执行作业，而 Pan 用于执行转换。

在 Windows 系统下，Kitchen 通过 kitchen.bat 来执行，Pan 通过 pan.bat 来执行；在类 UNIX 系统下，Kitchen 通过 kitchen.sh 来执行，Pan 通过 pan.sh 来执行。

1．相关详细参数

Kitchen 和 Pan 公有的命令行参数如表 6-1 所示。

表 6-1　Kitchen 和 Pan 公有的命令行参数

参　数　名	参　数　值	作　　用
rep	资源库名称	要连接的资源库的名称
user	资源库用户名	要连接的资源库的用户名
pass	资源库用户密码	要连接的资源库的用户密码
listrep		显示所有的可用资源库
dir	资源库里的路径	指定资源库路径
listdir		列出资源库的所有路径
file	文件名	指定作业或转换所在的文件名
level	Error|Nothing| Basic|Detailed| Debug|Rowlevel|	指定日志级别
logfile	日志文件名	指定要写入的日志文件名
version		显示 Kettle 的版本号、建立日期

2．Kitchen 独有的命令行参数（见表 6-2）

表 6-2　Kitchen 独有的命令行参数

参　数　名	参　数　值	作　　用
jobs	作业名	指定资源库里的一个作业名
listjobs		列出资源库里的所有作业

3．Kitchen 命令行启动

Windows 环境下多个参数用"/"分隔，键和值中间用":"分隔。

（1）Job 在文件中。

```
kitchen /file:D:/demo/demo.kjb /level:Basic>D:/demo/demo.log
```

（2）Job 在数据库中。

```
 kitchen /rep etl /user admin /pass admin /dir demo /job demo /level Basic
/logfile D:/demo/log/demo.log
```

Linux 环境下参数用"-"分隔，键和值中间用"="分隔。

（1）Job 在文件中。

```
sh kitchen.sh -file=/home/job/demo.kjb >> /home/job/log/demo.log
```

（2）Job 在数据库中。

```
kitche.sh -rep=etl -user=admin -pass=admin -level =Basic -job=demo
```

6.7　作业实验

目的：了解作业的一些基本组件和功能的使用，具体如下。

（1）作业和转换作业项的添加和属性配置。

（2）参数和变量的设置及使用。本实验会使用多种途径设置参数和变量。

（3）作业的并行执行。

（4）监控：设置作业项日志及运行结果邮件通知。

（5）影子复制。

（6）命令行运行作业。

应用场景：数据源为本地数据库 MySQL 5.7，数据库名称为 kettle_demo，表名为 tbl_course。

数据源数据记录如图 6-27 所示。实验将通过"作业"作业项调用转换处理数据。转换主要包括：使用"表输入"步骤抽取数据；使用"字段选择"步骤对字段进行筛选（终止"create_time"和"last_update_time"两个字段的后续流动），字段名称重命名，日期格式转换处理；使用"JavaScript 代码"步骤添加"课程名称为空""课时数为零"两个字段，作用是判断课程名称（表中的"name"列）是否为空，课时数（"class_hours"）是否为零，若为"是"，则赋值"1"，否则赋值"0"；使用"文本文件输出"步骤记录中间文件（CSV 文件）；使用"映射（子转换）"步骤调用子转换统计"课程名称为空"和"课时数为零"的数量，最后输出统计文件。

id	name	category	credit	lecturer	open_time	class_hours	create_time	last_update_time
▶ 1	大数据导论	基础课	2	梁权	2018-09-12 00:00:00	32	2018-07-26 10:51:20	2018-07-26 10:51:20
2	Hadoop大数据技术	专业课	4	梁权	2018-09-12 00:00:00	64	2018-07-26 10:51:20	2018-07-26 10:51:20
3	分布式数据库原理与...	专业课	4	莫毅	2018-09-12 00:00:00	64	2018-07-26 10:51:20	2018-07-26 10:51:20
4	数据导入与预处理应用	专业课	4	梁权	2018-09-12 00:00:00	64	2018-07-26 10:51:20	2018-07-26 10:51:20
5	数据挖掘技术与应用	专业课	4	黄楠	2018-09-12 00:00:00	64	2018-07-26 10:51:20	2018-07-26 10:51:20
6	数据可视化技术	专业课	4	孟剑	2018-09-12 00:00:00	64	2018-07-26 10:51:20	2018-07-26 10:51:20
7	大数据应用开发语言	专业课	4	莫毅	2018-09-12 00:00:00	64	2018-07-26 10:51:20	2018-07-26 10:51:20
8	大数据分析与内存计算	专业课	4	莫毅	2018-09-12 00:00:00	64	2018-07-26 10:51:20	2018-07-26 10:51:20
9	NULL	专业课	4	莫毅	2018-09-12 00:00:00	64	2018-07-26 10:51:20	2018-07-26 10:51:20
10	机器学习	专业课	4	黄楠	2018-09-12 00:00:00	64	2018-07-26 10:51:20	2018-07-26 10:51:20
11	商务智能方法与应用	专业课	4	孟剑	2018-09-12 00:00:00	64	2018-07-26 10:51:20	2018-07-26 10:51:20
12	NULL	专业课	4	孟剑	2018-09-12 00:00:00	64	2018-07-26 10:51:20	2018-07-26 10:51:20
13	Java语言	专业课	4	孟剑	2018-09-12 00:00:00	0	2018-07-26 10:51:20	2018-07-26 10:51:20

图 6-27　数据源数据记录

开发工具：Pentaho Data Integration 7.1（Spoon 用于开发和调试；Kitchen 用于命令行启动）。

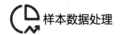

系统环境：macOS 10.13.6。

（1）启动 Spoon，可以看到主窗口。

（2）创建作业，命名为"第一个作业"并保存，保存后作业的初始界面如图 6-28 所示。

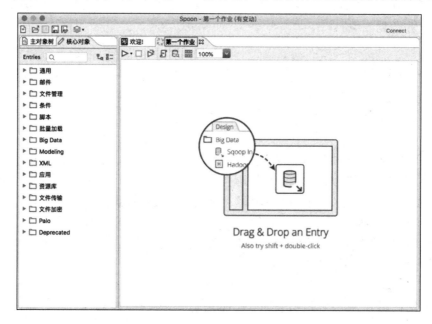

图 6-28　保存后作业的初始界面

（3）添加注释。为了提高作业的可读性，可适当使用注释来说明作业或作业项的功能。这里演示的内容为"第一个作业实验"。操作步骤：在画布空白处单击鼠标右键，在弹出的快捷菜单中选择"新建记录"命令，在说明文本中输入"第一个作业实验"。添加注释后的界面如图 6-29 所示。

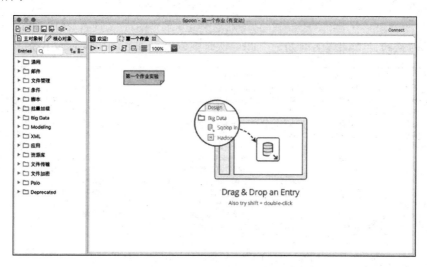

图 6-29　添加注释后的界面

（4）添加"START"作业项。"START"作业项是作业的起点，每个作业有且只能有一个，属性默认即可（如果读者有兴趣，可以自行设置重复周期测试）。添加"START"作业项后的界面如图 6-30 所示。

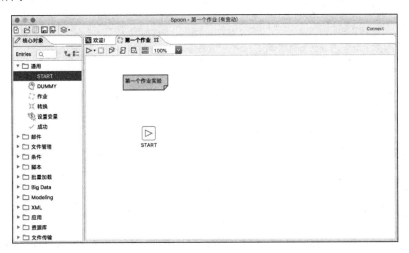

图 6-30　添加"START"作业项后的界面

（5）添加作业项和跳连接。作业项是作业的基本构成部分。此处的作业项的目的是调用后续创建的"并行设置变量"作业。双击"并行设置变量"作业项，在属性中设置作业项名称为"并行设置变量"。按住 Shift 键，同时在"START"作业项上按住鼠标左键拖至"并行设置变量"作业项，实现 START 作业项与"并行设置变量"作业项之间的跳连接。添加"并行设置变量"作业项和跳连接后的界面如图 6-31 所示。因为这里尚未创建并行设置变量的作业，所以其他属性暂不设置。

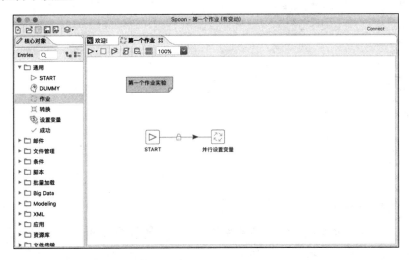

图 6-31　添加"并行设置变量"作业项和跳连接后的界面

（6）新建并保存一个作业，将其命名为"并行设置变量"，这个作业就是为"第一个作业"作业中的"并行设置变量"作业项调用的。同时添加"START"作业项和内容为"并行执行设

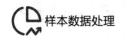

置变量"的注释。添加"START"作业项和注释后的界面如图 6-32 所示。

图 6-32　添加"START"作业项和注释后的界面

（7）添加"设置变量"作业项，将其命名为"设置变量"。在"通用"节点下添加跳连接。添加"设置变量"作业项和跳连接后的界面如图 6-33 所示。

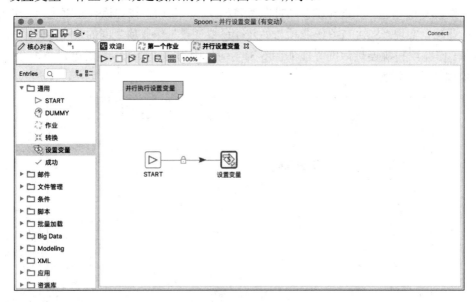

图 6-33　添加"设置变量"作业项和跳连接后的界面

（8）设置"设置变量"属性。将"变量有效范围"设置为"在根作业中有效"，这样在"第一个作业"作业中可以使用，也可以传递给其他子作业或子转换使用。如图 6-34 所示，在"变量"列表中添加如下信息："变量名"为"table_name"；"值"为"tlb_course"；"变量有效范围"为"在根作业中有效"。单击"确定"按钮完成设置。

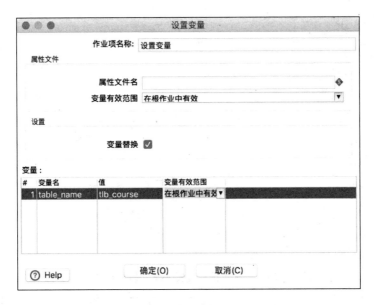

图 6-34　设置"设置变量"属性

（9）添加"转换设置变量"作业项，将其命名为"转换设置变量"，目的是调用转换，并与"START"作业项连接。此处设置属性时如果不填写转换路径，系统会提示错误，不用管它，直接关闭属性对话框，因为这里要求输入要调用的转换路径，我们还没有创建。添加"转换设置变量"作业项和跳连接后的界面如图 6-35 所示。

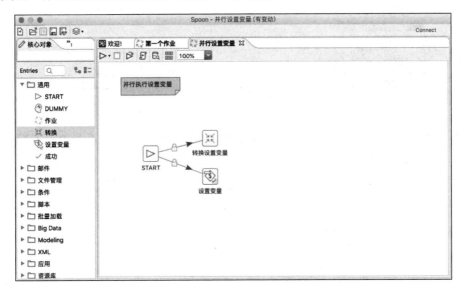

图 6-35　添加"转换设置变量"作业项和跳连接后的界面

（10）新建一个转换，将其命名为"转换设置变量"，此转换功能是设置变量，获取系统信息，如系统时间、IP 地址等。新建"转换设置变量"转换后的界面如图 6-36 所示。

（11）添加"输入"节点下的"获取系统信息"步骤，添加内容为"转换设置变量"的注释。添加"获取系统信息"步骤和注释后的界面如图 6-37 所示。

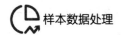

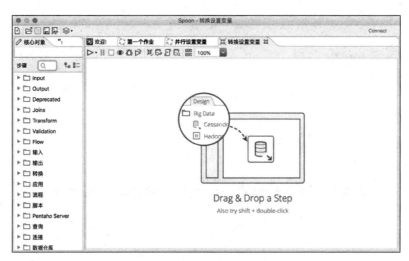

图 6-36　新建"转换设置变量"转换后的界面

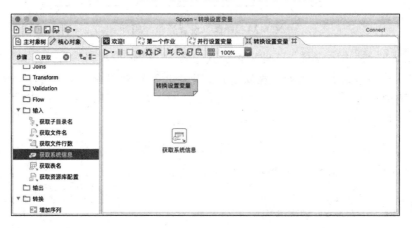

图 6-37　添加"获取系统信息"步骤和注释后的界面

（12）设置"获取系统信息"属性。"步骤名称"可自定义，在"名称"列中添加"localhost"，并设置"类型"为"IP 地址"，如图 6-38 所示，单击"确定"按钮完成设置。

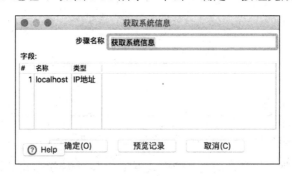

图 6-38　设置"获取系统信息"属性

（13）添加"字段选择"步骤，并完成跳连接。添加"字段选择"步骤和跳连接后的界面如图 6-39 所示。

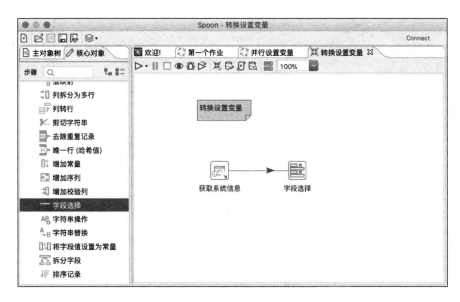

图 6-39　添加"字段选择"步骤和跳连接后的界面

（14）设置"字段选择"属性。在"选择和修改"选项卡（见图 6-40）中单击"获取选择的字段"按钮，将前一步骤输出的所有字段全部显示，这里只有一个；在"移除"选项卡中可以设置不需要流入下一步骤的字段；在"元数据"选项卡中可以修改字段的名称、类型、格式等字段属性。这里无须设置，感兴趣的读者可动手尝试。最后单击"确定"按钮完成设置。

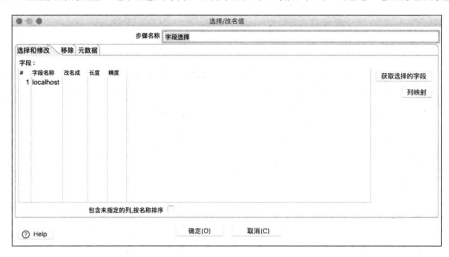

图 6-40　"选择和修改"选项卡

（15）添加"作业"节点下的"设置变量"步骤，并完成跳连接，目的是将获取系统信息"IP 地址"添加到变量中。添加"设置变量"步骤和跳连接后的界面如图 6-41 所示。

（16）设置"设置变量"属性。单击"获取字段"按钮，"变量活动类型"选择"Valid in the root job"，如图 6-42 所示，意思是在根作业中有效，单击"确定"按钮，此时系统会警告用户此步骤设置的变量在这个转换中不会生效（这是需要注意的地方），单击"我知道了"按钮完成设置。

229

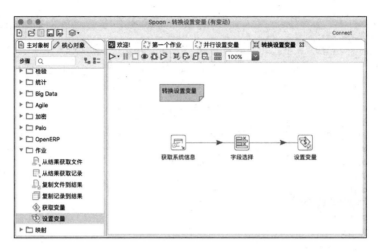

图 6-41　添加"设置变量"步骤和跳连接后的界面

图 6-42　设置"设置变量"属性

（17）保存并测试。单击"存储"按钮保存此转换。这里我们可以测试一下：单击画布左上方的▶按钮，可以看到每个步骤上都有绿色对钩图标，说明运行成功。还可以查看画布下方的执行结果（见图 6-43），查看步骤的运行状态，建议每个选项卡都打开看看。

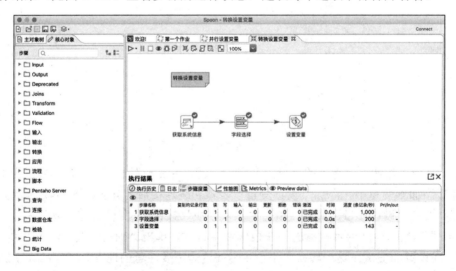

图 6-43　运行转换后的界面

（18）切换至"并行设置变量"窗口，打开"转换设置变量"作业项的属性窗口。单击"浏览"按钮选择"转换设置变量.ktr"文件，也就是前几步中刚设计完成的"转换设置变量"转换。这里使用了内部变量"${Internal.Entry.Current.Directory}"（见图 6-44），当然也可以使用绝对路径（如 D:/demo/xxx.ktr）。若文本输入框后有菱形的$图标，则表示这个文本输入框内可使用变量，我们可以按"Ctrl+Alt+Space"组合键来显示所有变量的列表，注意：此时光标应在文本输入框内，即文本编辑状态。

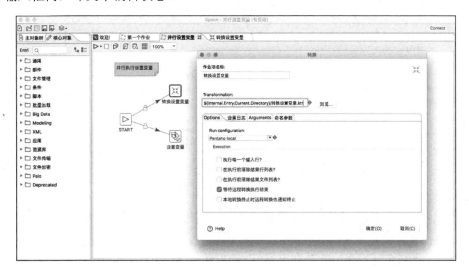

图 6-44　设置"转换设置变量"属性

Internal.Entry.Current.Directory 表示当前作业的文件夹路径，其他属性默认。单击"确定"按钮完成属性的设置。

（19）将这个作业设置成并行执行。在"START"作业项上单击鼠标右键，在弹出的快捷菜单（见图 6-45）中选择"Run Next Entries in Parallel"命令。作业并行状态如图 6-46 所示。

图 6-45　快捷菜单　　　　　　　　　　　　　图 6-46　作业并行状态

（20）保存"并行设置变量"作业（也可以运行一下）。

（21）回到"第一个作业"窗口，设置"并行设置变量"属性。这与步骤（18）的设置基本相同，只是选择对象"并行设置变量.kjb"，其他设置均保持默认值，如图 6-47 所示。

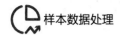

图 6-47　设置"并行设置变量"属性

（22）通过命名参数和属性文件设置变量。除了上述方法设置变量，还可以通过编辑 kettle.properties 文件设置变量，步骤如下：右击 kettle.properties 文件，在弹出的快捷菜单中选择"编辑"命令，然后添加对应的变量名"db_name"和值"kettle_demo"，如图 6-48 所示。

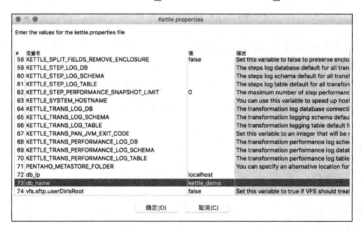

图 6-48　编辑 kettle.properties 文件

在作业属性的命名参数中添加参数（password=123456，uname=root），如图 6-49 所示。作业属性的打开方式：在作业画布的空白处双击。

（23）添加"通用"节点下的"转换"作业项，并命名为"数据处理"，如图 6-50 所示。保存时系统会提示错误，不用管它，直接关闭属性设置窗口即可。此处需要注意的是，"并行设置变量"与"数据处理"两个作业项之间的跳是一个"当运行结果为真时执行"的跳，也就是说只有当"并行设置变量"作业项运行成功后才执行"数据处理"作业项。跳类型切换可通过如下步骤设置：鼠标指针放在跳上，单击鼠标右键，在弹出的快捷菜单中选择"评价"→

"当结果为真的时候继续下一步"命令；还有更简单的，就是在跳上的类型图标（如锁、对钩和停止）上单击，这样可以循环切换跳类型。

图 6-49　添加命名参数

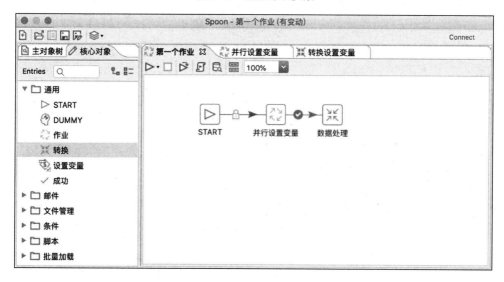

图 6-50　添加"数据处理"作业项后的界面

（24）新建一个转换，命名为"数据处理"。

（25）添加"输入"节点下的"表输入"步骤，获取数据。

（26）设置"表输入"属性，如图 6-51 所示。

这里需要使用数据库，单击"新建"按钮创建数据库连接。如图 6-52 所示，设置"连接名称"为"kettle_demo"，"连接类型"为"MySQL"，"连接方式"为"Native（JDBC）"，"主机名称"为"localhost"（或者 127.0.0.1），"数据库名称"为"kettle_demo"，"端口号"为"3306"，"用户名"为"root"，"密码"为"123456"。这里为了方便局部测试，暂不使用变量，等最后整体测试时，再回到这里修改，将参数用变量替换。单击"测试"按钮，提示连接正确后保存设置即可。此时在左侧的"主对象树"下的"DB 连接"节点下能看到创建的数据库连接。

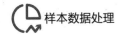

图 6-51　设置"表输入"属性

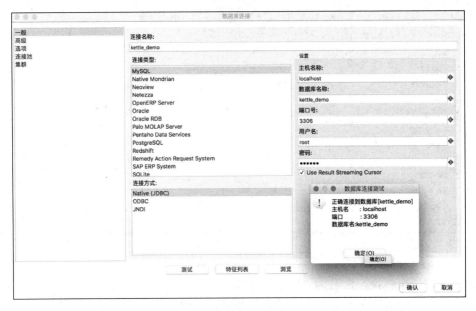

图 6-52　设置数据库连接的属性

（27）再次回到"表输入"属性界面。如图 6-53 所示，"数据库连接"选择刚才新建的"kettle_demo"，单击"获取 SQL 查询语句"按钮，选择表节点下的"tbl_course"表，单击"确定"按钮，此时系统会提示"你想在 SQL 里包含字段吗？"，若单击"是"按钮，则显示字段名，若单击"否"按钮，则用"*"号替换所有字段，可自己尝试看看效果。可单击"预览"按钮查看数据。单击"确定"按钮完成设置。

（28）添加"转换"节点下的"字段选择"步骤并完成跳连接，如图 6-54 所示。此步骤的作用是筛选字段、字段重命名和变更数据格式。

图 6-53　设置"表输入"属性

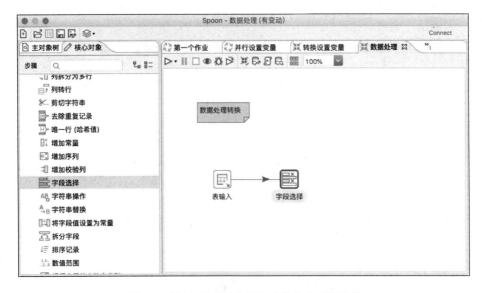

图 6-54　添加"字段选择"步骤并完成跳连接

（29）设置"字段选择"属性。在"选择和修改"选项卡中单击"获取选择的字段"按钮，添加所有字段名称，并将其重命名，如图 6-55 所示。这里有三个字段没有重命名，原因在于有两个字段（"create-time"和"last-update-time"）将会终止传递，还有一个字段（"open-time"）会在"元数据"选项卡中设置。

在"移除"选项卡中将"create_time"和"last_update_time"添加进来，如图 6-56 所示。这个操作的作用是终止这两个字段向后续步骤传递，因为后续步骤无须使用这两个字段。

在"元数据"选项卡中选择"open_time"，并将其重命名为"开课时间"，设置"类型"

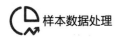

为"Date"（日期型），"格式"选择我们常用的"yyyy-MM-dd"，如图 6-57 所示。单击"确定"按钮完成设置。

图 6-55　"选择和修改"选项卡

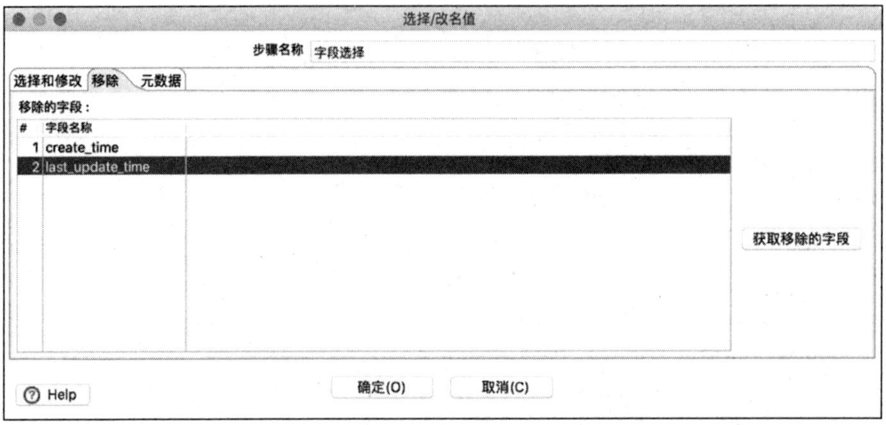

图 6-56　"移除"选项卡

图 6-57　"元数据"选项卡

如图 6-58 所示，可以通过在步骤图标上单击鼠标右键，在弹出的快捷菜单中选择"显示输出字段"命令，查看输出字段信息。当然每个步骤都可以这样操作，前提是这个步骤有输出字段。

图 6-58　选择"显示输出字段"命令

（30）添加"脚本"节点下的"JavaScript 代码"步骤并完成跳连接，如图 6-59 所示。此步骤通过编写 JavaScript 代码对课程名称和课时数进行判断，当课程名称为空时，赋值"1"；当课时数小于或等于零时，也赋值"1"。

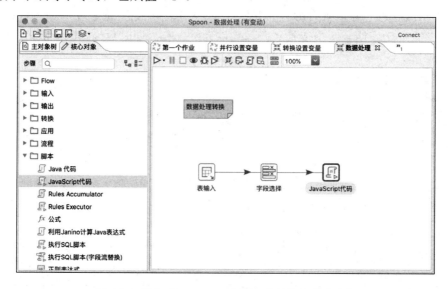

图 6-59　添加"JavaScript 代码"步骤并完成跳连接

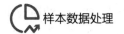

（31）设置"JavaScript 代码"属性，如图 6-60 所示。

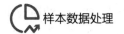

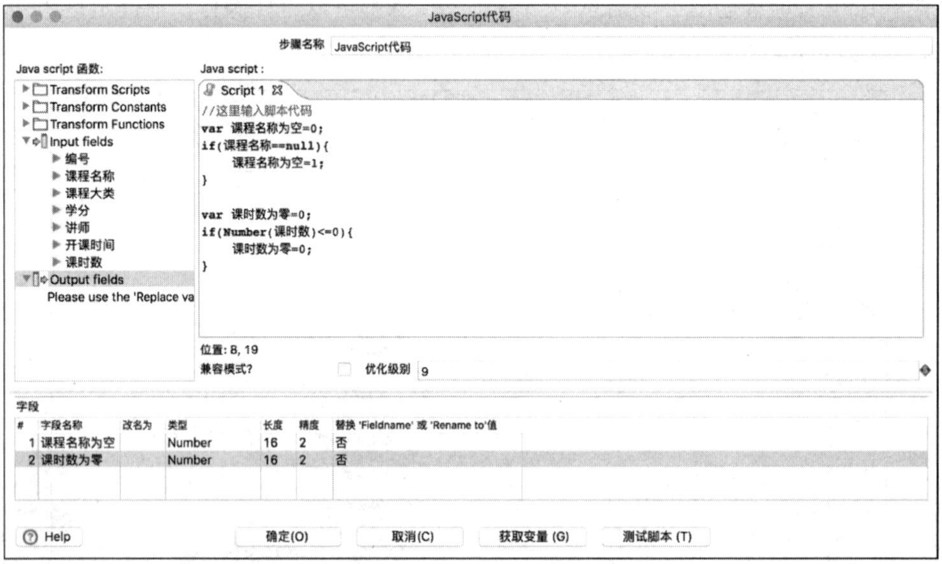

图 6-60　设置"JavaScript 代码"属性

界面左侧显示如下 JavaScript 函数。

① Transform Scripts：显示已经创建的 JavaScript 脚本。

② Transform Constants：静态常量列表，可通过双击或拖曳使用。

③ Transform Functions：内置方法列表，可通过双击或拖曳使用。

④ Input fields 和 Output fields：分别是输入与输出字段列表。

界面右侧是编辑步骤脚本的地方。用户可以通过双击要插入的对象或将对象拖曳到 Java 脚本面板上，从左侧的树控件插入函数、常量、输入字段等。

界面下方是字段，获取来自脚本的变量列表。在脚本中，变量通过"var +变量名称"声明。本例中 Script1 声明了两个变量"课程名称为空"和"课时数为零"。注释用"//"开头表示。

下面讲解 JavaScript 代码的功能。

```
var 课程名称为空=0;
if(课程名称==null){
    课程名称为空=1;
}
```

这一段脚本第一行声明变量"课程名称为空"，并赋予初始值"0"，接着判断课程名称是否为空，若"是"，则赋值"1"。

```
var 课时数为零=0;
if(Number(课时数)<=0){
    课时数为零=1;
}
```

这一段脚本第一行声明变量"课时数为零",并赋予初始值"0",接着判断课时数是否小于或等于零,若"是",则赋值"1"。Number()函数把对象转换为数值类型。

通过这一步骤,程序已经对每行记录的课程名称和课时数做出了判断,并添加了标识栏位。

(32)添加"输出"节点下的"文本文件输出"步骤并完成跳连接,如图 6-61 所示。此步骤将输出文本文件。

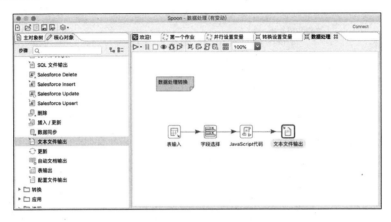

图 6-61　添加"文本文件输出"步骤并完成跳连接

(33)设置"文本文件输出"属性。"步骤名称"设置为"中间文件输出"。

"文件"选项卡的设置如图 6-62 所示。可通过单击"浏览"按钮设置文件存放的路径和名称,也可使用变量\${Internal.Entry.Current.Directory},后面加符号"/",再加文件名称"中间文件",表示存放在与当前转换同一个文件夹,且文件名为"中间文件";勾选"创建父目录"复选框,"扩展名"选择"csv",其他暂不设置。单击"显示文件名"按钮,可查看文件的存放路径。

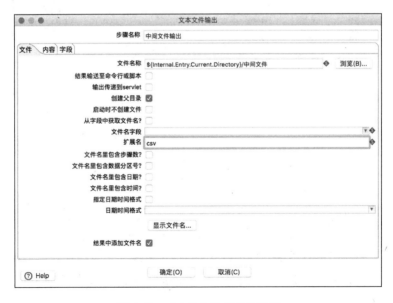

图 6-62　"文件"选项卡的设置

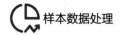

"内容"选项卡中的设置如图 6-63 所示。"分隔符"选择";","封闭符"选择"""，勾选"头部"复选框，表示输出头部标题，其他默认即可。

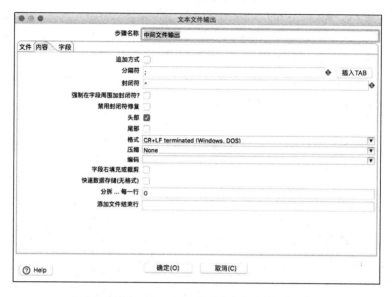

图 6-63　"内容"选项卡的设置

"字段"选项卡的设置如图 6-64 所示。单击"获取字段"按钮获取所有字段，格式、长度、精度等可按实际需要设置。

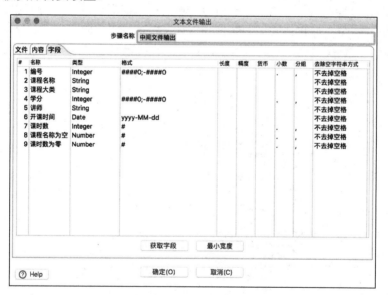

图 6-64　"字段"选项卡的设置

（34）添加"映射"节点下的"映射（子转换）"步骤并完成跳连接，如图 6-65 所示。

（35）创建新转换并命名为"映射子转换"，添加"映射"节点下的"映射输入规范"步骤，如图 6-66 所示。

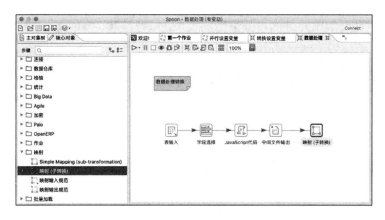

图 6-65　添加"映射（子转换）"步骤并完成跳连接

图 6-66　添加"映射输入规范"步骤

（36）设置"映射输入规范"属性，如图 6-67 所示。添加两个字段：第一个是"课程名称为空"，类型为 Number；第二个是"课时数为零"，类型也是 Number。注意：映射输入规范的名称可以自定义，但需要在父转换中的"映射（子转换）"的输入属性中做映射关系，当然映射输出规范也是如此，这里我们沿用了父转换中的名称，类型请与父转换中的字段类型保持一致。单击"确定"按钮完成设置。

图 6-67　设置"映射输入规范"属性

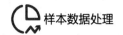

（37）添加"统计"节点下的"分组"步骤并完成跳连接，如图 6-68 所示。

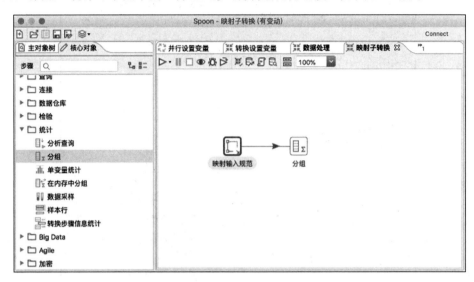

图 6-68　添加"分组"步骤并完成跳连接

（38）设置"分组"属性，如图 6-69 所示。下面讲解"构成分组的字段"和"聚合"。

"构成分组的字段"就是按照某个字段的值分组，而"聚合"就是需要被统计的列。本例中无须分组，只是把"课程名称为空"和"课时数为零"这两列的值求和，其他默认即可。单击"确定"按钮完成设置。

图 6-69　设置"分组"属性

（39）添加"映射输出规范"步骤并完成跳连接，如图 6-70 所示。此步骤属性只需要设置名称即可。

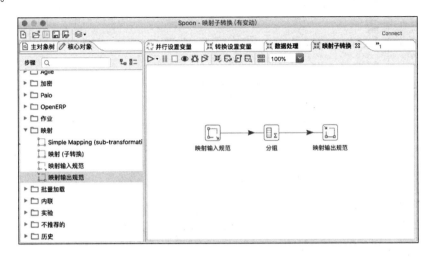

图 6-70　添加"映射输出规范"步骤并完成跳连接

（40）映射子转换设计完成后保存。

（41）回到"数据处理"窗口，设置"映射（子转换）"属性。

该属性的设置通过单击"Browse"按钮查找或使用变量均可，推荐使用内置变量。应在"命名参数"选项卡中勾选"从父转换继承所有变量"复选框，如图 6-71 所示。

图 6-71　"命名参数"选项卡的设置

"输入"选项卡的设置如图 6-72 所示。因为数据都在一条主路径上传递，所以勾选"是否是主数据路径？"复选框。字段映射不必设置，因为子转换中的字段名与这里的是一致的，读者也可以尝试下看看效果。如果勾选最下方"输出时字段名再重新映射回原来输入时的名字？"复选框，那么原来映射到子转换的字段名会被还原成映射前的名字。

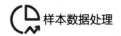

图 6-72 "输入"选项卡的设置

"输出"选项卡的设置如图 6-73 所示。勾选"是否是主数据路径？"复选框，把字段名"课程名称为空"更改为"课程名空"，则在后续步骤中看到的是"课程名空"而不是原来的"课程名称为空"，单击"确定"按钮完成设置。

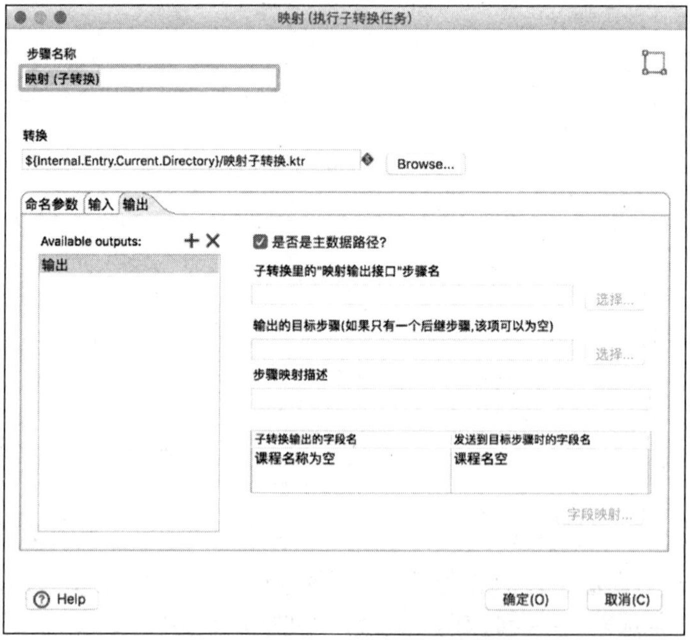

图 6-73 "输出"选项卡的设置

从这里很容易发现，"映射（子转换）"步骤的设置与"子转换映射"子转换之间是相呼应的。到这里，"映射子转换"转换设置结束。

（42）添加"输出"节点下的"文本文件输出"步骤并完成跳连接，如图 6-74 所示。

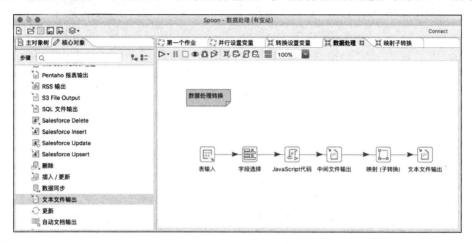

图 6-74　添加"文本文件输出"步骤并完成跳连接

（43）设置"文本文件输出"属性，如图 6-75 所示，在"文件"选项卡中，"步骤名称"设置为"统计文件输出"，"文件名称"设置为"${Internal.Entry.Current.Directory}/统计文件"，"扩展名"依旧是"csv"。"内容"选项卡的设置与图 6-63 的设置一样，"字段"选项卡的设置如图 6-76 所示，单击"获取字段"按钮，将"格式"都设置为"#"，即整数。单击"确定"按钮完成设置。

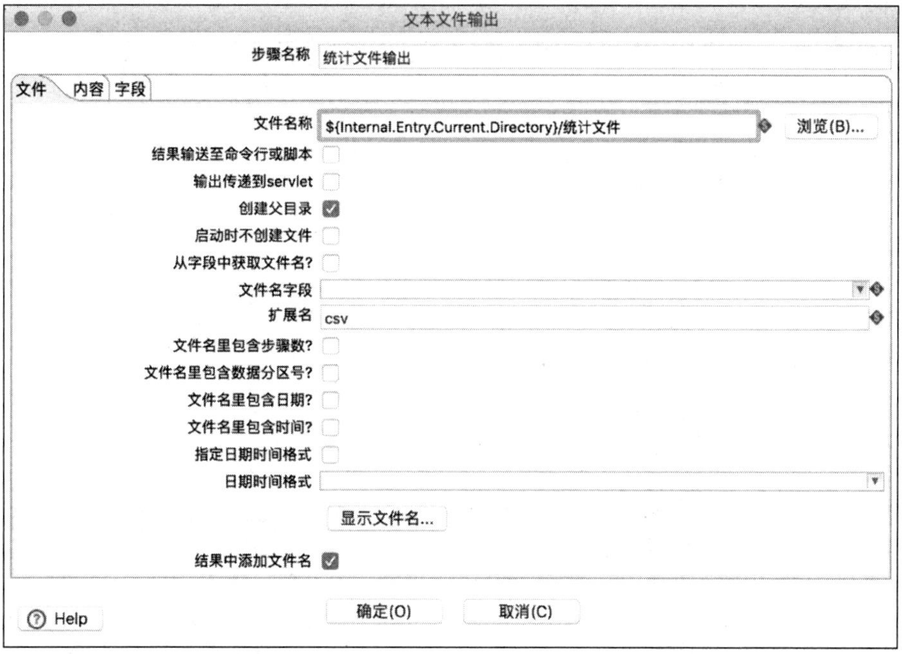

图 6-75　设置"文本文件输出"属性

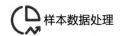

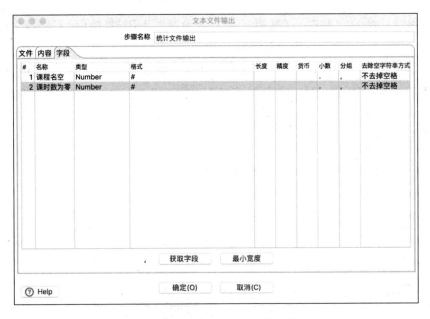

图 6-76　"字段"选项卡的设置

（44）"数据处理"转换设计完成并保存后，再返回"第一个作业"窗口。

（45）设置"数据处理"属性。"Transformation"选择刚完成的数据处理.ktr，这里我们给这个转换设置一个独立的日志文件，勾选"指定日志文件？"复选框，在"日志文件名"文本框中输入"${Internal.Job.Filename.Directory}/数据处理日志"，在"日志文件后缀名"文本框中输入"log"，"日志级别"设置为"基本日志"，其他设置默认即可，如图 6-77 所示。单击"确定"按钮完成设置。

图 6-77　"设置日志"选项卡的设置

（46）作业设计到现在，功能部分已基本结束，但不完美。我们需要增加对作业的监控。这里我们使用邮件来做监控。添加"发送邮件"作业项，使用"当结果为真的时候继续下一步"这个跳连接，如图 6-78 所示。

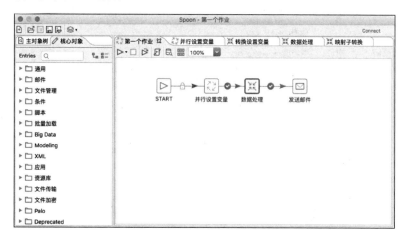

图 6-78　添加"发送邮件"作业项并完成跳连接

（47）设置"发送成功邮件"属性。

在"地址"选项卡中，设置"邮件作业名称"为"发送成功邮件"，"收件人地址"为收件人邮箱地址，抄送和暗送按需求设置，这里不设置，发件人地址（必填），联系人、联系电话等选填，这里的"联系人"设置为"administrator"，如图 6-79 所示。

在"服务器"选项卡中，设置 SMTP 服务器及端口号，勾选"用户验证？"复选框，设置邮箱用户名及密码，安全验证按需选择，如图 6-80 所示。

图 6-79　"地址"选项卡的设置

图 6-80　"服务器"选项卡的设置

在"邮件消息"选项卡中，消息设置按需求勾选，消息主题和注释要标题明确，内容清晰，方便维护，如图 6-81 所示。

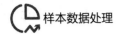

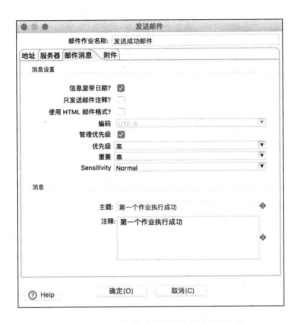

图 6-81 "邮件消息"选项卡的设置

（48）"附件"选项卡暂不设置。单击"确定"按钮完成设置。

（49）添加"发送失败邮件"作业项，使用"当结果为假的时候继续下一步"这个跳连接，如图 6-82 所示。

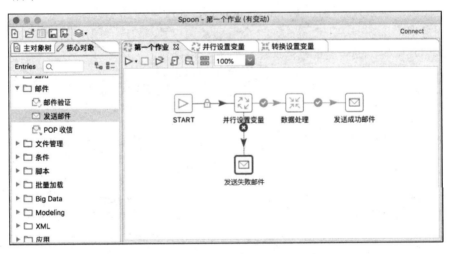

图 6-82 添加"发送失败邮件"作业项并完成跳连接

（50）设置"发送失败邮件"属性。基本与"发送成功邮件"的设置一致，将"邮件作业名称"设置为"发送失败邮件"；邮件消息中的主题和注释都设置为"第一个作业执行失败"。这里再添加发送附件，如图 6-83 所示，勾选"带附件？"复选框，"文件类型"选择"日志"，单击"确定"按钮完成设置。

（51）添加"发送失败邮件"的影子复制。如图 6-84 所示，在"发送失败邮件"作业项上单击鼠标右键，在弹出的快捷菜单中选择"Duplicate"命令，此时在右侧画布中会出现一个影子复制对象"发送失败邮件",再用跳将它与"数据处理"作业项连接,如图 6-85 所示。

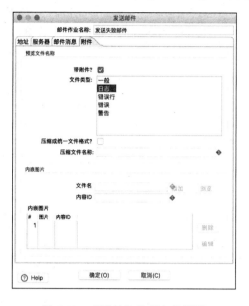

图 6-83　"附件"选项卡的设置

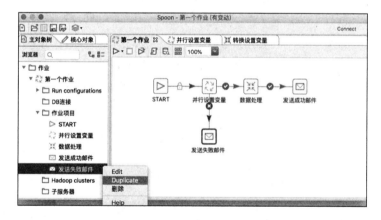

图 6-84　选择"Duplicate"命令

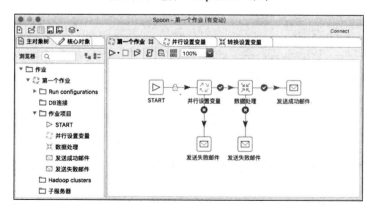

图 6-85　添加影子复制后的界面

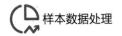

（52）前面设置了那么多参数和变量，这里就把它们用起来。打开"数据处理"转换中的"kettle_demo"数据库连接，这里使用"${}"和"%%%%"的效果是一样的。因为密码也用变量替换了，所以要勾选"Use Result Streaming Cursor"复选框，如图 6-86 所示。

图 6-86　设置数据库连接

（53）设置"表输入"属性。如图 6-87 所示，在"SQL"列表框中使用"*"符号替换列名，用"${table_name}"替换原来的表名"tbl_course"；SQL 使用变量时，一定要勾选下方的"替换 SQL 语句里的变量"复选框。单击"确定"按钮完成设置。

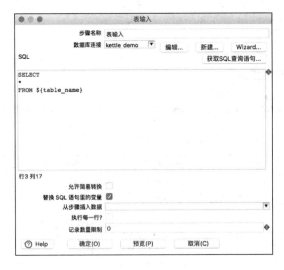

图 6-87　设置"表输入"属性

（54）作业设计到此为止已经全部结束。单击运行"第一个作业"作业，运行成功，如图 6-88 所示。邮件也能正常接收。

（55）使用命令行启动作业。

图 6-88　作业运行成功

在类 UNIX 上的运行方式：打开终端，通过 "cd" 命令进入 "data integration" 目录，执行如下命令。

```
sh kitchen.sh -file=/Users/libin/desktop/demo/第一个作业.kjb -level=Basic>>/
Users/libin/desktop/demo/第一个作业日志.log
```

在 Windows 上的运行方式：打开 "CMD 命令行" 窗口，通过 "cd" 命令进入 "data integration" 目录，执行如下命令。

```
kitchen.bat -file=D:/demo/第一个作业.kjb -level=Basic>>D:/demo/第一个作业日
志.log
```

运行成功时，可查看到如图 6-89 所示的日志内容。

图 6-89　日志内容

至此，实验结束。

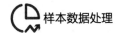

本章习题

（1）作业项与转换步骤有哪些不同？

（2）作业跳对运行结果的判断有哪三种方式？

（3）Kettle 中变量的设置方法有哪些？

（4）该如何监控 Kettle 中作业的执行情况？

（5）如何通过命令行执行作业？

第7章

基于 Kettle 构建数据仓库

本章我们将综合运用前几章的知识构建数据仓库。下面先介绍 3 个概念：数据仓库、维度表、事实表。

数据仓库：根据数据仓库之父比尔·恩门（Bill Inmon）的定义，数据仓库（Data Warehouse）是一个面向主题（Subject Oriented）的、集成（Integrated）的、相对稳定（Non-Volatile）的、反映历史变化（Time Variant）的数据集合，用于支持管理决策和信息的全局共享。它主要由维度表和事实表组成。

维度表：主要存放基础属性。维度表是各种属性的集合，是人们分析问题的角度。例如，学生、时间、班级、学院、学校，这些都是不同的维度。

事实表：主要存放各种业务数据。事实表包含特定业务事件的数据。例如，考试成绩、图书借阅、课程安排，这些都是实际发生的业务事件，都是事实表记录的信息。

本章主要内容如下。

（1）数据仓库的介绍。

（2）构建维度表。

（3）构建事实表。

7.1 数据仓库的介绍

7.1.1 数据仓库的起因

在建设数据仓库之前，数据散落在企业各部门应用的数据存储中。如果要做数据分析，需要直接从业务数据库中取数据来做分析。业务数据库主要为业务操作服务，虽然可以用于分析，但需要做很多额外的调整，主要有以下几个问题：结构复杂、数据脏乱、理解困难、缺少历史、大规模查询缓慢。

1. 结构复杂

业务数据库通常是根据业务操作的需要设计的，遵循 3NF 范式，尽可能减少数据冗余。这就造成表与表之间关系错综复杂。在分析业务状况时，存储业务数据的表与存储想要分析的角度表很可能不会直接关联，而是需要通过多层关联来达到，这为分析增加了很大的复杂度。

举例：想要从门店的地域分布来分析用户还款情况。基本的还款数据在订单细节表里，各种杂项信息在订单表里，门店信息在门店表里，地域信息在地域表里，这就意味着我们需要把这 4 张表关联起来，才能按门店的地域分布来分析用户的还款情况。

2．数据脏乱

因为业务数据库会接受大量用户的输入，如果业务系统没有做好足够的数据校验，就会产生一些错误数据，如不合法的身份证号，或者不应存在的 Null 值、空字符串等。

3．理解困难

业务数据库中存在大量语义不明的操作代码，如各种状态的代码、地理位置的代码等，在不同业务中的同一名词可能还有不同的叫法。

这些情况都是为了方便业务操作和开发而出现的，但却给我们分析数据造成了很大负担。各种操作代码必须要查阅文档，如果操作代码较多，还需要了解存储它的表。来自不同业务数据源的同义异名的数据更需要翻阅多份文档。

4．缺少历史

出于节约空间的考虑，业务数据库通常不会记录状态流变历史，这就使得某些基于流变历史的分析无法进行。例如，想要分析从用户申请到最终放款整个过程中各个环节的速度和转化率，没有流变历史就很难完成。

5．大规模查询缓慢

当业务数据量较大时，查询就会变得缓慢。尤其需要同时关联好几张大表，如还款表关联订单表再关联用户表，这个体量就非常巨大，查询速度非常慢，浪费大量的时间在等待查询结果上。

7.1.2　数据仓库的发展

1．萌芽阶段

MIT（麻省理工学院）在 20 世纪 70 年代进行了大量研究，经过了一系列测试论证，最终提出了将业务系统和分析系统分开，将业务处理和分析处理分成不同的层次。也就是如下结论：分析系统和业务系统只能采用完全不同的架构和设计方法分别处理。

2．数据仓库的探索阶段

1988 年，IBM 提出了"Information Warehouse"，目标就是为解决企业数据集成问题，在设计上能够实现"一个结构化的环境，能支持最终用户管理其全部的业务，并支持信息技术部门保证数据质量"。但是 IBM 只是将这种先进的概念用于市场宣传，而没有付诸实践的架构设计。

3．数据仓库的形成阶段

1991 年，比尔·恩门出版了数据仓库的第一本书 *Buildingthe Data Warehouse*，提出了数据仓库的概念，阐述了为什么要建立数据仓库，并且也给出了建设数据仓库的方式。

7.1.3　数据仓库的定义

数据仓库之父比尔·恩门在 1991 年出版的 *Building the Data Warehouse*（《建立数据仓库》）一书中所提出的定义被广泛接受——数据仓库是一个面向主题的、集成的、相对稳定的、反映历史变化的数据集合，用于支持管理决策和信息的全局共享。

数据仓库的主要功能是将联机事务处理（OLTP）经年累月所累积的大量资料，通过数据仓库理论所特有的数据储存架构，对数据进行一个系统的分析整理，以利于各种分析方法如联机分析处理（OLAP）、数据挖掘（Data Mining）的进行，并进而支持如决策支持系统（DSS）、主管资讯系统（EIS）的创建，帮助决策者可以在大量资料中，快速有效地分析出有价值的信息，以利于决策的拟定及快速回应外在环境变动，帮助构建商务智能（BI）。

7.1.4　数据仓库的特点

传统的联机事务处理强调的是更新数据库，即向数据库中添加、更新、删除信息，而数据仓库则强调从数据库中提取信息、利用信息。因此数据仓库的特点有以下几个方面。

（1）数据仓库中的数据是面向主题的。操作型数据库的数据组织面向事务处理任务，各个联机事务处理系统之间各自分离，而数据仓库中的数据是按照一定的主题域进行组织的。主题是一个抽象的概念，是用户使用数据仓库进行决策时所关心的重点方面，一个主题通常与多个操作型信息系统相关。

（2）数据仓库中的数据是集成的。面向事务处理的操作型数据库通常与某些特定的应用相关，数据库之间相互独立，并且往往是异构的。而数据仓库中的数据是在对原有分散的数据库数据抽取、清理的基础上经过系统加工、汇总和整理得到的，必须消除源数据中的不一致性，以保证数据仓库内的信息是关于整个企业的一致的全局信息。

（3）数据仓库中的数据是相对稳定的。操作型数据库中的数据通常实时更新，数据根据需要及时变化。数据仓库的数据主要供企业决策分析用，所涉及的数据操作主要是数据查询，一旦某个数据进入数据仓库以后，一般情况下将被长期保留，也就是数据仓库中一般有大量的查询操作，但修改和删除操作很少，通常只需要定期地加载、刷新。

（4）数据仓库中的数据反映历史变化。操作型数据库主要关心当前某一个时间段内的数据，而数据仓库中的数据通常包含历史信息，系统记录了企业从过去某一时间点（如开始应用数据仓库的时间）到目前的各个阶段的信息，通过这些信息，可以对企业的发展历程和未来趋势做出定量分析和预测。

7.1.5　数据仓库的结构

数据仓库的目的是构建面向分析的集成化数据环境，为企业决策提供数据支持。其实数据仓库本身并不"生产"任何数据，同时自身也不需要"消费"任何数据，数据仓库的数据源于外部，并且开放给外部应用，这也就是叫作"仓库"，而不叫作"工厂"的原因。因此数据仓库的基本架构主要包含的是数据流入流出的过程，可以分为三层——源数据、数据仓库、数据应用，如图 7-1 所示。

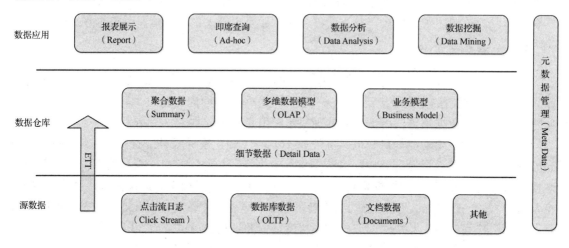

图 7-1　数据仓库的基本架构

从图 7-1 中可以看出，数据仓库的数据来源于不同的源数据，并将分析处理后的数据提供给各种外部应用，数据流入数据仓库后向上层开放应用，数据仓库只是中间集成化数据管理的一个平台，对应图 7-1 的层次结构如下。

源数据层（ODS）：此层数据无任何更改，直接沿用外围系统数据结构和数据，不对外开放。

细节层（DW）：主题明细宽表、轻度汇总、跨主题域关联汇总、业务模型 Cube；在此层看作口径的统一和沉淀，在此层之上可考虑建设信息中心（指标池）。

应用层（DA）：此层是前端应用直接读取的数据源和根据报表、专题分析需求而计算生成的数据。

7.1.6　数据仓库建模

Kimball 最先提出维度建模这一概念，它是数据仓库建设中的一种数据建模方法。对于维度建模，最简单的描述就是，按照事实表、维度表来构建数据仓库和数据集市，这种方法即星型模式（Star-schema）。

维度建模中有一些比较重要的概念，最常见的两个概念包括维度表和事实表。

如图 7-2 所示，维度建模的架构是典型的星型架构。星型模式之所以被广泛使用，是因为它有以下几个优点。

（1）针对各个维度做了大量的预处理，如按照维度进行预先的统计、分类、排序等。通过这些预处理，能够极大地提升数据仓库的处理能力。

（2）维度建模非常直观，紧紧围绕着业务模型，可以直观地反映出业务模型中的业务问题。

（3）不需要经过特别的抽象处理，就可以完成维度建模。

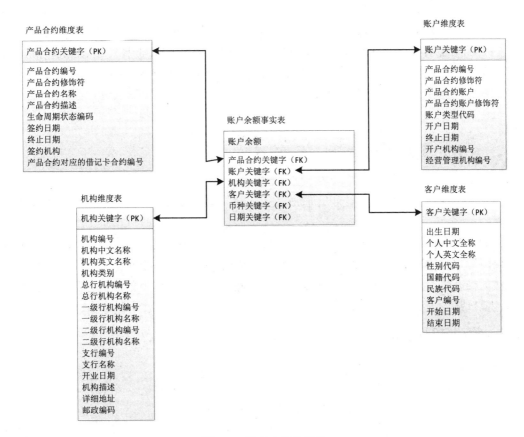

图 7-2　维度建模的架构

但是，维度建模的缺点也是非常明显的，主要有以下几点。

（1）在构建星型模式之前需要进行大量的数据预处理，因此会导致大量的数据处理工作。

（2）当业务发生变化，需要重新进行维度的定义时，往往需要重新进行维度数据的预处理。而在这些预处理过程中，往往会导致大量的数据冗余。

（3）如果只是依靠单纯的维度建模，不能保证数据来源的一致性和准确性，而且在数据仓库的底层，不是特别适用于维度建模的方法。

维度建模的领域主要适用于数据集市层，它的最大的作用其实是解决数据仓库建模中的性能问题。

7.1.7　数据仓库与 ETL 的关系

数据仓库从各数据源获取数据及在数据仓库内的数据转换和流动都可以认为是 ETL（Extract-Transform-Load）的过程，ETL 是数据仓库的流水线，也可以认为是数据仓库的血液，它维系着数据仓库中数据的新陈代谢，而数据仓库日常的管理和维护工作的大部分精力就是保持 ETL 的正常和稳定。

ETL 是将联机事务处理系统的数据经过抽取、清洗转换之后加载到数据仓库的过程，目的是将企业中的分散、零乱、标准不统一的数据整合到一起，为企业的决策提供分析依据。ETL 是 BI 项目中一个重要的环节。ETL 是构建数据仓库的重要一环，用户从数据源抽取出所需的数据，经过数据清洗，最终按照预先定义好的数据仓库模型，将数据加载到数据仓库中。

ETL 的实现有多种方法。其中，比较常用的一种是借助 ETL 工具（如 Kettle、Informatic 等）实现。借助 ETL 工具可以快速地建立 ETL 工程，屏蔽复杂的编码任务，提高速度，降低难度，极大地提高 ETL 的开发速度和效率。

7.2 构建维度表

在实际项目中，维度表设计和管理是最基础的，也是最关键的工作，具体表现在以下两个方面。

（1）维度表的数据质量不仅影响维度表自身，而且影响事实表数据的数据质量，最终影响上层应用数据的准确性。如果是核心维度表，甚至会影响整个数据仓库的数据质量。

（2）维度表设计的好坏直接影响数据仓库的性能和存储利用率的高低。因此，对维度表的构建及日常管理要高度重视。

7.2.1 管理各种键

维度表的构建主要涉及如下两种键。

- 业务主键：来源于源系统的业务，是业务主体的唯一标识。
- 代理键：为了确定维度表中唯一的行而增加的键。

管理这两种键，需要做如下工作。

- 确定业务主体对象，确保业务主键的唯一性。
- 判断当前维度表是否存在业务主键，根据业务主键更新维度表或者插入维度表数据。
- 为新插入的维度表的行数据生成新的代理键。

1．业务主键的管理

业务主键的主要作用是区分业务主体，必须来源于源系统，即来源于上游的业务系统。为方便管理，业务主键和代理键一起存储在维度表中。

业务主键的管理要注意以下两点。

1）确保业务主键唯一

同一个业务主体不能有多个业务主键，一个业务主键也不能对应多个业务主体。例如，一个学生不能有多个学号，一个学号也不能对应多个学生。

2）对业务主键进行合并处理

如果一个业务主体存在多个业务主键，应进行合并处理，主要有以下两种情况。

（1）数据来源不同：业务主键可能来源于多个源系统，同一个业务主体在不同的源系统的业务主键可能不同，此种情况我们需要对业务主键进行合并处理。例如，学校的系统通常以学号作为业务主键，而公安部门的系统通常以身份证号码作为业务主键，合并数据时，可以选取学号或身份证号码作为业务主键。

（2）历史遗留数据：同一业务主体，存在新、旧业务主键同时存在的情况。例如，身份证号码在历史上曾进行升位，从 15 位统一升为 18 位，但在实际项目中，尚存在新、旧身份证同时存在的情况，部分业务主体存在新、旧两个身份证号码，这种情况需要进行合并，统一使用 18 位身份证号码作为业务主键。

业务主键在项目中有如下两个具体运用。

（1）加载维度表时，根据业务主键判断维度表中是否已经存在该业务主键的记录，根据判断的结果进行数据的更新或者插入。

（2）处理事实表时，根据业务主键查找正确的代理键。

2．代理键的管理

最佳实践表明，原则上在维度表中应有代理键，一般用自动生成无意义的整型数值作为代理键。项目中我们可以通过数据库生成代理键，也可以通过 ETL 工具生成代理键。在 Kettle 中用"增加序列"步骤生成代理键，如图 7-3 所示。

图 7-3　用"增加序列"步骤生成代理键

"增加序列"步骤提供以下两种方法来生成序列。

（1）使用数据库生成序列，取值范围在数据库的序列中定义，计数器超过最大值后从起始值重新开始。这种方法需要先在数据库中定义一个序列，然后在"增加序列"步骤中引用。使用数据库生成序列的设置如图 7-4 所示。

其中，"Sequence 名称"选项中的"SEQ_KEY_VALUE"是 Oracle 数据库的一个序列对象。

（2）使用转换计数器生成序列，取值范围在用户界面直接定义，计数器超过最大值后从起始值重新开始。这种方法在每次重新运行时，会从起始值开始计数，不能直接当作代理键使用，通常需要进行特殊处理。

注意：使用数据库生成序列只能在有序列对象的数据库中使用，在 Oracle、PostgreSQL

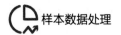
等数据库中有序列对象，可以用此方法。对 MySQL 数据库，因其没有序列对象，不能用此方法。

图 7-4　使用数据库生成序列的设置

具体办法有如下两种。

获取上一次运行后最大的序列，在此基础上开始计数，如图 7-5 所示，具体设置如图 7-6、图 7-7 所示。

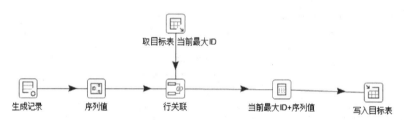

图 7-5　获取最大序列的一种方法

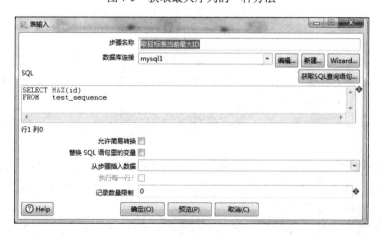

图 7-6　"取目标表当前最大 ID"的设置

图 7-7　"当前最大 ID+序列值"的设置

此方法的缺点是获取的最大序列值需要和输入的序列值相加，计算量大，执行效率低。

首先获取目标表中最大序列值并设置为变量，如图 7-8 所示；然后将获取的最大序列值 MAX_ID 作为序列的起始值，如图 7-9、图 7-10 所示；最后在 Kettle 作业（job）中将两个转换连接起来，如图 7-11 所示。

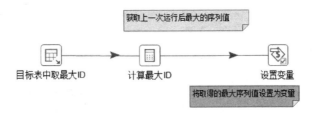

图 7-8　获取目标表中最大序列值并设置为变量

图 7-9　获取新序列并写入目标表

图 7-10　"添加序列值"的设置

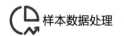

图 7-11 在 job 中串起两个转换

7.2.2 维度表的加载

维度表的加载需要掌握一定的技巧，下面是两个典型的模式——星型模式和雪花模式。加载维度表时，要根据维度表的特点，选择合适的加载顺序。

1. 星型模式

1）星型模式的特点

星型模式顾名思义，事实表和维度表形成星形的样式，即以事实表为中心，外围是若干张维度表；维度表通过主键和事实表的外键关联，如图 7-12 所示。

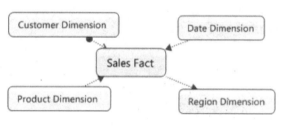

图 7-12 星型模式

2）星型模式的加载方法

在该模式中，每个维度表之间没有依赖关系，加载不分先后顺序。

2. 雪花模式

1）雪花模式的特点

雪花模式是在星型模式的基础之上扩展而来的，每个维度可以再扩散出更多的维度，根据维度的层级拆分成颗粒度不同的多张表，如图 7-13 所示。

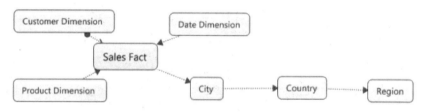

图 7-13 雪花模式

在雪花模式中，和事实表直接关联的维度表被称为主维度表。例如，在图 7-13 中，Date Dimension、City 均是主维度表。但 City 和其他主维度表不同的地方在于，它还有其他维度表与之关联，如 City 和 Country 关联，而 Country 又和 Region 关联。其中，City 和 Country、Country 和 Region 是 $N:1$ 的关系。

2）雪花模式的加载方法

在雪花模式中，City 和 Country、Country 和 Region 是 $N:1$ 的关系，几个层级间相互依赖，加载时按 Region→Country→City 的顺序加载。

7.2.3　缓慢变化维度

缓慢变化维度（Slowly Changing Dimensions，SCD）是数据仓库的重要概念，指维度信息会随着时间的流动缓慢变化。现实中事物的属性并不是不变的，它会随着时间的变化而缓慢变化。

1．常见的缓慢变化维度的类型

常见的缓慢变化维度主要有以下 3 种类型。

类型 1：业务主体数据变化时，用当前最新数据覆盖旧数据，只保留最新版本数据。

类型 2：业务主体数据变化时，用当前最新数据生成新的记录，保存多个历史版本。

类型 3：业务主体数据变化时，用当前最新数据生成新的记录，并且在该行记录中记录上一个版本部分关键信息。

1）类型 1 缓慢变化维度的更新

类型 1 缓慢变化维度不记录历史版本，只需要保存当前最新的记录。若字段有更新，则直接覆盖，否则新增记录（维度表中会新增一行记录），如图 7-14 所示。

图 7-14　类型 1 缓慢变化维度的更新流程示例

具体做法如下。

获取目标表的最后更新时间。步骤名称为"取最新更新日期"，设置如图 7-15 所示。

图 7-15　"取最新更新日期"的设置

取源表更新时间大于目标表最后更新时间记录。步骤名称为"表输入 student"，设置如图 7-16 所示。

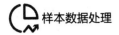

图 7-16 "表输入 student"的设置

在"插入/更新"步骤中设置更新关键字及更新字段。步骤名称为"插入/更新 dim_student_scd1",设置如图 7-17 所示。

图 7-17 "插入/更新 dim_student_scd1"的设置

2）类型 2 缓慢变化维度的更新

类型 2 缓慢变化维度与类型 1 缓慢变化维度不同，它不会直接覆盖以前的版本，每次更新会生成新的记录，通过这种方式保存各个历史版本，每个历史版本有不同的代理键，但每个版本有相同的业务主键。Kettle 对实现类型 2 缓慢变化维度提供了很好的支持。图 7-18 所示为类型 2 缓慢变化维度的更新流程示例。

图 7-18　类型 2 缓慢变化维度的更新流程示例

具体做法如下。

获取目标表的最后更新时间。步骤名称为"max_dim_student_last_update",设置如图 7-19 所示。

图 7-19　"max_dim_student_last_update"的设置

取源表更新时间大于目标表最后更新时间记录。步骤名称为"student",设置如图 7-20 所示。

图 7-20　"student"的设置

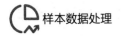

在"维度查询/更新"步骤中设置更新关键字及更新字段。步骤名称为"Update Sudent SCD2",设置如图 7-21 所示。

图 7-21 "Update Student SCD2"的设置

"维度查询/更新"步骤支持两种模式——查询模式和更新模式。

若不勾选"更新维度吗?"复选框,则此步骤只进行查询,并根据设置返回相应的字段,此时"字段"选项卡设置的字段是要返回的字段,如图 7-22 所示。

#	维字段	输出字段的新名称	返回字段类型	
1	sname	sname	String	
2	syear	syear	String	
3	major	major	String	
4	class	class	String	
5	college	college	String	
6	last_update	load_time	String	

图 7-22 查询模式时的"字段"选项卡的设置

若勾选"更新维度吗?"复选框,则代表此步骤需要对目标表进行更新,此时"字段"选项卡设置的字段是要更新的字段，如图 7-23 所示。

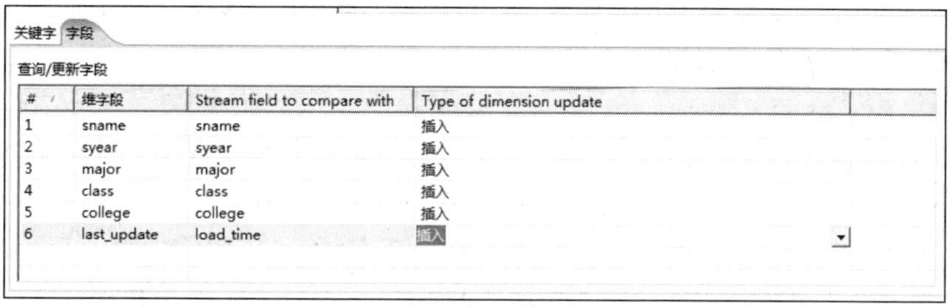

图 7-23　更新模式时的"字段"选项卡的设置

另外，在更新模式下，目标表需要有"代理键""版本""开始时间""截止时间"4 个字段，分别对应图 7-21 中的"代理关键字段""Version 字段""开始日期字段""截止日期字段"。

"代理关键字段"支持 3 种方式获取。

• "使用表最记录+1"：该方法支持任何数据库。

• "使用 sequence"：指定一个序列库。它只支持有序列对象的数据库，如 Oracle 等。

• "使用自增字段"：当代理键使用自增键时，可以用这个选项，MySQL 等数据库支持自增字段的使用。

"Version 字段"：类型 2 缓慢变化维度在每次变更时，每个业务主键对应新的版本号，版本号由"维度查询/更新"步骤自动生成，版本号和业务主键可以唯一确定一行记录。

"开始日期字段""截止日期字段"分别代表版本的开始时间、截止时间，规则如下。

• 每个新业务主键默认的开始时间、截止时间分别是"1900-01-01"和"2199-12-31"。

• 如果业务主键有新版本，上一个版本的截止时间被更新为"Stream 日期字段"的值，新版本的开始时间为 "Stream 日期字段"的值，截止时间用默认时间。

"关键字"选项卡设置业务主键，设置办法类似"数据库查询"和"更新/插入"步骤。

3）类型 3 缓慢变化维度的更新

在实际项目中，类型 3 也是较常见的缓慢变化维度。类型 3 介于类型 1 和类型 2 之间，适合如下场景：不希望历史记录全部被覆盖，也不希望每个版本都保存，希望维护较少的历史记录。例如，希望保存某个字段的上一个值和当前值，在表中增加历史字段，每次只更新其中两个字段。这样，只保存了最近两次的历史记录。但是如果要维护的字段比较多，就比较麻烦，所以使用类型 3 的场景还是没有类型 1 和类型 2 那么普遍。

2．其他类型

1）混合维度

在实际项目中，对特殊的应用场景，如对维度表不同的字段，用户关注度情况不同，用户希望针对不同的字段采用不同的处理办法，即：

（1）部分重要性不高的字段，如果数据有更新，希望直接覆盖旧记录。

（2）部分重要字段，如果数据有更新，希望保存本次记录及历史记录。

（3）部分次重要字段，如果数据有更新，希望保存本次记录及上次记录。

这些情况需要混合使用类型 1、类型 2、类型 3。

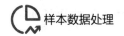

2）生成维度

有些维度中的值是可以预知的，如时间、日期等，这类维度数量固定，而且不做变更，可以一次性预先生成，避免多次加载。

3）杂项维度

这类维度包含了很多类型及不相关的属性，这些属性会对分析有一些帮助，但还不能把这些维度进行分类。这类杂项维度的组合非常多，不能提前确定，无法像生成维度一样提前生成。在实际开发中，我们一般用 Kettle 的"联合查询/更新"步骤实现，其设置方法和"插入/更新"步骤相似，主要区别在于："联合查询/更新"不分关键字段和查询字段，对字段的合并设置在同一个页面上进行。

7.3 构建事实表

7.3.1 批量加载

事实表是业务数据的集合，其数据量较大，往往有几 GB、几十 GB、几 TB，某些行业甚至有几 PB 的数据。在数据量不大的情况下，可以采用"表输出"步骤实现，但在数据量巨大的情况下，此方法是不适合的，原因在于："表输出"步骤对数据库操作是基于数据操作语言（Data Manipulation Language，DML）语句实现的，对数据库进行 DML 操作会带来如下两个问题。

（1）执行 insert、update、delete 等操作时，数据库管理系统会往日志文件中写日志，DML 语句操作的数据量越大，对应的日志文件就越大。

（2）执行 insert、update、delete 等操作时，数据库管理系统会进行约束性检查，如主键约束、外键约束、唯一性约束、检查约束等。约束性检查是一项费时的工作，通常比操作数据耗费更多时间。

大量的写日志和约束性检查会严重影响数据库性能，显然不适用于大量数据加载的情况。因此，从数据源加载到数据仓库，需要更快速、更高效的加载方法。幸运的是，Kettle 提供了丰富的批量加载控件，如图 7-24 所示。

需要注意，这些批量加载控件和"表输出"控件的原理不同，对数据操作不是基于 DML 语句的。例如，Oracle 数据库通过 SQL*Loader 实现批量数据加载。其他数据库厂家为了加快数据加载速度，也提供了自己独特的批量加载方法。Kettle 为了实现数据批量加载，开发了多种批量加载控件，如应用在 MySOL 数据库上的"MySQL 批量加载"、应用在 Oracle 数据库上的"Oracle 批量加载"等。

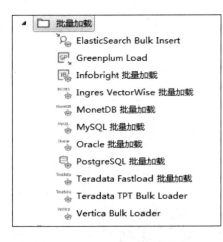

图 7-24 Kettle 批量加载控件

1. MySQL 批量加载

"MySQL 批量加载"的设置如图 7-25 所示。

图 7-25　"MySQL 批量加载"的设置

（1）若没有"数据库连接"，则单击"新建"按钮打开"数据库连接"对话框进行添加。"数据库连接"对话框的"一般"选项卡如图 7-26 所示。

图 7-26　"数据库连接"对话框的"一般"选项卡

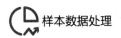

（2）Kettle 在 Windows 下运行，通常会提示错误，如图 7-27 所示，建议在 Linux 平台上运行。

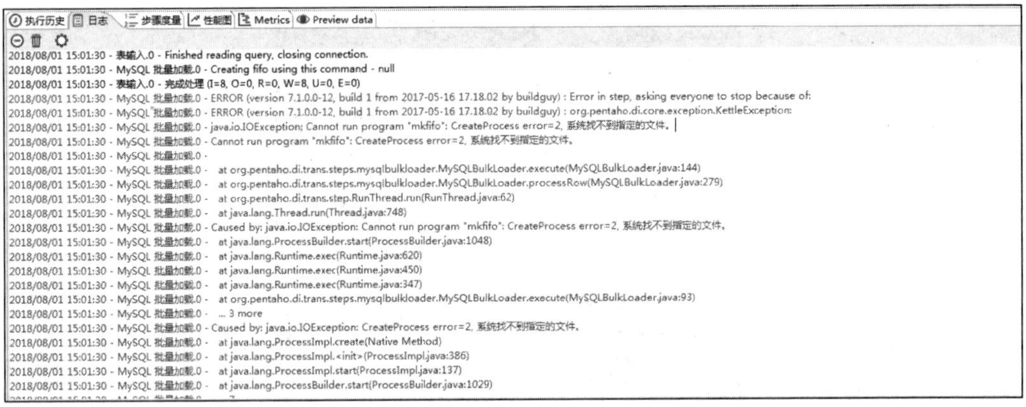

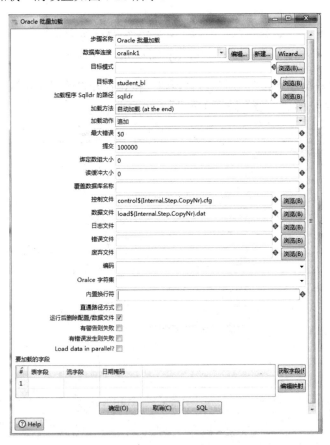

图 7-27   "MySQL 批量加载"的常见提示错误

2. Oracle 批量加载

"Oracle 批量加载"的设置如图 7-28 所示。

图 7-28   "Oracle 批量加载"的设置

"Oracle 批量加载"的设置比较复杂，我们需要理解选项的含义，如"控制文件""数据文件""日志文件"等。另外，我们要对 SQL*Loader 有所了解。如果不了解，建议参考 Pentaho 官方网站的相关资料。

7.3.2　查找维度

加载事实表时，在维度表中正确地查找代理键是我们工作的重要一环。

1．维护数据完整性

参照完整性指的是事实表和维度表之间建立的外键约束。在数据仓库中，事实表的外键指向维度表的主键。有些设计者通过外键约束来防止维度表的信息被误删。其实，在数据仓库中，外键约束不是必需的，若存在外键约束，加载数据时每加载一条数据，数据库会逐条检查是否违反约束，则加载速度会非常慢。如果有这种情况，通常加载事实表前先让外键失效，加载完成后再恢复外键。

2．查找维度表代理键

获取维度表代理键是构建事实表重要的环节之一。在 Kettle 中，我们一般通过"数据库查询"步骤或"维度查询/更新"步骤实现。

3．处理数据延迟

在数据加载中，正常的加载顺序应是"先加载维度表，再加载事实表"。因为事实表需要维度表的代理键，而维度表的代理键是在加载维度表过程中生成的，但实际上存在不少数据延迟的现象。例如，如果处理事实表时，维度表尚未加载完成，如何处理？如果加载完维度表后，事实表数据延期几天才来，如何处理？

1）事实表延迟

事实表延迟指交易数据发生后，未及时按约定时间传送给 ETL 过程处理。例如，约定每天处理前一天数据，如果事实表数据比预计的日期晚一天到达，当前最新的事实表数据是前天的。如果维度表是类型 2 缓慢变化维度，这时获取维度表代理键，不能按简单的规则处理，如取当前最新维度表记录作为代理键。正确的方法：结合维度表开始时间、截止时间取对应的代理键。

2）维度表延迟

维度表延迟指事实表处理完成，而维度表未处理完成。此种情况往往是维度表源表数据未按约定时间到来，或者维度表源表数据按时到来，但系统未在预定的时间内处理完成。出现这种情况，事实表设置流程是先加载维度表再加载事实表。

7.3.3　事实表的处理

常见的事实表主要有以下 3 种类型。

- 事务型事实表（Transaction fact table）：是事务粒度的，以单个事务、单个事件为单位，

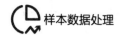

每个事务作为事实表的一行数据，如刷卡一次会有一条刷卡记录。

- 周期快照事实表（Periodic snapshot fact table）：是时间周期粒度的，以固定时间周期为单位，每个时间周期对应一行数据，如每一天、每一个月的话费支出。
- 累积快照事实表（Accumulating snapshot fact table）：当新的事实到达后，更新事实表的记录。例如，订单处理过程有多个日期：下单日期、发货日期、签收日期、退款日期等。在这个订单的处理过程中，随着订单的状态改变，事实表的相应日期也在改变。

1. 事务型事实表

事务型事实表记录的是事务层面的事实，保存的是最原始的数据，也称"原子事实表"。事务型事实表中的数据在事务型事件发生后产生，数据的粒度通常是每个事务一条记录。一旦事务被提交，事实表数据被插入，数据就不再进行更改，其更新方式为增量更新。

事务型事实表的日期维度记录的是事务发生的日期，它记录的事实是事务活动的内容。用户可以通过事务型事实表对事务行为进行特别详细的分析。

事务型事实表示例如图 7-29 所示。

work_ID	operable_time	student_code	ISBN	stack_room	operator	operator_type
10001	2018-08-01 00:00:00	20181001	2001.0	01书库	李笑	借书
10002	2018-08-01 00:00:00	20181002	2002.0	02书库	黄欢	借书
10003	2018-08-01 00:00:00	20181003	2003.0	02书库	黄欢	还书
10004	2018-08-01 00:00:00	20181004	2001.0	01书库	黄欢	还书
10005	2018-08-02 00:00:00	20181005	2001.0	02书库	李笑	还书
10006	2018-08-02 00:00:00	20181006	2005.0	01书库	黄欢	借书
10007	2018-08-02 00:00:00	20181007	2001.0	02书库	李笑	借书

图 7-29　事务型事实表示例

加载事务型事实表流程示例如图 7-30 所示。

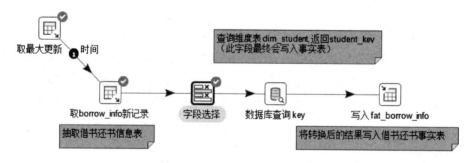

图 7-30　加载事务型事实表流程示例

具体设置如下。

（1）取最大更新时间。步骤名称为"取最大更新时间"，设置如图 7-31 所示。

（2）取源表增量数据。步骤名称为"取 borrow_info 新记录"，设置如图 7-32 所示。

（3）对字段进行重新设置。步骤名称为"字段选择"，"元数据"选项卡的设置如图 7-33 所示。

图 7-31　"取最大更新时间"的设置

图 7-32　"取 borrow_info 新记录"的设置

图 7-33　"元数据"选项卡的设置

如果发现抽出的数据和预期不符，如抽出的学生编号 student_code 包含小数点，可以修改字段类型为 String 类型，修改后小数点后数据消失。

（4）查询维度表，获取代理键。步骤名称为"数据库查询 key"，设置如图 7-34 所示。

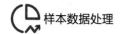

图 7-34　"数据库查询 key"的设置

（5）写入事实表。步骤名称为"写入 fat_borrow_info"，设置如图 7-35 所示。

图 7-35　"写入 fat_borrow_info"的设置

此步骤主要设置数据库连接、目标表及输入字段映射。

2．周期快照事实表

周期快照事实表以具有规律性的、可预见的时间间隔来记录事实，时间间隔有每天、每月、每年等。典型的例子有销售日快照表、库存日快照表等。

周期快照事实表的粒度是每个时间段一条记录，通常比事务型事实表的粒度粗，它是在事务型事实表之上建立的聚集表。周期快照事实表的维度个数比事务型事实表少，但是记录的事实比事务型事实表多。

周期快照事实表的日期维度通常是记录时间段的终止日，记录的事实是这个时间段内一些聚集事实值。周期快照事实表的数据一旦插入就不能更改，其更新方式为增量更新。

周期快照事实表示例如图 7-36 所示。

statis_date	student_code	book_borrow_cnt	book_RETURN_cnt
2018-08-01	201802	2	0
2018-08-01	201803	0	1
2018-08-01	201804	0	1
2018-08-02	201802	2	0
2018-08-02	201805	0	1
2018-08-02	201806	1	0
2018-08-02	201807	1	0
2018-08-02	201808	1	0

图 7-36　周期快照事实表示例

加载周期快照事实表流程示例如图 7-37 所示。

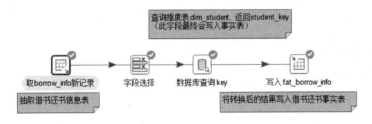

图 7-37　加载周期快照事实表流程示例

具体设置如下。

（1）在"转换属性"的"命名参数"中设置参数，如图 7-38 所示，以便在"表输入"步骤中引用。

图 7-38　设置参数

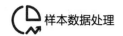

（2）在"表输入"步骤中，按日期进行汇总。步骤名称为"取 borrow_info 新记录"，设置如图 7-39 所示。

图 7-39 "取 borrow_info 新记录"的设置

① DATE(operable_time)的作用是把操作时间字段截断，只保留年月日。

② date_format(operable_time,'%Y%m%d')的作用是把时间字段转成"yyyymmdd"格式。

（3）对字段类型、格式进行重新设置。步骤名称为"字段选择"，"元数据"选项卡的设置如图 7-40 所示。

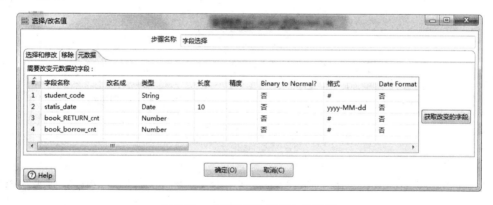

图 7-40 "元数据"选项卡的设置

（4）查询维度表的代理键。步骤名称为"数据库查询 key"，设置如图 7-34 所示。

（5）将数据写入目标表。步骤名称为"写入 fat_borrow_info"，设置如图 7-41 所示。

3．累积快照事实表

累积快照事实表和周期快照事实表有相似之处，它们存储的都是事务数据的快照信息。它们之间也有着很大的不同：周期快照事实表记录的是确定周期的数据，而累积快照事实表记录的是不确定周期的数据。累积快照事实表代表的是完全覆盖一个事务或产品的生命周期的时间跨度，它通常具有多个日期字段，用来记录整个生命周期中的关键时间点。另外，它还会有一个用于指示最后更新日期的附加日期字段。由于事实表中许多日期在首次加载时是不知道的，所以必须使用代理关键字来处理未定义的日期，而且这类事实表在数据加载完成后，是可以对它进行更新的，以补充随后知道的日期信息。

图 7-41　"写入 fat_borrow_info" 的设置

累积快照事实表示例如图 7-42 所示。

student_key	student_code	ISBN	stack_room	operator	operator_type	borrow_no	borrow_date_key	RETURN_date_key	borrow_day_cnt
2	201802	2001.0	01书库	李笑	借书	1099990004	20180801	20180802	1
2	201802	2002.0	02书库	黄欢	借书	1099990005	20180801	(Null)	(Null)
3	201803	2003.0	02书库	李笑	借书	2099990010	20180805	(Null)	(Null)
4	201804	2001.0	01书库	李笑	借书	3099990015	20180801	(Null)	(Null)
5	201805	2001.0	02书库	黄欢	借书	4099990018	20180802	20180805	3
6	201806	2005.0	01书库	李笑	借书	5099990022	20180805	(Null)	(Null)
7	201807	2001.0	02书库	黄欢	借书	6099990027	20180802	(Null)	(Null)
8	201808	2007.0	01书库	李笑	借书	6099990031	20180802	(Null)	(Null)
2	201802	2011.0	01书库	李笑	借书	1099990001	20180802	20180805	3
3	201803	2028.0	02书库	黄欢	借书	2099990011	20180803	(Null)	(Null)
4	201804	2029.0	01书库	李笑	借书	3099990019	20180804	(Null)	(Null)
6	201806	2011.0	02书库	李笑	借书	5099990023	20180805	(Null)	(Null)
7	201807	2031.0	02书库	李笑	借书	6099990028	20180805	(Null)	(Null)
8	201808	2001.0	02书库	李笑	借书	6099990032	20180805	(Null)	(Null)

图 7-42　累积快照事实表示例

加载累积快照事实表流程示例如图 7-43 所示。

具体设置如下。

（1）取最后更新时间。步骤名称为"目标表最后更新时间"，设置如图 7-44 所示。

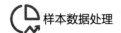

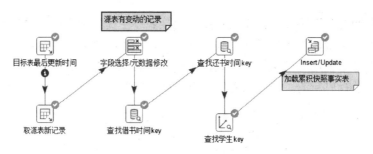

图 7-43　加载累积快照事实表流程示例

图 7-44　"目标表最后更新时间"的设置

（2）数据库查询并取增量数据，包括新增或修改过的数据。步骤名称为"取源表新记录"，设置如图 7-45 所示。

图 7-45　"取源表新记录"的设置

（3）根据需要修改元数据信息，设置数据类型、去除不需要的字段。步骤名称为"字段选择/元数据修改"，设置如图 7-46 所示。

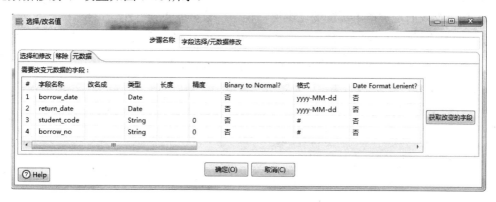

图 7-46　"字段选择/元数据修改"的设置

（4）从维度表中查找学生 key、借书时间 key、还书时间 key 等。以查找学生代理键为例，步骤名称为"查找学生 key"，设置如图 7-47 所示。

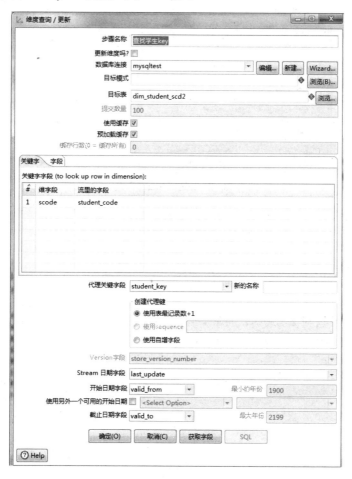

图 7-47　"查找学生 key"的设置

① 如果从类型 2 缓慢变化维度表中查找代理键，使用"维度查询/更新"步骤，可以省去很多复杂的设置工作。

② 如果查找的是类型 1 缓慢变化维度，使用"数据库查询"步骤即可。

（5）使用"插入/更新"步骤。步骤名称为"Insert/Update"，设置如图 7-48 所示。

图 7-48 "Insert/Update"的设置

由于累积快照事实表的数据有新增或更新的情况，输出时应使用"插入/更新"步骤。

本章习题

（1）批量加载数据到事实表时，通常需要使用批量加载控件，为什么不用"表输出"控件？

（2）请画出星型模式及雪花模式的示意图。

第8章

基于 Python 的数据导入与导出

完成数据预处理任务，除了使用 Kettle 这样的专用软件工具，还可以使用编程的方式。与使用现成的软件工具相比，编程的方式更加灵活、应用范围更广，但是同时对数据处理工作者提出了更高的要求，使用者必须具备基本的编程能力。

目前主流的编程语言都能够用来完成数据预处理工作，并且这些语言的能力是类似的，一门语言能够完成的工作，使用另外一门语言也能够完成。在实际工作中，很多场景下选择 Python 语言来进行数据预处理，这是因为一方面 Python 语言本身简洁易懂，另一方面 Python 语言大量应用在数据科学中，已经积累了许多成熟、稳定的开源第三方库，大大降低了数据预处理的难度，提高了完成数据预处理任务的速度。

本章主要内容如下。

（1）Pandas。

（2）文本文件的导入与导出。

（3）Excel 文件的导入与导出。

（4）数据库的导入与导出。

8.1 Pandas

Pandas 是一个 Python 开源库，提供了高性能且易于使用的数据结构及数据分析工具。Pandas 广泛应用在数据分析的常见任务中，包括数据探索、清理、转换等。

Pandas 非常适用于以下几种类型的数据。

（1）表格型的数据，且表格的各列可能具有不同的数据类型，如关系数据库表格数据或 Excel 表格数据。

（2）有序或无序的时间序列数据。

（3）带有行和列标签的矩阵数据。

（4）各种统计/观测数据集。

Pandas 提供了两种主要数据结构——Series 和 DataFrame。其中，Series 用于处理一维数据，DataFrame 用于处理二维数据。

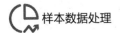

8.1.1 Series

Series 是一种类似于数组的一维数据结构，它包含一系列的元素及元素对应的标签。元素的标签被称为 index。

使用 Pandas 的功能之前，需要先导入 Pandas 模块。本章的 Python 代码运行环境为 IPython，版本是 6.1.0，对应的 Python 版本为 3.6.3。在 IPython 环境中运行如下两条语句：

```
In [1]: from pandas import Series, DataFrame
In [2]: import pandas as pd
```

本章其余的代码都假定上面两条语句已经运行成功，不再重复。

基于一个 list 构造一个 s = Series([3, 8, -5, 1])，可以使用如下语句：

```
In [3]: s = Series([3, 8, -5, 1])
In [4]: s
Out[4]:
0    3
1    8
2   -5
3    1
dtype: int64
```

Series 对象输出的左边一列是索引（index），右边一列是对应的元素值，最下面一行是元素的类型。由于代码中创建 Series 对象时没有指定 index，默认创建的 index 是 $0\sim N-1$ 的整数值，其中 N 是 Series 对象的元素个数。

通过访问 Series 对象的 values 属性和 index 属性，可以获取元素值和 index 值。

```
In [6]: s.values
Out[6]: array([ 3,  8, -5,  1])
In [7]: s.index
Out[7]: RangeIndex(start=0, stop=4, step=1)
```

如果不想使用默认的 index，可以在创建 Series 对象时指定 index

```
In [8]: s2 = Series([3, 8, -5, 1], index=['d', 'b', 'a', 'c'])
In [9]: s2
Out[9]:
d    3
b    8
a   -5
c    1
dtype: int64
In [10]: s2.index
Out[10]: Index(['d', 'b', 'a', 'c'], dtype='object')
```

要访问单个元素值，可使用类似于 list 访问元素的语法。

```
In [11]: s[2]
Out[11]: -5
```

```
In [12]: s2['a']
Out[12]: -5
```

除了访问单个元素，还可以通过 index 列表选择 Series 对象的多个元素值，从而生成一个新的 Series 对象。

```
In [16]: s2[['c', 'a', 'd']]
Out[16]:
c    1
a   -5
d    3
dtype: int64
```

Series 对象可以和一个实数做算术运算，结果为另一个 Series 对象。

```
In [17]: s2 * 3
Out[17]:
d    9
b   24
a  -15
c    3
dtype: int64
```

如果 Series 对象和一个实数做逻辑运算，结果 Series 对象的元素为 bool 类型。

```
In [18]: s2 > 0
Out[18]:
d      True
b      True
a     False
c      True
dtype: bool
```

bool 序列可以用来过滤 Series 对象。

```
In [19]: s2[s2>0]
Out[19]:
d    3
b    8
c    1
dtype: int64
```

除了把 Series 看成一种类似于数组的数据结构，还可以把它看成一种定长且有序的 map，map 的 key 是 index，value 是 Series 的元素值。因此，许多 map 的操作可以应用在 Series 上。

```
In [21]: 'a' in s2
Out[21]: True
In [22]: 'x' in s2
Out[22]: False
```

基于 dict 也能够创建 Series 对象。

```
In [23]: s3 = Series({'a': 1, 'b':2, 'c':3})
In [24]: s3
Out[24]:
a    1
b    2
c    3
dtype: int64
```

Series 对象是可变的，这意味着通过赋值能够改变它。

```
In [25]: s3['b'] = 9
In [26]: s3
Out[26]:
a    1
b    9
c    3
dtype: int64
```

Series 对象的 index 也可以通过赋值来改变。

```
In [27]: s3.index = ['x', 'y', 'z']
In [28]: s3
Out[28]:
x    1
y    9
z    3
dtype: int64
```

8.1.2　DataFrame

DataFrame 是一种带标签的二维数据结构，有行索引、列索引，其中各列可以存储不同的数据类型。为了帮助理解，可以将一个 DataFrame 对象想象为 Excel 中的一张表或数据库中的一张表。DataFrame 也可以看作 Series 的集合，DataFrame 是 Pandas 中最常用的数据结构。

构造一个 DataFrame 对象有多种方式，其中常用的一种方式是基于 dict 构造。

```
In [31]: data = {'int_column': [1, 2, 3],
   ...:          'float_column': [3.3, 5.5, 6.6],
   ...:          'string_column': ['aaa', 'bbb', 'ccc']}
   ...:
In [32]: df = DataFrame(data)
In [33]: df
Out[33]:
   float_column  int_column  string_column
0           3.3           1            aaa
1           5.5           2            bbb
2           6.6           3            ccc
```

DataFrame 的各列是有序排列的，可以在创建时传递 columns 参数调整顺序，而 index 参数为每一行指定了一个 index。

```
In [44]: df = DataFrame(
    ...:        data,
    ...:        columns=['string_column', 'int_column',
    ...:                   'float_column', 'na_column'],
    ...:        index=['a', 'b', 'c'])
    ...:
In [45]: df
Out[45]:
  string_column  int_column  float_column  na_column
a           aaa           1           3.3        NaN
b           bbb           2           5.5        NaN
c           ccc           3           6.6        NaN
```

如上所示，columns 参数中指定的列如果不存在，那么创建的 DataFrame 对象中的对应列值均为 NaN，表示一个不可用的值。

使用类似于获取 dict 值的语法，能够获取 DataFrame 对象的一列，存放在 Series 对象中。注意获取的 Series 对象具有与 DataFrame 相同的 index。

```
In [46]: c = df['float_column']
In [47]: type(c)
Out[47]: pandas.core.series.Series
In [48]: c
Out[48]:
a    3.3
b    5.5
c    6.6
Name: float_column, dtype: float64
```

获取一列也可以用另一种语法，类似于对象属性，如上例的获取列数据也可写作 df.float_column。

DataFrame 对象具有一些基本的统计方法，它们是按列进行计算的，返回的结果是一个 Series 对象，示例如下：

```
In [6]: df.mean()   # 计算每列的均值
Out[6]:
int_column      2.000000
float_column    5.133333
dtype: float64
In [7]: df.sum()   # 计算每列之和
Out[7]:
string_column    aaabbbccc
int_column               6
float_column          15.4
na_column             None
dtype: object
```

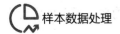

DataFrame 对象之间也可以进行一些基本计算，以列名找出匹配的列进行计算，如加法运算，示例如下：

```
In [9]: df1 = pd.DataFrame({'a': [1, 2, 3], 'b': [4, 5, 6], 'c': [7, 8, 9]})
In [10]: df2 = pd.DataFrame({'d': [10, 20, 30], 'b': [40, 50, 60], 'c': [70,
80, 90]})
In [11]: df1 + df2
Out[11]:
     a   b   c   d
0 NaN  44  77 NaN
1 NaN  55  88 NaN
2 NaN  66  99 NaN
```

上例中，加法运算的结果是一个新的 DataFrame 对象。df1 和 df2 都有"b"列和"c"列，结果中的"b""c"两列是对应列之和；"a""d"两列并非 df1 和 df2 公有，结果中仍然存在"a""d"列，但值均为 NaN，即不可用的值。

8.2 文本文件的导入与导出

数据导入是数据预处理的基础，而预处理的结果通常都要做数据导出，以备后续使用。使用 Python 做数据导入与导出，方法多样且能够使用的工具和库也很多，其中 Pandas 是广泛使用的一种主流工具。本章所介绍的数据导入导出方法主要基于 Pandas 来进行。

数据的来源和去向有不同的种类，包括文本格式的文件数据、二进制格式的文件数据、数据库，以及外部的网络数据。本节介绍文本格式的文件数据如何进行导入与导出。

8.2.1 导入 CSV 文件

CSV（Comma Separated Values，逗号分隔的值）。CSV 文件是一种比较简单的文本，广泛用于存储表格式的行列数据，可以直接使用 Excel 软件打开。Pandas 提供了 read_csv 函数，用于导入 CSV 文件，并得到一个 DataFrame 对象。此外，Pandas 还提供了 read_table 函数，能够导入用其他分隔符的类 CSV 文件。

在 IPython 中，可以使用 ! 语法运行外部命令。cat 是 Linux 上的一个命令，用于将文件内容显示在屏幕上。在 Windows 环境下可以用 type 命令显示文件。假设现有一个名为 test1.csv 的文件，其内容如下：

```
In [1]: !cat test1.csv
a,b,c,d,message
1,2,3,4,hello
5,6,7,8,world
9,10,11,12,foo
```

可以使用 read_csv 函数将文件内容读入一个 DataFrame 对象。

```
In [5]: df = pd.read_csv('test1.csv')
In [6]: df
Out[6]:
   a   b   c   d  message
0  1   2   3   4    hello
1  5   6   7   8    world
2  9  10  11  12      foo
```

Pandas 还提供另外一个函数——read_table 函数，可以用于读入 CSV 文件。read_table 函数需要传入 sep 参数以指定分隔符（默认分隔符是\t）。

```
In [7]: df = pd.read_table('test1.csv', sep=',')
In [8]: df
Out[8]:
   a   b   c   d  message
0  1   2   3   4    hello
1  5   6   7   8    world
2  9  10  11  12      foo
```

test1.csv 文件的第一行指定了各列的名称，但是很多时候 CSV 文件没有这样的名称行，如下面显示的 test2.csv 文件。

```
In [9]: !cat test2.csv
1,2,3,4,hello
5,6,7,8,world
9,10,11,12,foo
```

在这种情况下，可以有不同的选择。例如，让 Pandas 自动分配列名。

```
In [10]: pd.read_csv('test2.csv', header=None)
Out[10]:
   0   1   2   3      4
0  1   2   3   4  hello
1  5   6   7   8  world
2  9  10  11  12    foo
```

或者为 read_csv 函数提供一个额外的参数。

```
In [11]: pd.read_csv('test2.csv', names=['a', 'b', 'c', 'd', 'message'])
Out[11]:
   a   b   c   d message
0  1   2   3   4   hello
1  5   6   7   8   world
2  9  10  11  12     foo
```

假如希望让 message 列成为 DataFrame 对象的 index，可以使用 index_col 参数。

```
In [12]: names = ['a', 'b', 'c', 'd', 'message']
In [13]: pd.read_csv('test2.csv', names=names, index_col='message')
Out[13]:
```

```
          a   b   c   d
message
hello     1   2   3   4
world     5   6   7   8
foo       9  10  11  12
```

有时，要导入的文本文件的分隔符不是简单的逗号，而是一些有规则但长度不确定的空白字符，此时可以使用 read_table 函数，并传入一个正则表达式作为分隔符参数。例如，下面的文件使用一个或多个空格来分隔不同的值。

```
In [15]: !cat test3.txt
          A          B          C
aaa -0.264438 -1.026059 -0.619500
bbb  0.927272  0.302904 -0.032399
ccc -0.264273 -0.386314 -0.217601
ddd -0.871858 -0.348382  1.100491
```

一个或多个空格可以使用正则表达式来表述——\s+。因此，可以用如下语句导入该文件。

```
In [16]: pd.read_table('test3.txt', sep='\s+')
Out[16]:
          A          B          C
aaa -0.264438 -1.026059 -0.619500
bbb  0.927272  0.302904 -0.032399
ccc -0.264273 -0.386314 -0.217601
ddd -0.871858 -0.348382  1.100491
```

test3.txt 文件的首行只有 3 个列名，和后面的数据行相比少了 1 个，在这种情况下，read_table 函数推断首列应该是数据的 index。

read_csv 和 read_table 函数还有许多其他参数，可以控制导入的各种选项。例如，使用 skiprows 参数忽略文件中的某些行。test4.csv 文件带有多行注释。

```
In [17]: !cat test4.csv
# hey!
a,b,c,d,message
# just wanted to make things more difficult for you
# who reads CSV files with computers, anyway?
1,2,3,4,hello
5,6,7,8,world
9,10,11,12,foo
```

使用 skiprows 参数忽略这些注释行。

```
In [19]: pd.read_csv('test4.csv', skiprows=[0,2,3])
Out[19]:
   a  b  c  d message
0  1  2  3  4   hello
1  5  6  7  8   world
```

```
2  9  10  11  12     foo
```

　　处理缺失值是导入数据过程的一个重要部分。通常，缺失值使用空字符串或者一些特定的表示方法。Pandas 在默认情况下识别一些常用的缺失值的表示形式，如 NA 或者 NULL 等。如下文件存在缺失值，包含空字符串及特定表示方法两种情形。

```
In [20]: !cat test5.csv
something,a,b,c,d,message
one,1,2,3,4,NA
two,5,6,,8,world
three,9,10,11,12,foo
read_csv 仍然能够工作良好
In [22]: df = pd.read_csv('test5.csv')
In [23]: df
Out[23]:
  something  a   b    c   d  message
0      one   1   2  3.0   4      NaN
1      two   5   6  NaN   8    world
2    three   9  10 11.0  12      foo
```

　　使用 isnull 函数判断 DataFrame 对象中的缺失值。

```
In [24]: pd.isnull(df)
Out[24]:
   something      a      b      c      d  message
0     False  False  False  False  False     True
1     False  False  False   True  False    False
2     False  False  False  False  False    False
```

　　实际导入的数据文件往往规模都比较大，这时，如果能够先读一小部分进来，有利于判断导入过程是否正确；确认无误后，再按照一般的方式导入文件。nrows 参数可以控制读入的行数。下面要导入的文件共有 10001 行。

```
In [25]: !wc -l test6.csv
  10001 test6.csv
```

　　仅仅读入前 5 行数据进行查看的语句如下：

```
In [26]: pd.read_csv('test6.csv', nrows=5)
Out[26]:
        one        two      three       four  key
0  0.467976  -0.038649  -0.295344  -1.824726    L
1 -0.358893   1.404453   0.704965  -0.200638    B
2 -0.501840   0.659254  -0.421691  -0.057688    G
3  0.204886   1.074134   1.388361  -0.982404    R
4  0.354628  -0.133116   0.283763  -0.837063    Q
```

　　read_csv 和 read_table 函数的可变参数列表可以接受的其他参数，请参考 Pandas 的官方文档。

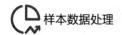

8.2.2 导出 CSV 文件

Pandas 也提供了反向的操作，能够将 DataFrame 导出为 CSV 格式的文件。

使用前面曾经读入的一个文件作为例子。

```
In [27]: data = pd.read_csv('test5.csv')
In [28]: data
Out[28]:
  something a    b    c       d    message
0       one  1    2    3.0     4       NaN
1       two  5    6    NaN     8     world
2     three  9   10   11.0    12       foo
```

read_csv 函数的返回值是一个 DataFrame 对象，它具有 to_csv 方法，能够达到导出的
目的。

```
In [30]: !cat out.test6.csv
,something,a,b,c,d,message
0,one,1,2,3.0,4,
1,two,5,6,,8,world
2,three,9,10,11.0,12,foo
```

当然也可以使用其他字符作为分隔符。

```
In [32]: data.to_csv(sys.stdout, sep='|')
|something|a|b|c|d|message
0|one|1|2|3.0|4|
1|two|5|6||8|world
2|three|9|10|11.0|12|foo
```

DataFrame 中的缺失值默认使用空字符串，na_rep 参数可以改变这一行为。

```
In [35]: data.to_csv(sys.stdout, na_rep='NA')
,something,a,b,c,d,message
0,one,1,2,3.0,4,NA
1,two,5,6,NA,8,world
2,three,9,10,11.0,12,foo
```

to_csv 的默认行为会输出 index 列和标题行，如果不希望输出这些，可以将 index 和 header
均设置为 False。

```
In [36]: data.to_csv(sys.stdout, index=False, header=False)
one,1,2,3.0,4,
two,5,6,,8,world
three,9,10,11.0,12,foo
```

如果不希望输出所有列，可以使用 columns 参数选择只输出一部分。

```
In [39]: data.to_csv(sys.stdout, index=False, columns=['a', 'b', 'c'])
```

```
a,b,c
1,2,3.0
5,6,
9,10,11.0
```

8.2.3　JSON 格式数据的导入与导出

JSON（JavaScript Object Notation，JS 对象简谱）格式在 Web 中使用非常广泛，常用于前端网页的 JavaScript 脚本和后端 Web 服务器交换数据。与表格型的数据相比，JSON 格式的数据更加复杂和灵活，能够表达类似于树结构的数据。下面是一个 JSON 格式的数据示例。

```
In [41]: !cat in.json
{"menu": {
  "id": "file",
  "value": "File",
  "popup": {
    "menuitem": [
      {"value": "New", "onclick": "CreateNewDoc()"},
      {"value": "Open", "onclick": "OpenDoc()"},
      {"value": "Close", "onclick": "CloseDoc()"}
    ]
  }
}}
```

现存多种库和工具用于 JSON 格式数据的处理。对常规的任务，使用 Python 语言内置的 JSON 模块是最方便的。在使用 JSON 模块之前应先导入它。

```
In [42]: import json
```

JSON 模块的 load 函数能够导入 JSON 数据，返回值是一个 dict 对象。

```
In [43]: with open('in.json') as f:
   ...:         j = json.load(f)
In [44]: j
Out[44]:
{'menu': {'id': 'file',
  'popup': {'menuitem': [{'onclick': 'CreateNewDoc()', 'value': 'New'},
     {'onclick': 'OpenDoc()', 'value': 'Open'},
     {'onclick': 'CloseDoc()', 'value': 'Close'}]},
  'value': 'File'}}
```

JSON 模块的 dump 函数提供了反向的功能，将一个 dict 对象导出为 JSON 格式的文件。

```
In [46]: with open('out.json', 'w') as f:
   ...:         json.dump(j, f)
In [48]: !cat out.json
{"menu": {"id": "file", "value": "File", "popup": {"menuitem": [{"value":
"New", "onclick": "CreateNewDoc()"}, {"value": "Open", "onclick": "OpenDoc()"},
{"value": "Close", "onclick": "CloseDoc()"}]}}}
```

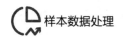

8.3　Excel 文件的导入与导出

Excel 是微软的经典之作，在日常工作中的数据整理、分析和可视化方面，有其独到的优势。但如果数据量超大，Excel 的劣势也就随之而来，甚至因为内存溢出无法打开文件，后续的分析更是难上加难。本节介绍使用 Python 的 Pandas 解决此问题，即通过 Pandas 完成读/写 Excel。

Pandas 读取 Excel 可以通过 read_excel 函数将工作表读取成 DataFrame，代码如下：

```
In [3]: df = pd.read_excel('in.xls')
```

Pandas 会默认读取 Excel 文件中的第 1 个工作表，也就是默认名为 Sheet1 的工作表。如果想自定义读取其他页，可以设置 sheet_name 参数。sheet_name 可以是整型数字、列表名或 Sheet$N$，也可以是上述 3 种组成的列表。整型数字表示目标 sheet 所在的位置，以 0 为起始，如 sheet_name = 1 代表第 2 个工作表，示例代码如下：

```
In [4]: df = pd.read_excel('in.xls', sheet_name=1)
```

列表名表示目标 sheet 的名称；Sheet$N$ 代表第 N 个 sheet，S 要大写。组合列表如 sheet_name = [0, '成绩录入', 'Sheet2']，代表读取 3 个工作表，分别为第 1 个工作表、名为成绩录入的工作表和第 2 个工作表。若读取多个工作表，则显示表格的字典。

```
In [6]: ordered_dict = pd.read_excel(path, sheet_name=[0,'成绩录入','Sheet2'])
```

使用 to_excel 方法把 DataFrame 输出到 Excel 表格。

```
In [10]: df.to_excel('out.xls')
```

将 to_excel 方法的第一个参数设置为 Excel 文件路径即可。sheet_name 参数默认为'Sheet1'，因此默认创建一个名为 Sheet1 的工作表。to_excel 的默认行为会输出 index 列和标题行，如果不希望输出这些，可将 index 和 header 设置为 False，具体方式可以参考 8.2.2 节的 to_csv 方法。

8.4　数据库的导入与导出

大部分现实世界的应用存储数据的主要方法是使用数据库。与文件相比，使用数据库管理数据能够获得更快的访问速度、更方便的访问接口、更可靠的数据完整性。我们通常将数据库分为两大类，一类是基于 SQL 的关系数据库，如 MySQL、PostgreSQL、SQL Server、SQLite 等；另一类被称为 NoSQL，即非关系数据库，在存储大量非结构化数据的情况下，NoSQL 具有更好的性能。

8.4.1　关系数据库的导入与导出

将关系数据库的表格数据导入成 Pandas 的 DataFrame 并不难理解。Pandas 连接关系数据库需要 Python 连接对应数据库的客户端，以 MySQL 数据库为例，Python 连接它的库有几种，最常用的是 PyMySQL，用户可以通过 pip 或者 Anaconda 方式进行安装。

下面以 MySQL 数据库为例进行演示，首先在 MySQL 中创建一个名为 testdb 的库，然后创建有 3 个字段的 t_course 表，并插入一些记录。创建和插入数据的 SQL 语句如下：

```
CREATE TABLE `t_course` (
  `cno` int(11) DEFAULT NULL,
  `cname` varchar(10) DEFAULT NULL,
  `cinfo` varchar(255) DEFAULT NULL
) DEFAULT CHARSET=utf8;
INSERT INTO `t_course` VALUES ('10', '语文', '必修');
INSERT INTO `t_course` VALUES ('20', '数学', '必修');
INSERT INTO `t_course` VALUES ('30', '英语', '选修');
```

Pandas 连接数据库需要对应数据库的 Python 客户端完成连接，通过 sqlalchemy（Anaconda 环境中无须另外安装）的 create_engine 方法来创建连接。例如，URI 写法的连接字符串格式如下：

```
mysql+pymysql://${user}:${password}@${host}:${port}/${database}?${params}
```

下面逐个解释，mysql+pymysql 表示连接数据库使用的协议，${} 表示变量，user 和 password 分别表示数据库用户名和密码，host 和 port 分别表示数据库地址和端口，database 表示要连接的数据库，params 表示其他连接参数，以 key=value 形式列出。本机连接 testdb 库的代码如下：

```
In [12]: from sqlalchemy import create_engine
In [13]: conn=create_engine(
'mysql+pymysql://root:123456@localhost:3306/testdb?charset=utf8'
)
```

conn 是创建成功的连接对象，如果数据库连接失败，会抛出异常程序终止。Pandas 读取数据库的表格数据是通过 read_sql 函数来完成的。

```
In [3]: pd.read_sql('select * from data_info', conn)
```

其中第一个参数'select * from data_info'是 SQL 语句，表示从连接上的库中通过什么样的 SQL 来获取表格数据。例子中获取的是 data_info 表中所有的字段。第二个参数 con=conn 表示使用的连接客户端。

使用 to_sql 方法把 DataFrame 输出到 Excel 表格。

```
In [12]: df.to_sql("cjlr201", conn)
```

其中第一个参数 cjlr201 是二维表要写到的表名，第二个参数 con=conn 表示使用的连接客户端。to_sql 方法的 if_exists 参数用于当目标表已经存在时的处理方式，默认是 fail，即目

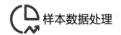

标表存在就失败，另外两个选项中 replace 选项表示替代原表，即删除再创建，append 选项仅添加数据。需要有其他类型的写入，可以调整 if_exists 参数。例如，追加数据的方式：

```
In [13]: df.to_sql("cjlr201", conn, if_exists='append')
```

to_sql 的默认导出行为会输出 index 列，如果不希望输出该列，可将 index 设置为 False。

8.4.2　非关系数据库的导入与导出

非关系数据库（NoSQL）具有多种多样的存储方式和产品实现。其中，MongoDB 是一种广泛使用的 NoSQL。本节以 MongoDB 为例进行讲述。MongoDB 的基本存储单元是一种类似于 dict 的对象。类似于常见的关系数据库，MongoDB 采用了客户-服务器架构，作为用户，首先需要建立与服务端的连接。这里使用 PyMongo（包）与 MongoDB 服务端进行交互，这是 MongoDB 官方提供的模块，用户可以通过 pip 或者 Anaconda 安装。

为了运行本节的代码示例，用户需要启动 MongoDB 服务端。作为演示，这里使用 Linux 单机版本的 MongoDB。MongoDB 可以从官方网站下载，或者使用 Linux 软件包管理器，如 YUM（Yellowdog Updater Modified）。MongoDB 服务端的启动很简单，首先创建一个目录用于存放数据文件，这里创建一个临时使用的存放路径。

```
mkdir -p /tmp/mongodb/testdb
```

然后启动 MongoDB 服务器程序。

```
mongod --dbpath /tmp/mongodb/testdb
```

这样，MongoDB 服务端就启动了，并且系统在 localhost 的 27017 端口等待客户端的连接。

启动了 MongoDB 服务端后，下面通过 Python 的 PyMongo 模块与服务端进行交互，从而实现数据进出 MongoDB 数据库。首先需要导入客户类，并创建实例。

```
In [3]: from pymongo import MongoClient
In [4]: client = MongoClient('localhost', 27017)
```

一个 MongoDB 实例能够支持多个独立的数据库。使用 PyMongo 模块，可以通过类似于 dict 访问元素的语法访问 MongoDB 实例中的一个数据库。

```
In [5]: db = client['test-database']
```

collection 是 MongoDB 中的一种数据结构，用于表示一组文档（Document）。一个 collection 可以粗略地认为是大体上类似于关系数据库的一张表。在 PyMongo 获取一个 collection 的语法同样适用类似于 dict 元素访问的方式。

```
In [6]: collection = db['test-collection']
```

MongoDB 中数据库和 collection 的使用是惰性的。也就是说，只有当首个文档插入其中时，数据库和 collection 才会真正被创建出来。

数据在 MongoDB 中是以文档的方式存储和使用的。文档是一种类似于 JSON 风格的数据结构。PyMongo 以 dict 来表示文档。例如，下面的代码表示博客中的一篇文章。其中，datetime.datetime 类型的值在存储时会自动转换为适当的存储格式。

```
In [7]: import datetime
In [8]: post = {"author": "Mike",
   ...:         "text": "My first blog post!",
   ...:         "tags": ["mongodb", "python", "pymongo"],
   ...:         "date": datetime.datetime.utcnow()}
```

如下语句在数据库中名为 posts 的 collection 中插入一篇文章。这个操作使用 insert_one 方法，并且会自动生成文档的 id。

```
In [9]: posts = db['posts']
In [10]: post_id = posts.insert_one(post).inserted_id
In [11]: post_id
Out[11]: ObjectId('5b1de0e7bf088c02fe72f61f')
```

在首篇文章插入之后，名为 posts 的 collection 才会被创建出来。为了验证这一点，可以列出数据库中的所有 collection。

```
In [12]: db.collection_names(include_system_collections=False)
Out[12]: ['posts']
```

PyMongo 提供 find_one 方法，用于查询数据库中的一篇文档。例如，使用 find_one 方法查询 posts 中的一篇文章。

```
In [13]: posts.find_one()
Out[13]:
{'_id': ObjectId('5b1de0e7bf088c02fe72f61f'),
 'author': 'Mike',
 'date': datetime.datetime(2018, 6, 11, 2, 36, 17, 659000),
 'tags': ['mongodb', 'python', 'pymongo'],
 'text': 'My first blog post!'}
```

上面的代码得到的结果是一个 dict，对应于前面插入的那篇文章。可以看到，文档中自动生成了一个名为_id 的属性。

find_one 方法支持过滤条件。例如，需要查询指定作者的文章。

```
In [14]: posts.find_one({"author": "Mike"})
Out[14]:
{'_id': ObjectId('5b1de0e7bf088c02fe72f61f'),
 'author': 'Mike',
 'date': datetime.datetime(2018, 6, 11, 2, 36, 17, 659000),
 'tags': ['mongodb', 'python', 'pymongo'],
 'text': 'My first blog post!'}
```

若作者不存在，则查询结果为空。

```
In [15]: posts.find_one({"author": "Eliot"})
```

实际的 MongoDB 中往往不只一条数据。除了使用 insert_one 方法一次插入一条，还可以使用 insert_many 方法进行批量插入。insert_many 方法接收一个 list 作为参数，在批量插入时

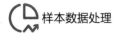

在一条命令中一次性发送给 MongoDB 服务端。下面的列表存放了两篇文章。

```
In [16]: new_posts = [{"author": "Mike",
    ...:              "text": "Another post!",
    ...:              "tags": ["bulk", "insert"],
    ...:              "date": datetime.datetime(2009, 11, 12, 11, 14)},
    ...:             {"author": "Eliot",
    ...:              "title": "MongoDB is fun",
    ...:              "text": "and pretty easy too!",
    ...:              "date": datetime.datetime(2009, 11, 10, 10, 45)}]
```

使用 insert_many 方法一次性插入。

```
In [17]: result = posts.insert_many(new_posts)
In [18]: result.inserted_ids
Out[18]:                            [ObjectId('5b1de96fbf088c02fe72f620'),
ObjectId('5b1de96fbf088c02fe72f621')]
```

这一次的返回结果包含两篇文章自动生成的 id。

如果希望查询多于一篇文档，应该使用 find 方法。find 方法返回一个 Cursor 类型的对象，通过它能够迭代所有的查询结果。以下语句用于迭代 posts 中的每一篇文章。

```
In [19]: import pprint
In [20]: for post in posts.find():
    ...:         pprint.pprint(post)
    ...:
{'_id': ObjectId('5b1de0e7bf088c02fe72f61f'),
 'author': 'Mike',
 'date': datetime.datetime(2018, 6, 11, 2, 36, 17, 659000),
 'tags': ['mongodb', 'python', 'pymongo'],
 'text': 'My first blog post!'}
{'_id': ObjectId('5b1de96fbf088c02fe72f620'),
 'author': 'Mike',
 'date': datetime.datetime(2009, 11, 12, 11, 14),
 'tags': ['bulk', 'insert'],
 'text': 'Another post!'}
{'_id': ObjectId('5b1de96fbf088c02fe72f621'),
 'author': 'Eliot',
 'date': datetime.datetime(2009, 11, 10, 10, 45),
 'text': 'and pretty easy too!',
 'title': 'MongoDB is fun'}
```

类似于 find_one 方法，find 方法同样支持 dict 参数，用于过滤查询结果。

```
In [21]: for post in posts.find({"author": "Mike"}):
    ...:         pprint.pprint(post)
    ...:
{'_id': ObjectId('5b1de0e7bf088c02fe72f61f'),
```

```
 'author': 'Mike',
 'date': datetime.datetime(2018, 6, 11, 2, 36, 17, 659000),
 'tags': ['mongodb', 'python', 'pymongo'],
 'text': 'My first blog post!'}
{'_id': ObjectId('5b1de96fbf088c02fe72f620'),
 'author': 'Mike',
 'date': datetime.datetime(2009, 11, 12, 11, 14),
 'tags': ['bulk', 'insert'],
 'text': 'Another post!'}
```

这样，使用 PyMongo 模块的 insert_one 方法和 insert_many 方法，能够把数据导入 MongoDB；使用 find_one 方法和 find 方法，能够从 MongoDB 导出数据。

本章习题

（1）请简要描述 Pandas 的 DataFrame 对象。

（2）操作 CSV 文件，按下面的要求完成代码。

① 导入 Pandas 模块并设置别名为 pd。

② 假设现有一个名为 test.csv 的文件，请使用 Pandas 的 read_csv 函数导入，并设置分隔符为 “;”，且没有列名，最后赋值给变量 df。

③ 设置 df 的列名，列名的列表为['one','two','three']。

④ 检查 df 的各个元素中是否有 NaN 值。

⑤ 将 df 导出为 “result.csv”，并以 “,” 作为分隔符。

⑥ 假设数据库和表如 8.4.1 节所示，只读取必需的数据，保存到 t_new 表，不包含 index。

⑦ 假设 Excel 文件有 3 个工作表，分别是 Sheet1、Sheet2、Sheet3，用两种方法把 Sheet2 读取成 DataFrame。

第9章

基于 Python 的数据整理

在数据分析建模的工作中，我们大部分的时间用在数据预处理任务上，包括数据的加载、清理、格式转换，以及数据的重新编排。这是因为，在绝大多数情况下，存储在数据库或者文件中的数据，其格式和内容并非完全满足当前的数据分析任务。将数据通过各种方式整理并得到完全符合要求的格式，往往需要花费相当大的时间和精力。Python 语言具有清晰简洁的语法、动态强大的语言机制、灵活高效的数据结构，以及广泛丰富的第三方库，可以帮助我们极大地提高数据整理工作的效率。

在 Python 语言丰富的第三方库中，Pandas 尤其适合做数据整理的工作。实际上，开源的 Pandas 更新完善，很多时候是由实际的数据整理需求驱动的。本章重点介绍如何使用 Pandas 更高效地完成典型的数据整理工作。

本章主要内容如下。

（1）合并多个数据集。

（2）数据重塑。

（3）数据转换。

9.1　合并多个数据集

Pandas 提供了以下几种方法，用于合并多个数据集。

（1）pandas.merge。基于一个或多个键连接多个 DataFrame 中的行。对熟悉关系数据库的人员来说，这个操作很容易理解，因为它就相当于 SQL 中的 join 操作。

（2）pandas.concat。按行或按列将不同的对象叠加到一起。

（3）combine_first。这是一个实例方法，使用一个对象中的数据填充另一个对象中相应位置的缺失值。

9.1.1　使用键进行 DataFrame 合并

join 操作用于合并数据集，按照一个或多个特定的键来连接相关的行。在关系数据库中，连接操作处于中心的位置。Pandas 提供了 merge 函数，可以对数据集进行类似于数据库连接的操作。

下面创建两个 DataFrame 实例。

```
In [1]: df1 = DataFrame({'key': ['b', 'b', 'a', 'c', 'a', 'a', 'b'],
   ...:                  'data1': range(7)})
In [2]: df2 = DataFrame({'key': ['a', 'b', 'd'],
   ...:                  'data2': range(3)})
```

这两个实例内容如下:

```
In [3]: df1
Out[3]:
   data1 key
0      0   b
1      1   b
2      2   a
3      3   c
4      4   a
5      5   a
6      6   b
In [4]: df2
Out[4]:
   data2 key
0      0   a
1      1   b
2      2   d
```

这个例子将会完成一个多对一的合并。df1 中的数据，key 值为 a 或 b 的行均有多行。同时，在 df2 中，每个 key 值只有唯一的一行存在。使用 df1 和 df2 作为参数，调用 Pandas 的 merge 函数，将会得到合并之后的结果。

```
In [5]: pd.merge(df1, df2)
Out[5]:
   data1 key data2
0      0   b     1
1      1   b     1
2      6   b     1
3      2   a     0
4      4   a     0
5      5   a     0
```

需要注意的是，上面并没有指明使用哪一列作为连接的键。在这种情况下，merge 函数使用重叠的列作为键进行连接。然而，在实践中应该用如下语句明确指定所用的键。

```
In [6]: pd.merge(df1, df2, on='key')
Out[6]:
   data1 key data2
0      0   b     1
1      1   b     1
```

```
2      6      b      1
3      2      a      0
4      4      a      0
5      5      a      0
```

上例中两个数据集用于连接的键名恰好一致，实践中往往出现使用不同名的键进行连接的情形。此时可用如下语句分别指定键名。

```
In [7]: df3 = DataFrame({'lkey': ['b', 'b', 'a', 'c', 'a', 'a', 'b'],
   ...:                   'data1': range(7)})
   ...:
In [7]: df4 = DataFrame({'rkey': ['a', 'b', 'd'],
   ...:                   'data2': range(3)})
   ...:
In [8]: pd.merge(df3, df4, left_on='lkey', right_on='rkey')
Out[8]:
   data1 lkey  data2 rkey
0      0    b      1    b
1      1    b      1    b
2      6    b      1    b
3      2    a      0    a
4      4    a      0    a
5      5    a      0    a
```

观察上面的运行结果会发现，结果中不存在键值为'c'和'd'的行。这是因为，merge 的默认行为执行的是类似于 SQL 中的 inner join 操作，两个数据集中都存在的键才会在结果中出现。通过向 merge 函数传递不同的 how 参数，可以实现 SQL 中其他几种连接方式，如 left join、right join、outer join。例如，下面使用 outer 方式合并数据集。

```
In [9]: pd.merge(df1, df2, how='outer')
Out[9]:
   data1 key  data2
0   0.0   b    1.0
1   1.0   b    1.0
2   6.0   b    1.0
3   2.0   a    0.0
4   4.0   a    0.0
5   5.0   a    0.0
6   3.0   c    NaN
7   NaN   d    2.0
```

在多对多的情况下，merge 函数也能提供良好的支持。这里定义另外两个数据集 df5 和 df6，用于演示多对多的情形。

```
In [10]: df5 = DataFrame({'key': ['b', 'b', 'a', 'c', 'a', 'b'],
   ...:                    'data1': range(6)})
   ...:
```

```
In [11]: df6 = DataFrame({'key': ['a', 'b', 'a', 'b', 'd'],
    ...:                        'data2': range(5)})
    ...:
In [12]: df5
Out12]:
    data1 key
0     0   b
1     1   b
2     2   a
3     3   c
4     4   a
5     5   b
In [13]: df6
Out[13]:
    data2 key
0     0   a
1     1   b
2     2   a
3     3   b
4     4   d
```

在 df5 和 df6 数据集上做合并操作。

```
In [14]: pd.merge(df5, df6, on='key', how='left')
Out[14]:
     data1 key  data2
0      0   b    1.0
1      0   b    3.0
2      1   b    1.0
3      1   b    3.0
4      2   a    0.0
5      2   a    2.0
6      3   c    NaN
7      4   a    0.0
8      4   a    2.0
9      5   b    1.0
10     5   b    3.0
```

多对多的连接构成了行的笛卡儿乘积。因为 df5 中有 3 行记录 key 值为 b，而 df6 中有 2 行记录 key 值为 b，因此结果中共有 5 行记录 key 值为 b。

要在多个 key 值上做合并操作，可以传递列名的 list 作为合并的参数，示例如下。在这种情况下，系统将指定的多个 key 值作为一个整体来进行连接。

```
In [15]: left = DataFrame({'key1': ['foo', 'foo', 'bar'],
    ...:                'key2': ['one', 'two', 'one'],
    ...:                'lval': [1, 2, 3]})
    ...:
```

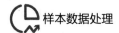

```
In [16]: right = DataFrame({'key1': ['foo', 'foo', 'bar', 'bar'],
    ...:                     'key2': ['one', 'one', 'one', 'two'],
    ...:                     'rval': [4, 5, 6, 7]})
    ...:
In [17]: pd.merge(left, right, on=['key1', 'key2'], how='outer')
Out[17]:
  key1 key2 lval rval
0 foo  one  1.0  4.0
1 foo  one  1.0  5.0
2 foo  two  2.0  NaN
3 bar  one  3.0  6.0
4 bar  two  NaN  7.0
```

9.1.2　使用 index 进行 DataFrame 合并

有些时候，我们设置 right_index 参数为 True，使用 index 作为键进行合并，示例如下：

```
In [18]: left1 = DataFrame({'key': ['a', 'b', 'a', 'a', 'b', 'c'],
    ...:                     'value': range(6)})
    ...:
In [19]: right1 = DataFrame({'group_val': [3.5, 7]}, index=['a', 'b'])
In [20]: left1
Out[20]:
  key value
0 a   0
1 b   1
2 a   2
3 a   3
4 b   4
5 c   5
In [21]: right1
Out[21]:
   group_val
a  3.5
b  7.0
In [22]: pd.merge(left1, right1, left_on='key', right_index=True)
Out[22]:
  key value group_val
0 a   0     3.5
2 a   2     3.5
3 a   3     3.5
1 b   1     7.0
4 b   4     7.0
```

默认的合并操作使用的是 inner join，通过传递 how 参数可以改为 outer join。

```
In [23]: pd.merge(left1, right1, left_on='key', right_index=True, how=
'outer')
```

```
Out[23]:
   key  value  group_val
0  a    0      3.5
2  a    2      3.5
3  a    3      3.5
1  b    1      7.0
4  b    4      7.0
5  c    5      NaN
```

9.1.3　沿着横轴或纵轴串接

还有一种数据合并的方式被称为串接。例如，NumPy 的 concatenate 函数用于串接 NumPy 的原生数组。下面是一个使用示例。

```
In [24]: import numpy as np
In [24]: arr = np.arange(12).reshape((3, 4))
In [25]: arr
Out[25]:
array([[ 0,  1,  2,  3],
       [ 4,  5,  6,  7],
       [ 8,  9, 10, 11]])
In [26]: np.concatenate([arr, arr], axis=1)
Out[26]:
array([[ 0,  1,  2,  3,  0,  1,  2,  3],
       [ 4,  5,  6,  7,  4,  5,  6,  7],
       [ 8,  9, 10, 11,  8,  9, 10, 11]])
```

在 Pandas 中存在一个 concat 函数，用于实现类串接操作。和 NumPy 相比，Pandas 的串接操作更复杂、更通用。下面用一些例子说明 Pandas 的 concat 函数用法。

首先介绍 concat 函数在 Series 上的使用。假定存在 3 个 Series 对象，它们的 index 没有重叠。

```
In [27]: s1 = Series([0, 1], index=['a', 'b'])
In [28]: s2 = Series([2, 3, 4], index=['c', 'd', 'e'])
In [29]: s3 = Series([5, 6], index=['f', 'g'])
```

在 Series 对象上调用 concat 函数，将它们的数据串接起来。串接在一起的数据包括 index 和数据本身。

```
In [30]: pd.concat([s1, s2, s3])
Out[30]:
a    0
b    1
c    2
d    3
e    4
f    5
```

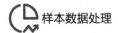

```
g    6
dtype: int64
```

在默认情况下,concat 函数的 axis 参数取值为 0,表示沿着纵轴串接,生成一个新的 Series 对象。如果传递 axis=1,意味着沿着横轴串接,那么结果将得到一个新的 DataFrame 对象。在这种情况下,结果相当于 SQL 的 outer join,示例如下:

```
In [31]: pd.concat([s1, s2, s3], axis=1)
Out[31]:
     0    1    2
a  0.0  NaN  NaN
b  1.0  NaN  NaN
c  NaN  2.0  NaN
d  NaN  3.0  NaN
e  NaN  4.0  NaN
f  NaN  NaN  5.0
g  NaN  NaN  6.0
```

通过传递 join 参数,可以使用 inner join 的连接方式。下面的示例分别使用两种连接方式。

```
In [32]: s4 = pd.concat([s1 * 5, s3])
In [33]: s1
Out[33]:
a    0
b    1
dtype: int64
In [34]: s4
Out[34]:
a    0
b    5
f    5
g    6
dtype: int64
```

对 s1 和 s4 分别进行 outer join 和 inner join,结果如下:

```
In [35]: pd.concat([s1, s4], axis=1)
Out[35]:
     0  1
a  0.0  0
b  1.0  5
f  NaN  5
g  NaN  6
In [36]: pd.concat([s1, s4], axis=1, join='inner')
Out[36]:
   0  1
a  0  0
b  1  5
```

concat 函数也可以应用在 DataFrame 对象上。例如，下面的 df1 和 df2 是两个 DataFrame 对象。

```
In [37]: import numpy as np
In [38]: df1 = DataFrame(np.arange(6).reshape(3, 2), index=['a', 'b', 'c'],
    ...:                  columns=['one', 'two'])
    ...:
In [39]: df2 = DataFrame(5 + np.arange(4).reshape(2, 2), index=['a', 'c'],
    ...:                  columns=['three', 'four'])
    ...:
In [40]: df1
Out[40]:
   one  two
a    0    1
b    2    3
c    4    5
In [41]: df2
Out[41]:
   three  four
a      5     6
c      7     8
```

使用 concat 函数将它们串接起来。

```
In [42]: pd.concat([df1, df2], axis=1)
Out[42]:
   one  two  three  four
a    0    1    5.0   6.0
b    2    3    NaN   NaN
c    4    5    7.0   8.0
```

9.2　数据重塑

　　数据重塑表示转换输入数据的结构，使其适合后续的分析。Pandas 包含了一些用于重塑数据的基础操作，这些操作用于二维度表格数据。本节将介绍其中广泛使用的 stack、unstack 及 pivot 操作。

9.2.1　多级索引数据的重塑

　　Pandas 的 DataFrame 可以设置多级索引。对多级索引数据，Pandas 的 stack 方法将数据集的列旋转为行，而 unstack 方法将数据的行旋转为列。图 9-1 形象地展示了 Stacked 和 Unstack 过程。

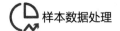

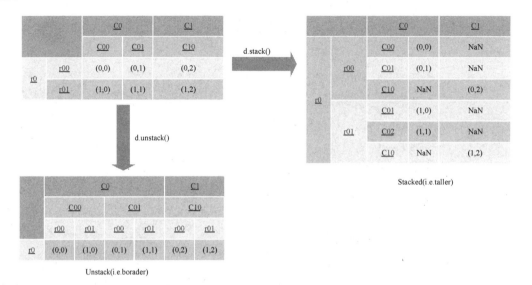

图 9-1　Stacked 和 Unstack 过程

接下来使用具体的代码来演示相关的过程。可用如下代码定义表格数据。

```
In [1]: data = DataFrame(np.arange(6).reshape((2, 3)),
   ...:                             index=pd.Index(['Ohio', 'Colorado'],
name='state'),
   ...:                             columns=pd.Index(['one', 'two', 'three'],
name='number'))
   ...:
In [2]: data
Out[2]:
number    one  two  three
state
Ohio        0    1      2
Colorado    3    4      5
```

在上面的数据集上运行 stack 方法，将列旋转为行，将会产生一个 Series 对象。

```
In [3]: result = data.stack()
In [4]: result
Out[4]:
state     number
Ohio      one       0
          two       1
          three     2
Colorado  one       3
          two       4
          three     5
dtype: int64
```

相反地，在一个具有多级索引的 Series 对象上，应用 unstack 方法可以将它转换回一个

DataFrame 对象。

```
In [5]: result.unstack()
Out[5]:
number     one  two  three
state
Ohio        0    1     2
Colorado    3    4     5
```

在默认情况下，stack 和 unstack 转换的是最内层级别的索引，通过传递一个级别的编号或者名称，可以指定要转换的级别。针对上面的例子，下面用两种方式指定不同的级别。

```
In [6]: result.unstack(0)
Out[6]:
state     Ohio  Colorado
number
one         0      3
two         1      4
three       2      5
In [7]: result.unstack('state')
Out[7]:
state     Ohio  Colorado
number
one         0      3
two         1      4
three       2      5
```

9.2.2 应用 pivot 方法重塑数据

多时间序列的数据通常以"长格式"（或"堆叠格式"）存储在数据库或者 CSV 文件中，示例如下：

```
In [8]: data = pd.read_csv('examples/macrodata.csv')
In [9]: data.head()
Out[9]:
    year  quarter  realgdp  realcons  realinv  realgovt  realdpi  cpi  \
0  1959.0     1.0  2710.349   1707.4  286.898  470.045  1886.9  28.98
1  1959.0     2.0  2778.801   1733.7  310.859  481.301  1919.7  29.15
2  1959.0     3.0  2775.488   1751.8  289.226  491.260  1916.4  29.35
3  1959.0     4.0  2785.204   1753.7  299.356  484.052  1931.3  29.37
4  1960.0     1.0  2847.699   1770.5  331.722  462.199  1955.5  29.54
      m1  tbilrate  unemp      pop  infl  realint
0  139.7      2.82    5.8  177.146  0.00    0.00
1  141.7      3.08    5.1  177.830  2.34    0.74
2  140.5      3.82    5.3  178.657  2.74    1.09
3  140.0      4.33    5.6  179.386  0.27    4.06
4  139.6      3.50    5.2  180.007  2.31    1.19
In [10]: periods = pd.PeriodIndex(year=data.year, quarter=data.quarter,
```

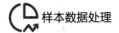

```
    ...:                                    name='date')
In [11]: columns = pd.Index(['realgdp', 'infl', 'unemp'], name='item')
In [12]: data = data.reindex(columns=columns)
In [13]: data.index = periods.to_timestamp('D', 'end')
In [14]: ldata = data.stack().reset_index().rename(columns={0: 'value'})
```

总之，它结合了 year 和 quarter 列来创建一种时间间隔类型。ldata 数据如下：

```
In [15]: ldata[:10]
Out[15]:
        date       item     value
0 1959-03-31   realgdp  2710.349
1 1959-03-31      infl     0.000
2 1959-03-31     unemp     5.800
3 1959-06-30   realgdp  2778.801
4 1959-06-30      infl     2.340
5 1959-06-30     unemp     5.100
6 1959-09-30   realgdp  2775.488
7 1959-09-30      infl     2.740
8 1959-09-30     unemp     5.300
9 1959-12-31   realgdp  2785.204
```

这就是多时间序列（在这里，我们用的键是 date 和 item）的长格式。每行代表一次观察。关系数据库（如 MySQL）中的数据就是这样存储的，因为固定架构（列名和数据类型）有一个好处：随着表中数据的增加，item 列中的值的种类也增加。在前面的例子中，date 和 item 通常就是主键（用关系数据库的说法），不仅提供了关系完整性，而且提供了更为简单的查询支持。有时使用这样的数据会很麻烦，用户可能更喜欢 DataFrame，不同的 item 值分别形成一列，date 列中的时间戳则用作索引。DataFrame 的 pivot 方法完全可以实现这个转换，示例如下：

```
In [15]: pivoted = ldata.pivot('date', 'item', 'value')
In [16]: pivoted
Out[16]:
item           infl   realgdp  unemp
date
1959-03-31     0.00  2710.349    5.8
1959-06-30     2.34  2778.801    5.1
1959-09-30     2.74  2775.488    5.3
1959-12-31     0.27  2785.204    5.6
1960-03-31     2.31  2847.699    5.2
1960-06-30     0.14  2834.390    5.2
1960-09-30     2.70  2839.022    5.6
1960-12-31     1.21  2802.616    6.3
1961-03-31    -0.40  2819.264    6.8
1961-06-30     1.47  2872.005    7.0
...
```

```
2007-06-30   2.75   13203.977    4.5
2007-09-30   3.45   13321.109    4.7
2007-12-31   6.38   13391.249    4.8
2008-03-31   2.82   13366.865    4.9
2008-06-30   8.53   13415.266    5.4
2008-09-30  -3.16   13324.600    6.0
2008-12-31  -8.79   13141.920    6.9
2009-03-31   0.94   12925.410    8.1
2009-06-30   3.37   12901.504    9.2
2009-09-30   3.56   12990.341    9.6
[203 rows x 3 columns]
```

前两个传递的值分别用作行和列索引，最后一个可选值则用于填充 DataFrame 的数据列。假设有两个需要同时重塑的数据列，代码如下：

```
In [17]: ldata['value2'] = np.random.randn(len(ldata))
In [18]: ldata[:10]
Out[18]:
         date      item      value      value2
0  1959-03-31   realgdp   2710.349    0.523772
1  1959-03-31      infl      0.000    0.000940
2  1959-03-31     unemp      5.800    1.343810
3  1959-06-30   realgdp   2778.801   -0.713544
4  1959-06-30      infl      2.340   -0.831154
5  1959-06-30     unemp      5.100   -2.370232
6  1959-09-30   realgdp   2775.488   -1.860761
7  1959-09-30      infl      2.740   -0.860757
8  1959-09-30     unemp      5.300    0.560145
9  1959-12-31   realgdp   2785.204   -1.265934
```

如果忽略最后一个参数，得到的 DataFrame 就会带有层次化的列。

```
In [19]: pivoted = ldata.pivot('date', 'item')
In [20]: pivoted[:5]
Out[20]:
            value                        value2
item         infl    realgdp unemp     infl      realgdp       unemp
date
1959-03-31   0.00    2710.349    5.8   0.000940    0.523772     1.343810
1959-06-30   2.34    2778.801    5.1  -0.831154   -0.713544    -2.370232
1959-09-30   2.74    2775.488    5.3  -0.860757   -1.860761     0.560145
1959-12-31   0.27    2785.204    5.6   0.119827   -1.265934    -1.063512
1960-03-31   2.31    2847.699    5.2  -2.359419    0.332883    -0.199543
In [21]: pivoted['value'][:5]
Out[21]:
item         infl    realgdp unemp
date
```

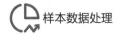

```
1959-03-31  0.00  2710.349   5.8
1959-06-30  2.34  2778.801   5.1
1959-09-30  2.74  2775.488   5.3
1959-12-31  0.27  2785.204   5.6
1960-03-31  2.31  2847.699   5.2
```

需要注意的是，pivot 其实是先使用 set_index 创建层次化索引，然后使用 unstack 重塑。

```
In [22]: unstacked = ldata.set_index(['date', 'item']).unstack('item')
In [23]: unstacked[:7]
Out[23]:
            value                       value2
item        infl  realgdp unemp        infl      realgdp    unemp
date
1959-03-31  0.00  2710.349   5.8        0.000940  0.523772   1.343810
1959-06-30  2.34  2778.801   5.1       -0.831154 -0.713544  -2.370232
1959-09-30  2.74  2775.488   5.3       -0.860757 -1.860761   0.560145
1959-12-31  0.27  2785.204   5.6        0.119827 -1.265934  -1.063512
1960-03-31  2.31  2847.699   5.2       -2.359419  0.332883  -0.199543
1960-06-30  0.14  2834.390   5.2       -0.970736 -1.541996  -1.307030
1960-09-30  2.70  2839.022   5.6        0.377984  0.286350  -0.753887
```

9.3 数据转换

9.2 节已经介绍了数据的重塑。另一类重要操作则是数据的过滤、清理及其他的转换工作。

9.3.1 移除重复数据

重复行出现在 DataFrame 中可能有多种原因，下面就是一个例子。

```
In  [1]:  data  =  pd.DataFrame({'k1':  ['Zhongxing', 'Huawei']  *  3  +
['Huawei'],
    ....:                      'k2': [1, 1, 2, 3, 3, 4, 4]})
Out[1]:
       k1        k2
0  Zhongxing      1
1    Huawei       1
2  Zhongxing      2
3    Huawei       3
4  Zhongxing      3
5    Huawei       4
6    Huawei       4
```

DataFrame 的 duplicated 方法返回一个布尔型 Series，提示各行是否是重复行。

```
In [2]: data.duplicated()
```

```
Out[2]:
0      False
1      False
2      False
3      False
4      False
5      False
6       True
dtype: bool
```

与此相关的 drop_duplicates 方法，它返回的 DataFrame 会去除 duplicated 函数返回值为 True 的那些行。

```
In [3]: data.drop_duplicates()
Out[3]:
         k1    k2
0  Zhongxing     1
1    Huawei      1
2  Zhongxing     2
3    Huawei      3
4  Zhongxing     3
5    Huawei      4
```

这两种方法默认的是判断全部列，用户也可以指定部分列进行重复项判断。假设我们还有一列值，且只希望根据 k1 列过滤重复项。

```
In [4]: data['k3'] = range(7)
In [5]: data.drop_duplicates(['k1'])
Out[5]:
         k1    k2 k3
0  Zhongxing     1  0
1    Huawei      1  1
```

duplicated 和 drop_duplicates 默认保留的是第一个出现的值组合。当传入 keep='last'时，则保留最后一个值组合。

```
In [6]: data.drop_duplicates(['k1', 'k2'], keep='last')
Out[6]:
         k1    k2 k3
0  Zhongxing     1  0
1    Huawei      1  1
2  Zhongxing     2  2
3    Huawei      3  3
4  Zhongxing     3  4
6    Huawei      4  6
```

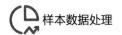

9.3.2　利用函数或映射进行数据转换

对很多数据集而言，我们希望根据数组、Series 或者 DataFrame 中的某列值来进行转换操作。来看看下面这组有关公司、城市及体量的数据，我们希望看到这些公司来自哪些城市，先编写一个不同公司到城市的映射，Series 的 map 方法可以接受一个函数或含有映射关系的字典型对象。

```
In [7]: data = pd.DataFrame({'Company':['Huawei','Zhongxing','Dajiang',
'Alibaba'],
    ....:                  'Weights':[1000,100,10,300]})
In [8]: Company_From_City = {'Huawei':'Shenzhen','Zhongxing':'Shenzhen',
    ....:                  'Dajiang':'Shenzhen','Alibaba':'Hangzhou'}
In [9]: data['City'] = data['Company'].map(Company_From_City)
Out [9]:data
    Company  Weights      City
0    Huawei     1000  Shenzhen
1  Zhongxing     100  Shenzhen
2   Dajiang      10  Shenzhen
3   Alibaba     300  Hangzhou
```

9.3.3　值转换

利用 fillna 方法填充缺失数据，可以看作值替换的一种特殊情况。map 可用于修改对象的数据子集，而 replace 则提供了一种实现该功能的更简单、更灵活的方式。

```
In [10]: data = pd.Series([0,1,-100,2,-100,-101,3.])
Out[10]: data
0          0.0
1          1.0
2       -100.0
3          2.0
4       -100.0
5       -101.0
6          3.0
dtype: float64
```

-100 这个值可能是一个标记值，代表缺失数据。需要将其替换为 Pandas 能够理解的 NaN 值，我们能够利用 replace 生成一个新的 Series。

```
In [11]: data.replace(-100,np.nan)
Out[11]:
0      0.0
1      1.0
2      NaN
3      2.0
4      NaN
5    -101.0
```

```
6       3.0
dtype: float64
```

如果负值都代表缺失数据，我们希望用 NaN 替换缺失数据。

```
In [12]: data.replace([-100, -101], np.nan)
Out[12]:
0    0.0
1    1.0
2    NaN
3    2.0
4    NaN
5    NaN
6    3.0
dtype: float64
```

要使每个值都有不同的替换值，可以传递一个替换列表。

```
In [13]: data.replace([-100, -101], [np.nan, 0])
Out[13]:
0    0.0
1    1.0
2    NaN
3    2.0
4    NaN
5    0.0
6    3.0
dtype: float64
```

传入的参数也可以是字典。

```
In [14]: data.replace({-100: np.nan, -101: 0})
Out[14]:
0    0.0
1    1.0
2    NaN
3    2.0
4    NaN
5    0.0
6    3.0
dtype: float64
```

9.3.4　重命名轴索引

与 Series 中的值一样，轴标签也可以通过函数或映射转换，得到一个不同标签的新对象。轴还能够被就地修改，无须新建一个数据结构。下面是简单的例子。

```
In [15]: data = pd.DataFrame(np.arange(12).reshape(3, 4),
    ....:                     index=['Beijing', 'Shanghai', 'Shenzhen'],
```

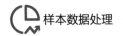

```
    ....:                          columns=['One', 'Two', 'Three', 'Four'])
```

像 Series 一样，轴索引也有一个 map 方法。

```
In [16]: transform = lambda x: x[:5].upper()
In [17]: data.index.map(transform)
Out[17]: Index(['BEIJI', 'SHANG', 'SHENZ'], dtype='object')
```

我们可以通过赋值的方式修改 DataFrame 的 index。

```
In [18]: data.index = data.index.map(transform)
In [19]: data
Out[19]:
       One  Two  Three  Four
BEIJI   0    1     2      3
SHANG   4    5     6      7
SHENZ   8    9    10     11
```

如果想要获得数据集转换后的结果，而不修改原始数据，可以使用 rename 方法。

```
In [20]: data.rename(columns=str.upper)
Out[20]:
       One  Two  Three  Four
BEIJI   0    1     2      3
SHANG   4    5     6      7
SHENZ   8    9    10     11
```

rename 方法还可以使用字典型对象更新部分轴标签。

```
In [21]: data.rename(index={'BEIJI': 'Hangzhou'},
    ....:           columns={'One': '1'})
Out[21]:
          1   Two  Three  Four
Hangzhou  0    1     2      3
SHANG     4    5     6      7
SHENZ     8    9    10     11
```

rename 方法可以复制 DataFrame 并对其索引和列标签进行赋值。如果希望就地修改某个数据集，只需传入 inplace=True 即可。

```
In [22]: data.rename(index={'BEIJI': 'Hangzhou'},inplace=True)
In [23]: data
Out[23]:
          One  Two  Three  Four
Hangzhou   0    1     2      3
SHANG      4    5     6      7
SHENZ      8    9    10     11
```

9.3.5　离散化和面元划分

连续数据常常被离散化或拆分为"面元（bin）"来帮助分析。假设在一项研究中有一组人员数据，用户希望将它们划分为不同的年龄组。

```
In [24]: ages = [18, 25, 26, 27, 21, 20, 37, 19, 61, 45, 41, 23]
```

如果要将它们划分为"16～22""23～35""36～60""61 以上"面元，就要使用 Pandas 的 cut 函数。

```
In [25]: bins = [16, 22, 35, 60, 100]
In [26]: groups = pd.cut(ages, bins)
In [27]: groups
Out[27]:
[(16, 22], (22, 35], (22, 35], (22, 35], (16, 22], ..., (16, 22], (60, 100],
(35, 60], (35, 60], (22, 35]]
Length: 12
Categories (4, interval[int64]): [(16, 22] < (22, 35] < (35, 60] < (60,
100]]
```

Pandas 返回一个特殊的 Cate gories 对象。用户可以把它当作一组表示面元名称的字符串。它的内部包含一个表示不同分类名称的数组，以及一个 codes 属性中的年龄数据的标签。

```
In [28]: groups.codes
Out[28]: array([0, 1, 1, 1, 0, 0, 2, 0, 3, 2, 2, 1], dtype=int8)
In [29]: groups.categories
Out[29]:
IntervalIndex([(16, 22], (22, 35], (35, 60], (60, 100]]
                closed='right',
                dtype='interval[int64]')
In [30]: pd.value_counts(groups)
Out[30]:
(22, 35]     4
(16, 22]     4
(35, 60]     3
(60, 100]    1
dtype: int64
```

pd.value_counts(groups)是 pandas.cut 结果的面元计数。与"区间"的数学符号一样，圆括号表示开端，而方括号则表示闭端。修改默认情况可以通过 right=False 设置。

```
In [31]: pd.cut(ages, [16, 23, 36, 61, 100], right=False)
Out[31]:
[[16, 23), [23, 36), [23, 36), [23, 36), [16, 23), ..., [16, 23), [61, 100),
[36, 61), [36, 61), [23, 36)]
Length: 12
Categories (4, interval[int64]): [[16, 23) < [23, 36) < [36, 61) < [61,
100)]
```

我们还可以通过传递一个列表或数组到 labels 属性，设置自己的面元名称。

```
In [32]: group_names = ['Youth', 'YoungAdult', 'MiddleAged', 'Senior']
```

```
In [33]: pd.cut(ages, bins, labels=group_names)
Out[33]:
[Youth, YoungAdult, YoungAdult, YoungAdult, Youth, ..., Youth, Senior,
MiddleAged, MiddleAged, YoungAdult]
Length: 12
Categories (4, object): [Youth < YoungAdult < MiddleAged < Senior]
```

若用户向 cut 传入的值仅仅是面元的数量而不是面元边界数组，则 cut 会根据数据的最小值和最大值计算等长面元。在下面这个例子中，我们将一些均匀分布的数据分成 4 组。

```
In [34]: data = np.random.rand(16)
In [35]: pd.cut(data, 4, precision=2)
Out[35]:
[(0.6, 0.8], (0.8, 1.0], (0.8, 1.0], (0.4, 0.6], (0.2, 0.4], ..., (0.2,
0.4], (0.2, 0.4], (0.2, 0.4], (0.4, 0.6], (0.4, 0.6]]
Length: 16
Categories (4, interval[float64]): [(0.2, 0.4] < (0.4, 0.6] < (0.6, 0.8] <
(0.8, 1.0]]
```

选项 precision=2，限定小数点后面保留两位。

有一个非常类似于 cut 的函数 qcut，它基于样本分位数。针对数据的分布情况，cut 可能无法使各个面元中含有相同数量的数据点。qcut 使用的是样本分位数，因此可以得到大小基本相等的面元。

```
In [36]: data = np.random.randn(500)
In [37]: groups= pd.qcut(data, 4)
In [38]: groups
Out[38]:
[(0.681, 3.056], (-3.322, -0.594], (0.0559, 0.681], (-3.322, -0.594],
(0.681, 3.056], ..., (0.681, 3.056], (-0.594, 0.0559], (0.681, 3.056], (0.681,
3.056], (-0.594, 0.0559]]
Length: 500
Categories (4, interval[float64]): [(-3.322, -0.594] < (-0.594, 0.0559] <
(0.0559, 0.681] <
                                                    (0.681, 3.056]]
In [39]: pd.value_counts(groups)
Out[39]:
(0.681, 3.056]      125
(0.0559, 0.681]     125
(-0.594, 0.0559]    125
(-3.322, -0.594]    125
dtype: int64
```

与 cut 类似，我们也可以传递自定义的分位数（0~1 的数值，包含端点）。

```
In [40]: pd.qcut(data, [0, 0.1, 0.5, 0.9, 1.])
Out[40]:
[(0.515, 1.37], (-3.322, 0.0559], (0.0559, 0.515], (-3.322, 0.0559], (0.515,
```

```
1.37], ..., (0.515, 1.37], (-3.322, 0.0559], (1.37, 3.056], (0.515, 1.37], (-
3.322, 0.0559]]
   Length: 500
   Categories (4, interval[float64]): [(-3.322, 0.0559] < (0.0559, 0.515] <
(0.515, 1.37] < (1.37, 3.056]]
```

9.3.6 检测或过滤异常值

检测或过滤异常值（outlier）在很大程度上是运用数组运算的。下面来看一个含有正态分布数据的 DataFrame。

```
In [41]: data = pd.DataFrame(np.random.randn(1000, 4))
In [42]: data.describe()
Out[42]:
                 0            1            2            3
count  1000.000000  1000.000000  1000.000000  1000.000000
mean      0.049091     0.026112    -0.002544    -0.051827
std       0.996947     1.007458     0.995232     0.998311
min      -3.645860    -3.184377    -3.745356    -3.428254
25%      -0.599807    -0.612162    -0.687373    -0.747478
50%       0.047101    -0.013609    -0.022158    -0.088274
75%       0.756646     0.695298     0.699046     0.623331
max       2.653656     3.525865     2.735527     3.366626
```

假设我们想得到某列中绝对值大于 3 的值，可编写如下代码。

```
In [43]: col = data[2]
In [44]: col[np.abs(col) > 3]
Out[44]:
41    -3.399312
136   -3.745356
Name: 2, dtype: float64
```

要选出全部含有"大于 3 或小于-3 的值"的行，我们可以在布尔型 DataFrame 中使用 any 方法。

```
In [45]: data[(np.abs(data) > 3).any(1)]
Out[45]:
            0          1          2          3
41    0.457246  -0.025907  -3.399312  -0.974657
60    1.951312   3.260383   0.963301   1.201206
136   0.508391  -0.196713  -3.745356  -1.520113
235  -0.242459  -3.056990   1.918403  -0.578828
258   0.682841   0.326045   0.425384  -3.428254
322   1.179227  -3.184377   1.369891  -1.074833
544  -3.548824   1.553205  -2.186301   1.277104
635  -0.578093   0.193299   1.397822   3.366626
782  -0.207434   3.525865   0.283070   0.544635
```

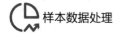

```
803 -3.645860  0.255475 -0.549574 -1.907459
```

根据这些条件，就可以对值进行设置。以下代码可以将值限制在-3～3区间内。

```
In [46]: data[np.abs(data) > 3] = np.sign(data) * 3
In [47]: data.describe()
Out[47]:
                 0            1            2            3
count  1000.000000  1000.000000  1000.000000  1000.000000
mean      0.050286     0.025567    -0.001399    -0.051765
std       0.992920     1.004214     0.991414     0.995761
min      -3.000000    -3.000000    -3.000000    -3.000000
25%      -0.599807    -0.612162    -0.687373    -0.747478
50%       0.047101    -0.013609    -0.022158    -0.088274
75%       0.756646     0.695298     0.699046     0.623331
max       2.653656     3.000000     2.735527     3.000000
```

根据数据值是正还是负，np.sign(data)可以生成1和-1。

```
In [48]: np.sign(data).head()
Out[48]:
     0    1    2    3
0 -1.0  1.0 -1.0  1.0
1  1.0 -1.0  1.0 -1.0
2  1.0  1.0  1.0 -1.0
3 -1.0 -1.0  1.0 -1.0
4 -1.0  1.0 -1.0 -1.0
```

9.3.7 排列和随机采样

使用numpy.random.permutation函数能够轻松对Series或DataFrame的列进行排序。通过排列的轴的长度调用numpy.random.permutation函数，可产生一个表示新顺序的整数数组。

```
In [49]: df = pd.DataFrame(np.arange(5 * 4).reshape((5, 4)))
In [50]: sampler = np.random.permutation(5)
In [51]: sampler
Out[51]: array([1, 3, 0, 4, 2])
```

该数组可以使用基于iloc的索引或等价的take函数进行操作。

```
In [52]: df
Out[52]:
    0   1   2   3
0   0   1   2   3
1   4   5   6   7
2   8   9  10  11
3  12  13  14  15
4  16  17  18  19
In [53]: df.take(sampler)
```

```
Out[53]:
     0   1   2   3
1    4   5   6   7
3   12  13  14  15
0    0   1   2   3
4   16  17  18  19
2    8   9  10  11
```

如果不想用替换的方式选取随机子集，可以在 Series 和 DataFrame 上使用 sample 方法。

```
In [54]: df.sample(n=3)
Out[54]:
     0  1   2   3
1    4  5   6   7
2    8  9  10  11
0    0  1   2   3
```

想要通过替换的方式产生一个样本（允许重复选择），可传递 replace=True 到 sample 方法。

```
In [55]: choices = pd.Series([5, 7, -1, 6, 4])
In [56]: draws = choices.sample(n=10, replace=True)
In [57]: draws
Out[57]:
2   -1
2   -1
4    4
3    6
0    5
0    5
2   -1
2   -1
4    4
2   -1
dtype: int64
```

9.3.8　计算指标/哑变量

将分类变量转换为 "虚拟" 或 "指示" 的矩阵是用于统计建模或机器学习的一种转换方式。如果 DataFrame 的某一列包含 k 个不同的值，我们可以派生出一个值均为 1 或 0 的 k 列矩阵。Pandas 的 get_dummies 函数可以实现该功能。关于 DataFrame 的例子如下：

```
In [58]: df = pd.DataFrame({'key': ['b', 'b', 'a', 'c', 'a', 'b'],
   .....:                   'data1': range(6)})
In [59]: pd.get_dummies(df['key'])
Out[59]:
   a  b  c
0  0  1  0
1  0  1  0
```

```
2    1    0    0
3    0    0    1
4    1    0    0
5    0    1    0
```

在某些案例中，用户给指标 DataFrame 的列加上一个前缀，用于与其他数据进行合并，get_dummies 的 prefix 参数能够实现该功能。

```
In [60]: dummies = pd.get_dummies(df['key'], prefix='key')
In [61]: df_with_dummy = df[['data1']].join(dummies)
In [62]: df_with_dummy
Out[62]:
   data1  key_a  key_b  key_c
0    0      0      1      0
1    1      0      1      0
2    2      1      0      0
3    3      0      0      1
4    4      1      0      0
5    5      0      1      0
```

DataFrame 中的某行同属多个分类。我们看一下下面的数据集。

```
In [63]: mnames = ['movie_id', 'title', 'genres']
In [64]: movies = pd.read_table('datasets/movielens/movies.dat', sep='::',
   .....:                        header=None, names=mnames)
In [65]: movies[:10]
Out[65]:
   movie_id                       title                        genres
0      1                 Toy Story (1995)         Animation|Children's|Comedy
1      2                   Jumanji (1995)        Adventure|Children's|Fantasy
2      3          Grumpier Old Men (1995)                      Comedy|Romance
3      4         Waiting to Exhale (1995)                        Comedy|Drama
4      5  Father of the Bride Part II (1995)                           Comedy
5      6                      Heat (1995)                Action|Crime|Thriller
6      7                   Sabrina (1995)                      Comedy|Romance
7      8              Tom and Huck (1995)                 Adventure|Children's
8      9              Sudden Death (1995)                              Action
9     10                 GoldenEye (1995)            Action|Adventure|Thriller
```

要为每个 genres 添加指标变量就需要做一些数据规整操作。从数据集中抽取出不同的 genres 值。

```
In [66]: all_genres = []
In [67]: for x in movies.genres:
   .....:         all_genres.extend(x.split('|'))
In [68]: genres = pd.unique(all_genres)
```

现在有：

```
In [69]: genres
Out[69]:
array(['Animation', "Children's", 'Comedy', 'Adventure', 'Fantasy',
       'Romance', 'Drama', 'Action', 'Crime', 'Thriller','Horror',
       'Sci-Fi', 'Documentary', 'War', 'Musical', 'Mystery', 'Film-Noir',
       'Western'], dtype=object)
```

构建指标 DataFrame 的方法之一是从一个全零 DataFrame 开始。

```
In [70]: zero_matrix = np.zeros((len(movies), len(genres)))
In [71]: dummies = pd.DataFrame(zero_matrix, columns=genres)
```

迭代每一部电影并将 dummies 各行的条目设为 1。使用 dummies.columns 来计算每个类型的列索引。

```
In [72]: gen = movies.genres[0]
In [73]: gen.split('|')
Out[73]: ['Animation', "Children's", 'Comedy']
In [74]: dummies.columns.get_indexer(gen.split('|'))
Out[74]: array([0, 1, 2])
```

根据索引，使用 iloc 设定值。

```
In [75]: for i, gen in enumerate(movies.genres):
   .....:         indices = dummies.columns.get_indexer(gen.split('|'))
   .....:         dummies.iloc[i, indices] = 1
   .....:
```

将其与 movies 合并起来。

```
In [76]: movies_windic = movies.join(dummies.add_prefix('Genre_'))
In [77]: movies_windic.iloc[0]
Out[77]:
movie_id                                         1
title                            Toy Story (1995)
genres              Animation|Children's|Comedy
Genre_Animation                                  1
Genre_Children's                                 1
Genre_Comedy                                     1
Genre_Adventure                                  0
Genre_Fantasy                                    0
Genre_Romance                                    0
Genre_Drama                                      0
                          ...
Genre_Crime                                      0
Genre_Thriller                                   0
Genre_Horror                                     0
Genre_Sci-Fi                                     0
Genre_Documentary                                0
```

```
Genre_War                                        0
Genre_Musical                                    0
Genre_Mystery                                    0
Genre_Film-Noir                                  0
Genre_Western                                    0
Name: 0, Length: 21, dtype: object
```

对很大的数据，用这种方式构建多成员指标变量的速度就会变得非常慢。最好使用更低级的函数，将其写入 NumPy 数组，然后将结果包装在 DataFrame 中。

一个对统计应用有用的秘诀：结合 get_dummies 和诸如 cut 之类的离散化函数。

```
In [78]: np.random.seed(12345)
In [79]: values = np.random.rand(10)
In [80]: values
Out[80]:
array([ 0.9296, 0.3164, 0.1839, 0.2046, 0.5677, 0.5955, 0.9645,
        0.6532, 0.7489, 0.6536])
In [81]: bins = [0, 0.2, 0.4, 0.6, 0.8, 1]
In [82]: pd.get_dummies(pd.cut(values, bins))
Out[82]:
   (0.0, 0.2]  (0.2, 0.4]  (0.4, 0.6]  (0.6, 0.8]  (0.8, 1.0]
0           0           0           0           0           1
1           0           1           0           0           0
2           1           0           0           0           0
3           0           1           0           0           0
4           0           0           1           0           0
5           0           0           1           0           0
6           0           0           0           0           1
7           0           0           0           1           0
8           0           0           0           1           0
9           0           0           0           1           0
```

本章习题

（1）请简要描述 Pandas 的 DataFrame 对象。

（2）关于 Pandas 中 axis 的含义，请举例说明。

（3）简述如何使用 merge 方法将两个 DataFrame 进行关联。